魂芯数字信号智能处理器系统与应用设计

朱家兵　黄光红　林广栋　著

科学出版社

北　京

内 容 简 介

随着半导体工艺加工技术的快速发展，处理器已从单核发展到多核，计算性能获得很大的提升，使其在雷达、通信、导航、遥感、图像处理、生物医学、自动控制等领域得到了广泛应用。本书介绍在国家核高基重大专项的支持下，由中国电子科技集团公司自主研制的一款多核高性能智能处理器 BWDSP100，该处理器集成了 4 个内核，提供峰值算力达到 72GFLOPS，为实时计算提供高效和可靠的硬件算力，也为电子装备和信息系统智能化提供了坚实基础。本书重点介绍了魂芯数字信号智能处理器 BWDSP100 的基本工作原理，包括处理器结构、存储器组织、中断服务、外设接口、数据传输、系统调试、板级设计、软件设计等。此外，也详细介绍了魂芯数字信号智能处理器的程序设计和系统应用设计，对设计中需要注意的问题进行了详细的说明。

本书为读者提供了大量的设计实例，适合雷达信号处理、通信基站信号处理、卫星导航、安全监控、智慧园区等领域的工程技术人员参考。本书也可以作为高等院校通信工程、电子工程、计算机应用、工业自动化、自动控制等专业高年级本科生和研究生的参考书。

图书在版编目（CIP）数据

魂芯数字信号智能处理器系统与应用设计 / 朱家兵，黄光红，林广栋著. — 北京：科学出版社，2024.1
ISBN 978-7-03-076759-2

Ⅰ. ①魂… Ⅱ. ①朱… ②黄… ③林… Ⅲ. ①数字信号发生器 Ⅳ. ①TN911.72

中国国家版本馆 CIP 数据核字（2023）第 202017 号

责任编辑：闫　悦 / 责任校对：胡小洁
责任印制：师艳茹 / 封面设计：蓝正设计

科 学 出 版 社 出版
北京东黄城根北街 16 号
邮政编码：100717
http://www.sciencep.com

北京华宇信诺印刷有限公司印刷
科学出版社发行　各地新华书店经销
*

2024 年 1 月第 一 版　开本：720×1 000　1/16
2024 年 8 月第二次印刷　印张：16 3/4
字数：320 000
定价：**158.00 元**
（如有印装质量问题，我社负责调换）

前　言

近年来，随着"摩尔定律"逼近物理极限，业界对于集成电路产业未来发展的讨论十分热烈。虽然在物理层面芯片的发展已经受到了物理规律的限制，但在信息层面的技术创新还远远没有触及天花板。未来将会沿着"智能摩尔"技术路线，通过算法的升级以及芯片架构的更新，进一步提升计算能力。基于这一思路，中国电子科技集团公司(简称中国电科)"魂芯"团队利用多核技术，在底层对数据进行交互处理，通过架构上的突破，适应当今海量数据处理能力的要求。在国家核高基重大专项的支持下，"魂芯"团队历经 3 年研制出高性能的多核智能处理器BWDSP100，其峰值算力达到 72GFLOPS，采用该芯片，可构建处理能力更强、运算速度更快、体积更小、开发成本更低的信号处理系统，同时，其研制周期也可以大为缩短。作为高性能的处理器芯片，魂芯数字信号智能处理器 BWDSP100 是值得推荐的。在中国电科的支持下，我们撰写了本书，目的是帮助读者更深刻地了解魂芯数字信号智能处理器 BWDSP100，更熟练地应用魂芯数字信号智能处理器BWDSP100。在取材上，我们注意了智能处理器的原理与应用并重，对魂芯数字信号的处理器结构、存储器组织、中断服务、接口说明、软件开发等都做了较全面的介绍，因此本书也可供高等学校的高年级本科生和研究生参考使用。

通过学习这些内容，读者可以较全面地掌握魂芯数字信号智能处理器BWDSP100 的应用基础知识，也能了解到许多设计中的细节和经验，我们真诚地希望每位读者都能从中获益。

作者在此对关心支持本书出版的所有人士表示衷心的感谢，特别要感谢中国电科贾光帅工程师；还要感谢中国电科旗下的安徽芯纪元科技有限公司，是他们提供了魂芯数字信号智能处理器的大量文献、资料，并同意在本书中使用它们。淮南师范学院学术专著出版基金和安徽省科技重大专项(202003a05020031)资助了本书的出版，在此，一并对他们致以最真诚的谢意。

本书由三位作者撰写，其中，朱家兵撰写了第 1～5 章，黄光红撰写了第 6～10 章，林广栋撰写了第 11～13 章，最后由朱家兵对全书进行统稿校订。由于作者水平有限，书中难免会出现遗漏，恳请读者批评指正，作者联系方式：zjb3617@163.com。

作　者

2023 年 5 月

于淮南师范学院

目　　录

第 1 章　魂芯数字信号智能处理器简介

1.1　魂芯数字信号智能处理器概述

魂芯数字智能处理器(简称"BWDSP100")是中国电子科技集团承担的国家核高基重大专项，该处理器是一款 32bit 静态超标量处理器，其峰值算力达到 72GFLOPS，芯片内部采用 16 发射，单指令流、多数据流(SIMD)架构。处理器指令总线宽度为 512bit，内部数据总线采用非对称全双工总线，其数据读总线位宽为 512bit、写总线位宽为 256bit。处理器架构如图 1-1 所示。

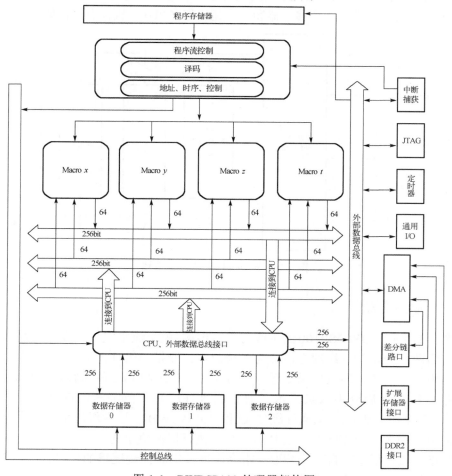

图 1-1　BWDSP100 处理器架构图

BWDSP100 在存储空间划分上，程序空间和数据空间在物理上分离，程序存储空间为 128K 字。数据存储空间划分为三个组（block），每个 block 大小为 256K 字，共 768K 字。FPC 每变化一次，从指令存储器取出 16 条指令（称为一个指令行）进入指令流水线。程序流控制模块负责分支预测、指令预取等功能。接下来指令进入指令缓冲，指令缓冲是一个 48 字的寄存器组，负责分离出那些可以并行执行的指令。译码单元解析从指令缓冲得到的并行指令，决定指令在哪些执行宏（macro）中运行，进而为指令分配对应执行宏中的执行资源，并且把指令翻译为微操作，发射到四个执行宏、访存及片上外设部件。处理器的执行部件包含在四个执行宏中，四个执行宏分别为 macro x、macro y、macro z 和 macro t。四个 macro 的外部接口和内部构造完全一致，它们从译码器获得微操作命令和立即数，从数据存储器获得操作数，进行各种特定的操作。每个执行宏内部包含一个 64 字的本地通用寄存器组、8 个算术逻辑单元（ALU）、4 个乘法器、2 个移位器和 1 个超算器（SPU）。执行宏架构如图 1-2 所示。

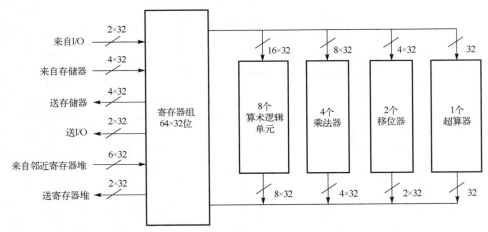

图 1-2 单个执行宏架构示意图

1.1.1 流水线简介

图 1-3 所示为 BWDSP100 流水线的基本结构。整个流水线以指令对齐缓冲为界，分为前后两部分。指令缓冲之前分为两级流水：取指一级（FE1）和取指二级（FE2），它们是内存驱动的，即只要指令缓存中有空位，FE1 和 FE2 就执行，否则流水线阻塞。指令缓冲之后分为六级流水：取指三级（FE3）、译码一级（DC1）、译码二级（DC2）、数据访问级（AC）、执行级（EX）和写回级（WB），这六级流水是指令驱动的，即它们更新与否是由流水线中的具体指令的执行情况决定的。

取指一级，根据来自分支预取、指令缓冲及中断控制逻辑的信息，决定 FPC 是否更新，以及如何更新，即决定指令流的方向。

取指二级，负责更新 BPB。指令缓冲，共三级，对取指得到的指令进行缓冲，并从中组成可以并行执行的指令，形成一个执行行，交给取指三级。

取指三级，负责从指令缓冲中获得一个完整的执行行，并送给译码单元。

译码一级和译码二级，从取指三级得到一个指令执行行，并且决定每一条指令所需的执行资源，接着将每条指令翻译为一个或多个微操作，这些微操作将发射给对应的执行资源去执行。数据访问级，在本流水阶，执行资源从译码级获得了它们应得的微操作，并开始为每个微操作准备源操作数。执行级，在本流水阶，微操作得以真实执行。对于运算类的指令来说，运算在本流水阶开始执行；对于数据传输类型的指令来说，待传输的数据已放到总线。写回级，本流水阶将执行级生成的结果写入目的寄存器。

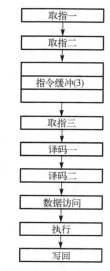

图 1-3　BWDSP100 流水线

1.1.2　数据格式

1. 浮点数据格式

浮点数据格式符合 IEEE754/854 标准，32bit 单精度浮点格式包含一个符号位 s，一个 24 位尾数 f 和一个 8bit 无符号指数 e。符号位位于最高位（31），尾数由一个 23 位小数 f 和一个隐含位'1'组成，如图 1-4 所示。该隐含位位于第 22 位之前，因此，虽然有效尾数只有 23 位，实际上表示的数据位数为 24 位，以此确认的浮点数位于[1,2]之间。指数为一个 8bit 的偏移二进码，其有效范围为 0～254，有效指数为实际指数减去 127。

图 1-4　浮点数据格式

同时 IEEE 标准提供几种特殊的数据类型：

①如果尾数为零，指数也为零，则该数为零；

②如果尾数为零，指数为 255，则该数为无穷大，或者说数据饱和；

③如果尾数不为零，指数为 255，则该数为非数（NAN）。

BWDSP100 与 IEEE 在浮点数据处理方式上有以下不同：

①如果任一个源操作数为非数，输出非数结果（全 1），置非数标志；

②任何非规格化输入数据都当浮点 0 处理；

③浮点计算结果，在尾数规格化后，偏移指数大于等于 255，浮点上溢，置浮点上溢出标志；如进行饱和处理，则输出浮点最大有效值，否则结果不做处理；

④当计算结果在尾数规格化后（非全 0），偏移指数小于等于 0，则浮点下溢，置浮点下溢出标志；饱和处理时，输出浮点 0，否则结果不做任何处理。

2. 定点数据格式

处理器支持定点数据格式有两种：一种是 32bit，一种是 16bit。这两种数据格式形式基本相同，定点格式的数据中，分为有符号数和无符号数。BWDSP100 中定点数据的小数点在第 0 位之后。

BWDSP100 的运算部件可处理的数据格式有以下几种。

实数运算：

①浮点数据：32bit 数据；

②定点数据：16/32bit 数据，其数据或者为有符号数，或者为无符号数。

复数运算：

①浮点数据：32bit 数据；

②定点数据：16/32bit 有符号数。

1.2 BWDSP100 的组织结构

1.2.1 运算部件

运算部件是处理器的核心执行部分，其主要功能是完成各种算术运算和逻辑运算。

1. 算术逻辑单元

BWDSP100 处理器执行宏中的算术逻辑单元（ALU）主要实现算术逻辑操作。ALU 将从执行宏的寄存器组中得到源操作数，用源操作数执行一定的运算，并把它的输出结果返回到寄存器组中。算术逻辑单元在执行宏中的结构参见图 1-2。

BWDSP100 内部每个执行宏含有 8 个 ALU，每个 ALU 既可以单独完成指令，也可以与其他 ALU 配合完成某些复杂指令。需要多个 ALU 合作完成的复杂指令在经过译码器译码以后，由译码器将微操作自动分配到相应的 ALU 当中。

处理器中的 ALU 单元支持 32bit 定点、双 16bit 定点以及浮点数据类型，既支持实数又支持复数运算，其主要能够完成以下操作。

①定点和浮点算术操作：加、减、累加、累减、受控累加、受控累减、取绝对

值以及选大选小操作等；

②逻辑操作：与、或、非以及异或等；

③数据类型的相互转换：定点转浮点以及浮点转定点。

2. 乘法器

乘法器(multiplier)执行浮点和定点数乘法，同时还可以进行定点的乘累加运算。

乘法运算部件是由 4 个独立 32bit 乘法器组成的，每一个乘法器配备一个加法器。乘法运算部件可以完成 4 个独立的实数乘法累加。数据可以是实数，也可以是复数，可以是 32bit 定点数据或 32bit 浮点数据，也可以是 16bit 定点数据。一个 32bit 乘法器可以并行完成两个 16bit 实数乘法或一个 16bit 复数乘法。

乘法结果可以进行累加，复数运算时可以进行复数相乘及复数共轭相乘运算。当数据进行 32bit 复数运算时， 4 个乘法器执行一个 32bit 复数运算。

3. 移位器

BWDSP100 的一个执行宏包含两个移位器(shifter)，移位器的作用在于对源操作数进行任意裁减、分解、移位和拼接等操作，其主要功能如下。

①数据移位功能：主要包括算术移位、逻辑移位、循环移位。

②数据压缩、扩展功能：主要完成 16bit 定点数扩展为 32bit 定点数、32bit 定点数压缩为 16bit 定点数的功能。

③数据裁减功能：将源操作数 0 的某一段数据截取下来放在源操作数 1 的某一特定位置上，操作数 1 非放置区的数据按照指令所确定的方式进行保持不变、清零或者符号位扩展操作。

④位域操作：将源操作数某一位或几位进行取反、清零、置"1"与置换等操作。

⑤数据传输功能：完成寄存器组内部的数据传输。

4. 超算器

每个 DSP 执行宏中都含有一个超算器(SPU)。SPU 主要负责部分特殊函数的计算，如正余弦函数、反正切、自然对数以及倒数等。

1.2.2 程序控制器

BWDSP100 中的程序控制器用于控制整个指令流的执行，其主要包括取指 PC 产生器、分支预测器、指令缓冲器、PC 保护堆栈、子程序调用和中断的嵌套等部件。

1. 取指 PC 产生器

取指 PC 产生器主要完成用户模式下的指令存储器的读地址产生。分支跳转、循环以及中断都可以影响取指 PC 产生器的状态，以便重新决定指令流的方向。

2．分支预测器

程序控制器利用分支预测器减少或者消除分支开销（在流水线中执行分支所消耗的额外时钟周期）。分支预测器为一个深度为 512 的预测表，表中的分支预测信息会根据分支预测算法实时更新。当分支语句流经图 1-3 中的取指二级时会根据其对应的 PC 值查找该预测表，程序控制器会根据预测结果更改程序流的执行方向。如果最终的分支判断结果与预测不符，此前根据错误预测进入流水线的指令会被清除。

3．指令缓冲器（IAB）

IAB 是一个 3 级寄存器组，每级为 16 字。如果 IAB 中可以拼接出一个完整的执行行，IAB 就将该执行行发射到图 1-3 中的取指三级。

IAB 主要可以实现以下功能：

①缓存取指单元输出的指令，保证在 IAB 之后的流水线因为某种原因被停止的情况下，取指单元仍然可以运行；

②指令拼接，为执行部件提供完整的执行行；

③废弃气泡指令行，在分支以及绝对跳转等指令执行过程中产生的气泡指令，在合适的情况下在 IAB 中可以被废弃。通过废弃气泡指令行的操作可以有效提高指令的执行效率。

4．PC 保护堆栈

本质上是寄存器，主要作用是程序执行时，在跳转过程中硬件会自动将 PC 值保存下来，BWDSP100 最多可以支持 32 级。

5．子程序调用和中断的嵌套

BWDSP100 允许子程序调用和中断的嵌套。处理器始终允许子程序调用的嵌套，中断嵌套受控于全局控制寄存器（GCSR）的第 1 位。

子程序调用和中断服务的返回地址会由处理器自动保存到两个专用的硬件堆栈当中。当执行指令 RET 和 RETI 时，处理器会将返回地址自动出栈恢复现场。用于保存子程序调用返回地址的堆栈深度为 128，用于保存中断调用返回地址的堆栈深度为 64。

1.2.3　地址发生器

器件内部三个地址发生器（U、V、W）结构相同，相互独立工作，使用哪个地址发生器由指令指定。数据地址产生单元的接口如图 1-5 所示。可以通过来自译码器的立即数或者来自通用寄存器组的数据，对地址发生器的内部寄存器进行初始化。地址发生器利用这些初始化信息作为地址计算所需的基地址和偏移量。

需要注意的是，地址发生器如果发现地址越界，则将地址越界标志置位。所谓地址越界，是指地址发生器运算得到的地址超出了数据地址范围，或者运算得到的地址落在保留的地址空间。处理器的地址空间定义详见 3.1 节。

　　地址发生器可能一次产生多个有效地址，如果有两个或两个以上的地址落在同一个存储器内存库（bank）上，就会产生 bank 冲突。一旦产生 bank 冲突，必须使整个流水线停顿，直到所有数据被正确读出或写入，才能恢复流水。

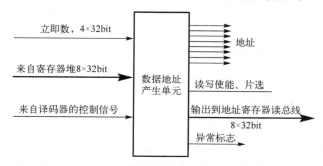

图 1-5　数据地址发生器外部接口框图

1.2.4　内部存储器

　　BWDSP100 内部存储器包括指令存储器和数据存储器两种。

　　其中指令存储器容量为 128K×32bit（4Mbit），共分为 16 个 bank，每个 bank 分配 8K×32bit 容量。指令存储器的地址为 17bit，低 4bit 用于选择 bank，一次取指操作将获取 16 个字。

　　分配给器件内部的数据存储器容量为 768K×32bit（24Mbit），器件内部设置 32bit 地址，其中最高 14bit 地址用于区分不同的存储器组（memory block），最低 3bit 地址用于每个 block 内的存储器 bank 选择，剩余中间 15bit 地址用于寻址每个存储器 bank 的 32K 存储空间。

　　器件内部数据存储器分为三组（memory block），分别称为 B0、B1、B2，每一组又是由 8 个独立存储器组成，即器件内部数据存储器总数为 3×8=24 个，每一个存储器的存储容量为 32K×32bit。这样的安排可以保证存储单元在数据传输高峰情况下能够同时提供两组 256bit 的数据给执行宏，与此同时接收一组从其他执行宏送过来的 256bit 的数据。

1.2.5　外设

1.　高速串联接口（Link 口）

　　BWDSP100 有 8 个 8bit 链路口，其中，4 个为发送口，另外 4 个为接收口，这 8 个链路口之间完全独立。链路口有以下特点：

　　①链路时钟速率可选定为内核时钟速率的 1/8、1/6、1/4 或 1/2；

②链路口以 DMA 方式按 32bit 字为最小传输单位进行传输；

③链路口传输请求由发端发起；

④链路发送口的数据源是片内存储器或片外 DDR2 SDRAM（飞越传输模式），目标是外部其他链路口；

⑤链路接收口的数据源是外部其他链路口，目标则是片内存储器或片外 DDR2 SDRAM（飞越传输模式）。

更多信息请参考第 4 章"链路口"。

2. 并口

BWDSP100 处理器的并口支持 8bit、16bit、32bit 和 64bit 外设，这给与不同位宽的外部存储器接口带来了很大的方便。当 BWDSP100 处理器内部存储空间有限时，可以利用并口扩展外部存储空间。外部存储器可以选择 RAM、FLASH、EPROM 等器件。利用并口外接 FLASH 或 EPROM 器件，还可以存放 DSP 的加载程序，实现系统的引导加载。

更多信息请参考第 5 章"并口"。

3. DDR2 接口

DDR2 接口是连接内部逻辑和 DDR2 SDRAM 的桥梁，实现对 DDR2 SDRAM 的读写操作，保证数据的正确传输。

DDR2 SDRAM 在工作时，需要多个命令相互结合才能正确完成各种方式的读写操作。DDR2 接口承担了管理复杂时序关系的任务，用户只需要通过 DDR2 DMA 通道发送读写命令、数据和地址就可以实现对 DDR2 控制器的读写操作，DDR2 接口会在必要的时序关系中自动执行所需的其他 DDR2 控制命令，并保证控制命令之间满足时序约定。

更多信息请参考第 6 章"DDR2 接口"。

4. UART

UART 是一种通用异步串行收发器。BWDSP100 的 UART 链路层协议兼容 RS232 标准。UART 可工作于全双工模式，与 DSP 内核采用中断方式交互。

更多信息请参考第 7 章"UART"。

5. 定时器

BWDSP100 DSP 内部集成有 5 个 32bit 可编程定时器，可用于以下目的：

①事件定时；

②事件计数；

③产生周期脉冲信号；

④处理器间同步。

定时器可以采用内部时钟，也可以使用外部提供的时钟源。每个定时器相互独立，都具有一个输入引脚和一个输出引脚，输入和输出引脚可以用做定时器时钟输入和定时脉冲输出，其中输出引脚可以与 GPIO 复用。

更多信息请参考第 8 章"定时器"。

6. GPIO

通用目的输入输出（GPIO），可以配置为输入或输出。当配置为输出时，用户可以写一个内部寄存器以控制输出引脚上的驱动状态。当配置为输入引脚时，用户可以通过读 GPVR 的状态检测到输入状态。

GPIO 的 GP0～GP4 引脚与定时器输出引脚是复用的，可通过设置 GPOTR 进行选择。

更多信息请参考第 9 章"GPIO"。

7. DMA 控制器

BWDSP100 内部集成有 DMA 控制器，DMA 控制器独立于处理器内核工作，能够在处理器内核不介入的情况下进行数据传输。BWDSP100 包含 18 个 DMA 传输通道。

①并口 DMA 通道：1 个，连接内部存储器和并口；

②Link 口接收 DMA 通道：4 个，连接内部存储器和 Link 口接收端；

③Link 口发送 DMA 通道：4 个，连接内部存储器和 Link 口发送端；

④DDR2 DMA 通道：1 个，连接内部存储器和 DDR2 存储器接口；

⑤飞越传输 Link 口至 DDR2 DMA 通道：4 个，连接 Link 口接收端和 DDR2 存储器接口；

⑥飞越传输 DDR2 至 Link 口 DMA 通道：4 个，连接 DDR2 存储器接口和 Link 口发送端。

BWDSP100 处理器共有 10 个 DMA 通道可通过外部端口传送数据，其中，有 8 个 DMA 通道可用于链路口数据传送，1 个 DMA 通道用于与片外 DDR2 SDRAM 传送数据，1 个用于控制并口与片外设备的数据传输。

DMA 还具备飞越传输（仅用于链路口与 DDR2 之间）功能，以及支持链式 DMA 操作，可自动连接若干个 DMA 飞越传输过程。更多信息请参考第 10 章"DMA"。

1.3　BWDSP100 开发简介

1.3.1　多处理器耦合

BWDSP100 处理器具有丰富的接口资源，在应用系统开发时，可以将多片处理器组合，形成功能更加强大的板级应用系统。在 BWDSP100 的几种用于通信的片上外设中，链路口、并口、DDR2 接口适宜吞吐量大、数据率高的数据传输；UART接口适宜低速率、小批量数据传输或多处理器间的控制信息传输；GPIO 适宜多处理器间的控制信息传输、多处理器间的任务同步。

　　链路口、并口、DDR2 接口通过 DMA 方式与片上存储器进行通信，它们的 DMA通道各自独占外部总线的不同位域，共用片上存储器的访问接口。当不同的 DMA通道试图同时读或写同一个片上存储器的访问接口时，将引发片上存储器的 bank冲突，bank 冲突仲裁单元按照固定优先级先后响应多个访问请求。

　　1. 通过链路口进行多处理器耦合

　　BWDSP100 带有 4 对高速链路口，这 4 对链路口之间完全独立，每对链路口收发之间也完全独立。通过链路口互连，可以将多片处理器组织在一起，形成一个处理器簇。当 4 片处理器组成一簇时，其主要的拓扑结构如图 1-6 所示，其中的每个顶点圆圈代表一个 BWDSP100 处理器，顶点间的一条边代表一对链路口。

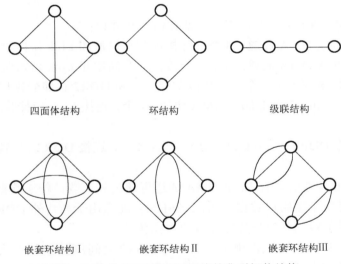

图 1-6　4 片 BWDSP100 互连的典型拓扑结构

　　由图 1-6 可见，大部分的处理器簇拓扑结构并没有完全利用所有的链路口，如四面体结构中，每个处理器有 3 对链路口用于簇内互连，剩下一对链路口可用于簇外的互连。这样一来，处理器簇就是一个开放的结构，通过剩下的链路口互连，可将不同的处理器簇组合起来，形成更加庞大的处理器网络。仍以四面体结构为例，簇内每个处理器都有一对链路口可用于簇外互连，那么四面体结构的一簇处理器就有 4 对链路口可用于簇外互连，这样，4 个四面体结构的处理器簇就可组合成超簇结构——由处理器簇构成的簇结构。依此类推扩展下去，通过链路口的互连，理论上可构成无限层次的分形簇结构，如图 1-7 所示。

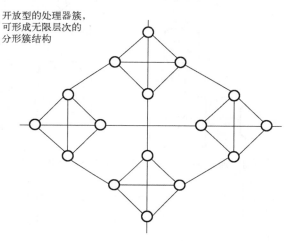

开放型的处理器簇，可形成无限层次的分形簇结构

图 1-7　多处理器簇形成的网络结构

2. 通过并口进行多处理器耦合

BWDSP100 设计了专门的并行数据接口，可外接异步存储器，数据位宽覆盖 8bit、16bit、32bit、64bit 四种类型。两片处理器之间可通过共享外部双口存储器的方式来进行耦合。两片处理器之间的通信方式由系统开发者定义，在系统开发时，由应用软件完成。

通过外接异步双端口 RAM 来实现两片处理器间的数据交换，即每片处理器各控制双端口 RAM 的一个端口，通过对双端口 RAM 进行乒乓(ping-pong)方式的利用，来达到两片处理器共享外存的目的。另外，并口分配了 5 个 CE 空间，这就意味着一片 BWDSP100 可以通过并口的不同 CE 空间与其他 5 片处理器进行共享双端口 RAM 形式的耦合，如图 1-8 所示。当然，利用并口的不同 CE 空间两两进行耦合的处理器对，又可组合成各种复杂的拓扑结构。

3. 通过飞越传输方式进行多处理器耦合

BWDSP100 在 DDR2 接口和链路口之间设计了飞越传的 DMA 通道，即 DDR2 接口所连接的 DDR2 SDRAM 中的内容，可以不经过处理器内核，直接通过链路口的发送端发送出去；或者链路口接收端接收到的数据可以不通过处理器内核，直接经 DDR2 接口存储到 DDR2 SDRAM。这样，通过飞越传输，不同的处理器之间就能间接地共享 DDR2 外存，达到多处理器耦合的目的，如图 1-9 所示。

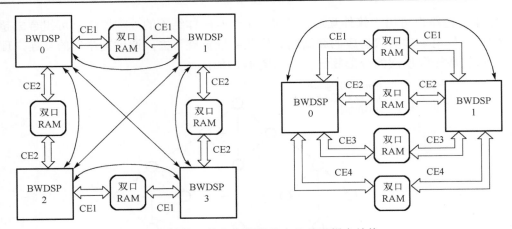

图 1-8　通过并口共享存储器的多处理器耦合结构

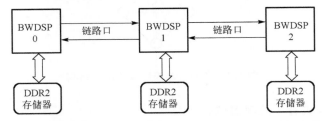

图 1-9　通过飞越传输共享 DDR2 SDRAM 的多处理器耦合结构

4．通过 UART 进行多处理器耦合

BWDSP100 的 UART，对标准 UART 数据帧进行了编组，每 4 帧数据编为一组，并以组为单位，用中断方式与内核进行交互。BWDSP100 的 UART 可以通过电平转换之后，与计算机串口通信。此外，两片处理器之间可用 UART 接口进行点对点连接；若采用合适的会话层协议，多片处理器可组成单向环形多机通信系统，如图 1-10 所示。这种多机通信适合数据量较小、速率较慢的通信应用。

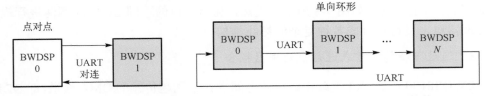

图 1-10　通过 UART 接口互连的点对点及多处理器单向环形耦合结构

在单向环形多机通信系统中，多机之间形成单向环形网络，网络上每个处理器作为一个节点，每个节点定义一个唯一的编号。在信息传输过程中，待传输信息和目的节点的编号一起，从源节点经中间节点路由，最后到达目的节点。

5. 通过 GPIO 进行多处理器耦合

BWDSP100 设计了 8 个 GPIO，它们是双向引脚，当配置为输出状态，可以输出 GPVR 寄存器的值；当配置为输入状态，可以将对应引脚的值捕获，存放于 GPVR 寄存器。通过在应用程序中实现适当的协议，处理器之间可以通过 GPIO 进行通信。由于 GPIO 采用 TTL 串行传输，并且要在应用程序中实现链路层协议，因此通信效率较低，不适宜传输大量数据，而适宜传输一些处理器间的任务同步信号，如图 1-11 所示。

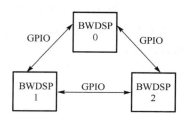

图 1-11　通过 GPIO 互连的多处理器耦合结构

1.3.2　BWDSP100 时钟域介绍

BWDSP100 设计有一个片上的 PLL，可将通过引脚 CLKIN 输入的外部时钟倍频至所需的内核频率和外设频率，倍频系数由专门的三根输入引脚 CLKINRAT2～CLKINRAT0 来定义，其输入状态与倍频系数的关系如表 1-1 所示。

表 1-1　倍频引脚状态与 PLL 倍频系数的关系

CLKINRAT2～0	倍频
000	6
001	6.25
010	7.5
011	12
100	12.5
101	13.75
110	14
111	15

内核与大部分的外设控制逻辑都属于同一个时钟域，即倍频后的主时钟。BWDSP100 的时钟域示意图如下。

每个链路口的发送端有一个独立的输出时钟 LxCLKOUT，这个时钟速率为主时钟的 2 分频、4 分频、6 分频、8 分频。

链路口传输为同步方式，链路口接收端在采样串行输入数据时，须用链路口发送端传来的随路时钟 LxCLKIN 采样，因此链路口接收端的串行采样逻辑部分，属于收端输入时钟域。

1.3.3　FLASH 编程

BWDSP100 的并口可外接 FLASH 存储器，用于固化应用程序的代码段和数据段，在处理器复位之后，固化的应用程序和数据从并口自动加载至处理器片上对应的程序存储空间和数据存储空间。欲将应用程序代码和数据固化到 BWDSP100 并口外接的 FLASH，可通过软件开发环境配合 JTAG 硬件仿真器实现。用户可以在 BWDSP100 的调试环境 ECS 中启动对 FLASH 芯片的编程功能。关于 JTAG 硬件仿真器的说明参见第 11 章的相关部分。

1.3.4　引导

1.　主片引导

并口引导是默认的引导方式，若在复位过程中 DSP_ID[2:0]配置为"000"时则引导方式判定为并口引导。

如果系统由单片 DSP 构成，则需将存有加载核、应用程序的程序段及数据段的 FLASH 连接到 DSP 的并口上，主片默认从并口加载。并口在加载时，可以支持字宽为 8bit 或 16bit 两种 FLASH。其加载时的连接关系如图 1-12 所示。并口 DMA 的内部通道宽度在程序段加载过程中固定为 32bit。上电复位后，DSP 的并口自动启动加载过程，首先将片外 FLASH '0' 地址与 '1' 地址中存储的两个 8bit 数据通过并口读入 DSP，这两个 8bit 数据中包含了此片外 FLASH 器件的硬件端口信息，其中 '0' 地址的[1:0]代表外设数据字宽、[7:2]表示并口窗口时间，'1' 地址的[7:4]

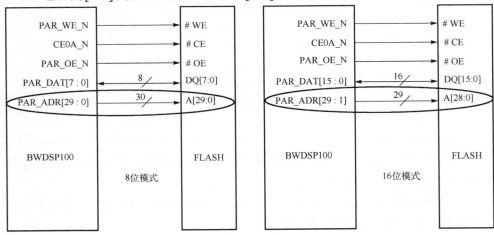

图 1-12　8 位与 16 位加载时 DSP 与 FLASH 的连接关系

表示建立时间、[3:0]表示保持时间。在 DSP 读入这些信息后，将启动一个默认设置的并口 DMA 传输操作，将长度为 512 字的加载核从 FLASH 传输到 DSP 指令存储器的 0x0000_0000～0x0000_01FF 地址中。在传输完成后，DSP 处理器从指令存储器地址 0x0000_0000 开始执行加载核。加载核发起多次 DMA 操作，将应用程序的程序段及数据段载入 DSP 内部存储器，最后一次 DMA 操作将应用程序的前 1K 字取入 DSP 指令存储器中，对加载核进行覆盖。覆盖操作完成后，DSP 将取指 PC（FPC）清零，从地址 0x0000_0000 开始执行应用程序。

2. 从片引导

如果系统是由多 DSP 器件构成，存有加载核、应用程序的程序段及数据段的 FLASH 一般是连接到其中一个器件的并行数据口上，其他 DSP 器件同此器件之间以链路口进行点对点连接，因此，程序加载的方式是首先将与 FLASH 相连的器件定义为主片（主片 Master，DSP_ID=“000”），主片的程序和数据段通过并口加载，其他器件（从片 Slaver）的程序和数据段加载则采用与主片相连的链路口引导方式完成。

系统复位后，4 个链路口中的任意一个都可以作为程序加载通道。加载过程开始后，首先，主片启动自动并口 DMA 传输，将主片加载核载入内核执行。通过主片加载核发起并口 DMA 操作，将从片 DSP1 的加载核载入主片上的内存空间缓存上。接着，主片通过 Link 口将 DSP1 的加载核发送给 DSP1，此加载核同样存储在 DSP1 程序存储器的前 512 个字。从片 DSP 加载核载入完成后，开始自动执行。通过主片及从片加载核不断地发起主片并口 DMA、主片 Link 口发送 DMA 及从片 Link 口接收 DMA 完成从片 DSP1 的整个加载过程。其他从片的加载过程与 DSP1 类似。整个系统最后才完成主片的加载。

加载初始化的控制字与各个处理器的内核加载核、程序段及数据段在片外 FLASH 上存放的对应位置示意如表 1-2 所示。

表 1-2　用于加载的程序段和数据段存储格式

地址	32 位数据定义的内容		
0	31:8	7:2	1:0
		窗口时间	字宽选择
1	31:8	7:4	3:0
		建立时间	保持时间
2 ～ 513	主片（DSP0）器件的加载核（内核引导程序）		
514 ～ 1025	从片（DSP1）器件的加载核		
1026 ～ 1537	从片（DSP2）器件的加载核		

地址	32 位数据定义的内容
1538 ～ 2049	从片(DSP3)器件的加载核
2050 ～ 2561	主片(DSP0)器件的应用程序段
2562 ～ 3073	主片(DSP0)器件的加载数据段
3074 ～ 3585	从片(DSP1)器件的应用程序段
3586 ～ 4097	从片(DSP1)器件的加载系数段
4098 ～ 4609	从片(DSP2)器件的应用程序段
4610 ～ 5121	从片(DSP2)器件的应用系数段
5122 ～ 5633	从片(DSP3)器件的加载程序段

多处理器系统的程序加载结构示意图如图 1-13 所示。

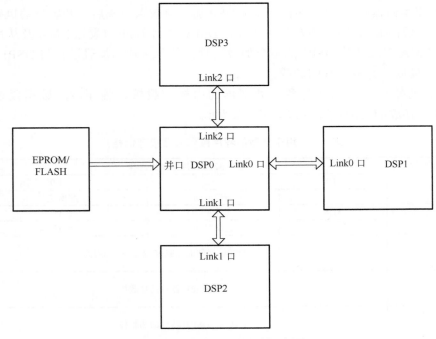

图 1-13　程序加载结构示意图

3．加载程序流程

图 1-14 给出了主片加载流程。

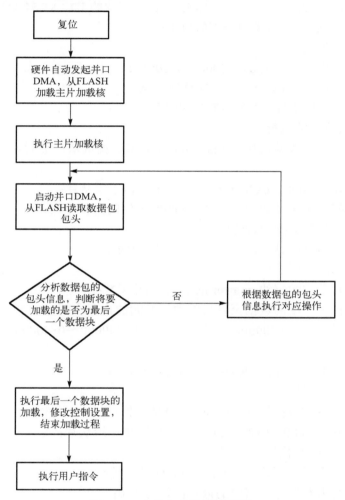

图 1-14　主片加载程序流程图

（1）DSP 复位后，硬件自动从并口 CE0 空间加载主片加载核（512 字）至主片程序存储空间 0x000～0x1FF，并将控制权移交给加载核。

（2）主片加载核将外部地址指针（XR57）指向并口 CE0 空间紧随加载核后的位置。

（3）主片加载核以 DMA 方式从并口 CE0 空间外部地址指针指向的位置读两个字（数据包的包头）至主片内存地址 0x200000～0x200001，然后调整外部地址指针：XR57=R57+2。

(4) 读地址 0x200000~0x200001 处的两个字至 XR50~XR51。

(5) 分析 XR50~XR51，将分析结果存放于 XR51~XR54。其中，XR51 为数据包目的地址、XR52 为数据包类型、XR53 为目标芯片的 ID、XR54 为数据包大小(以字为单位)。根据数据包的类型分别做以下操作。

① 若是从片加载核：

a) 主片读从片加载核至 0x200000~0x2001FF；

b) 主片通过相应 Link 口将加载核传送至从片；

c) 调整外部地址指针：XR57=R57+数据包大小；

d) 转步骤(3)继续执行。

② 若是从片非零数据块(slave non-zero int)型数据或从片最后数据块(slave final int)型数据：

a) 主片将 0x200000~0x200001 处的两个字传送给从片；

b) 主片读指定长度的数据至以 0x200000 开始的内存空间；

c) 主片将读入的数据块传送给从片；

d) 调整外部地址指针：XR57=R57+数据包大小；

e) 转步骤(3)继续执行。

③ 若是主片非零数据块(master non-zero int)型数据：

a) 主片读指定长度的数据至以目的地址开始的内存空间；

b) 若目的地址是 0x200000，则保存地址 0x200000~0x200001 处的两个字至XR40~XR41；

c) 调整外部地址指针：XR57=R57+数据包大小；

d) 转步骤(3)继续执行。

④ 若是从片全零数据块(slave zero int)型数据：

a) 主片将 0x200000~0x200001 处的两个字传送给从片；

b) 转步骤(3)继续执行。

⑤ 若是主片全零数据块(master zero int)型数据：

a) 主片用写内存指令向指定的内存区域写入 0；

b) 若目的地址是 0x200000，则置 XR40~XR41 为零；

c) 转步骤(3)继续执行。

⑥ 若是主片最后数据块(master final int)型数据：

a) 将 XR40~XR41 写入地址 0x200000~0x200001，即恢复该内存地址的值；

b) 置 GCSR 的第 12 位，即设置 IDLE 的解除方式为 1；

c) 恢复相关寄存器的值与处理器复位后相同；

d) 启动 DMA 传输；

e) IDLE 等待 DMA 传输结束；

f）清 GCSR 的第 5 位，即退出程序加载模式；

g）置 GCSR 的第 13 位，即使能分支预测；

h）清中断寄存器 ILAT；

i）B BA（BA 为 0），即从 0 地址开始执行加载进来的程序，主片加载过程结束。

图 1-15 给出了从片加载流程。

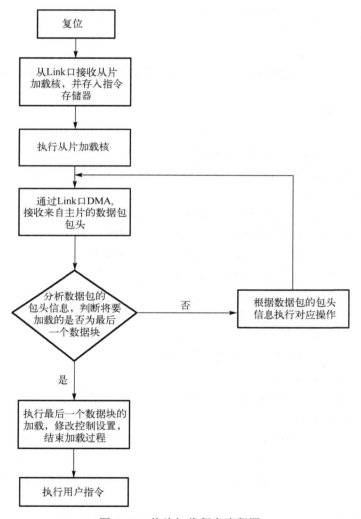

图 1-15　从片加载程序流程图

（1）DSP 复位后，从片由 Link 口接收到的第一块数据被认为是加载核，被接收至从片以 0 地址开始的内存空间，接收完毕后，DSP 硬件将控制权移交给加载核。

（2）从片通过 Link 口以 DMA 方式读两个字至 0x200000～0x200001。

（3）读地址 0x200000～0x200001 处的两个字至 XR50～XR51。

（4）分析 XR50～XR51，将分析结果存放于 XR51～XR54，其中，XR51 为数据包目的地址、XR52 为数据包类型、XR53 为目标芯片的 ID、XR54 为数据包大小（以字为单位），根据数据包的类型分别做以下操作。

①若是从片非零数据块（slave non-zero int）型数据：

a）初始化 DMA 控制寄存器；

b）IDLE，等待 DMA 完成；

c）若目的地址是 0x200000，则保存地址 0x200000～0x200001 处的两个字至 XR40～XR41；

d）转步骤（2）继续执行。

②若是从片全零数据块（slave zero int）型数据：

a）用写内存指令向指定的内存区域写入 0；

b）若目的地址是 0x200000，则置 XR40～XR41 为零；

c）转步骤（2）继续执行。

③若是从片最后数据块（slave final int）型数据：

a）将 XR40～XR41 写入地址 0x200000～0x200001，即恢复该内存地址的值；

b）置 GCSR 的第 12 位，即设置 IDLE 的解除方式为 1；

c）恢复相关寄存器的值与处理器复位后相同；

d）启动 DMA 传输；

e）IDLE 等待 DMA 传输结束；

f）清 GCSR 的第 5 位，即退出程序加载模式；

g）置 GCSR 的第 13 位，即使能分支预测；

h）清中断寄存器 ILAT；

i）B BA（BA 为 0），即从 0 地址开始执行加载进来的程序，从片加载过程结束。

数据包类型说明如下。

主片最后数据块（master final int）：主片被加载程序的最后一块，占据的空间从主片 0 地址开始，将覆盖主片加载核。

主片全零数据块（master zero int）：主片被加载程序，占据的空间位于数据存储器，且内容为全零。

主片非零数据块（master non-zero int）：主片被加载程序中不属于以上两种类型的部分。

从片最后数据块（slave final int）：从片被加载程序的最后一块，占据的空间从从片 0 地址开始，将覆盖从片加载核。

从片全零数据块(slave zero int)：从片被加载程序，占据的空间位于数据存储器，且内容为全零。

从片非零数据块(slave non-zero int)：从片被加载程序中不属于以上两种类型的部分。

对于 zero int 型数据块，加载核使用写访存指令向指定地址写入全 0 来实现加载。注意到 BWDSP100 的访存指令不能访问程序存储器，因此 zero int 型数据块仅适用于数据存储器的加载。

4. JTAG 加载

通过 BWDSP100 的调试系统可以对 DSP 指令存储器实现加载。在调试模式下，程序员通过主机上的调试环境对 DSP 指令存储器进行访问，因此可以将任意程序加载到指令存储器中。调试模式下，上文所述的主片及从片引导过程都被自动屏蔽，不会干扰调试系统的加载。

5. 仿真

BWDSP100 处理器的在线调试系统由主机(host)、硬件仿真器(ICE)及 DSP 系统目标板组成。主机上的调试环境通过 ICE 对目标 DSP 进行在线调试。ICE 与 DSP 系统目标板之间采用 IEEE-1149.1 所规定的通信协议，整个调试环境的硬件系统结构如图 1-16 所示。

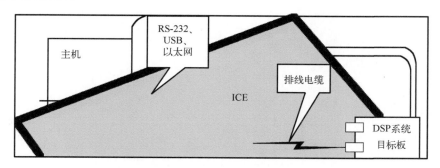

图 1-16　在线调试系统

1.3.5　工作模式

BWDSP100 处理器含功能及测试两类工作模式。其中，功能模式又分为：用户模式、调试模式及诊断模式三种。测试模式分为：BSD、MBIST 及 DFT 模式。功能及测试模式间的切换需通过配置管脚 TAP_SEL 及 BOOT_SW 完成。

在用户模式下，所有的指令都可以正常执行，程序员可以访问 DSP 的所有状态寄存器、控制寄存器、片内存储资源和片外存储资源。

　　在调试模式下，除了可以访问上述资源外，程序员还能获取 3 类状态信息：指令发射之前的流水线寄存器的内容、每级流水线对应的 PC 值，以及执行宏中所有运算部件的使用情况。

　　诊断模式仅用于 DSP 芯片在用户模式下进入异常状态时，查看异常发生的原因。诊断模式中，调试逻辑不可访问 DDR2，其余可访问的资源与调试模式下相同，但是这些可访问资源均处于只读状态。

　　BSD 模式仅用于板级测试；MBIST 及 DFT 模式应用在 DSP 芯片的测试阶段，用户无须关心。

第 2 章　存储空间定义及寄存器

2.1　存储空间定义

BWDSP100 共定义了 6 个外部地址空间和一个内部存储器空间，其中，内部存储器包括 1 块内部程序存储器和 3 块内部数据存储器，其具体定义如图 2-1 所示。

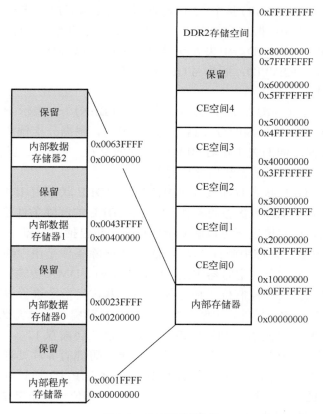

图 2-1　存储空间定义

处理器采用字地址，内部程序地址空间总共为 2M 字，BWDSP100 预设了 128K 字(4M bit)的内部 RAM 作为内部程序存储器，其他保留。保留的程序地址空间不可访问，一旦访问，将引起不可预知的后果。BWDSP100 内部预设了 3 块数据存储器，在访存指令的地址产生之后，处理器自动对数据地址做合法性检查，如果发现访存指令的地址非法，处理器会给出异常，并且该访存操作不成功。

在外部地址空间中，并口 CE0 用于程序加载，即 DSP 复位之后，自动从 CE0 空间读程序和数据，放入片内内部程序存储器和片内数据存储器。CE1～CE4 地址空间用于扩展异步存储器。DDR2 存储空间专门用于扩展 DDR2 存储器。

2.2　寄　存　器

2.2.1　全局控制寄存器

全局控制寄存器（GCSR）是个 32 位寄存器，用于编程时对指定型号和版本 DSP 进行标识，开启或关闭中断嵌套以及全局中断。寄存器的各个位标示意义如下所述。

GCSR[31:24]，CPU_ID：中央处理器单元标识（CPU identity）。

GCSR[23:16]，REV_ID：版本号（revision ID）。

GCSR[15:14]，保留。

GCSR[13]，分支预测表 BPB 修改控制位（BPBEN）。0 表示 BPB 不可修改；1 表示 BPB 可以修改，当预测的分支指令到达 EX 时，根据分支预测的结果和运算所得的真实分支方向之间的关系，对 BPB 做相应的更新。该位上电初始化为 0，可以通过指令向该位写 1，但是无法向该位写 0。

GCSR[12]，IDLE 状态解除条件（IDLEST）。IDLE 状态由 IDLE 指令引发，本控制位用于控制解除 IDLE 状态的条件。0 表示 IDLE 的解除条件是有中断产生，并且中断未被屏蔽，在此情况下可以解除 IDLE 的中断包括定时器中断、UART 中断、DMA 传输完成中断、外部中断；1 表示 IDLE 的解除条件是由中断产生，不管中断是否被屏蔽，在此情况下，定时器中断、UART 中断、DMA 传输完成中断、外部中断都可解除 IDLE。这一控制位可通过控制寄存器访问指令进行设置，但是指令对其只能置 1，写 0 无效。另外，中断一旦产生，会自动将该位清除为 0，如果对该位的置位指令和中断同时到达，则置位指令生效，该位会被置 1。

GCSR[11:9]，CHIP_ID，多片处理器环境下，可能有 n 片处理器耦合在一起，每片处理器有一个唯一标志，就是 CHIP_ID。该 CHIP_ID 通过外部引脚接入，在复位（reset）信号的下降沿过后，写入本寄存器的[11:9]位域。如果是单片应用，对应的外部引脚应该下拉到地，接为全零。

GCSR[8:6]，保留。

GCSR[5]，程序加载使能（BTEN）。0 表示应用程序运行状态；1 表示加载状态。该使能位上电之后初始化为 1。该位用于区分并口 DMA 和 Link 口接收 DMA 的目的地址范围，以及是否执行 bank 仲裁。在该位为 0 时，并口 DMA 和 Link 口接收

DMA 认为内部程序地址空间 0x00000000～0x0001ffff 是不可访问的，访问此空间导致异常；该位为 1 时，并口 DMA 和 Link 口接收 DMA 可访问 0x00000000～0x0001ffff 地址空间，以进行程序加载。该位在上电初始化后为 1，允许指令或 JTAG 对其写 0，指令或 JTAG 对其写 1 无效。

　　GCSR[4]，调试状态使能（DBGEN），0：正常工作状态；1：调试状态。

　　GCSR[3:2]，保留。

　　GCSR[1]，中断嵌套使能（INEN），0：屏蔽，不可中断嵌套；1：使能，允许中断嵌套。

　　GCSR[0]，全局中断使能（GIEN），0：屏蔽；1：使能。

　　全局控制寄存器的位域定义如图 2-2 所示。

全局控制寄存器

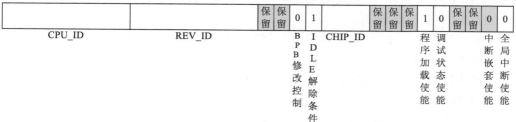

图 2-2　全局控制寄存器的位域定义

2.2.2　内核执行单元控制与标志寄存器

1. ALU 控制寄存器（ALUCR）

ALU 控制寄存器，其位域定义如下。控制寄存器的保留位写无效，读出为 0。

ALUCR[31:4]，保留。

ALUCR[3]，块浮点标志更新使能（BFPFEN），0：屏蔽；1：使能。

ALUCR[2]，保留。

ALUCR[1]，饱和控制（SATEN），0：不饱和；1：饱和，上电默认为 1。

ALUCR[0]，保留。

ALU 控制寄存器的位域定义如图 2-3 所示。

2. 乘法器控制寄存器（MULCR）

乘法器控制寄存器，在 AC 级更新、AC 级读取、AC 级可用。乘法器控制寄存器其位域定义如下，控制寄存器的保留位写无效，读出为 0。

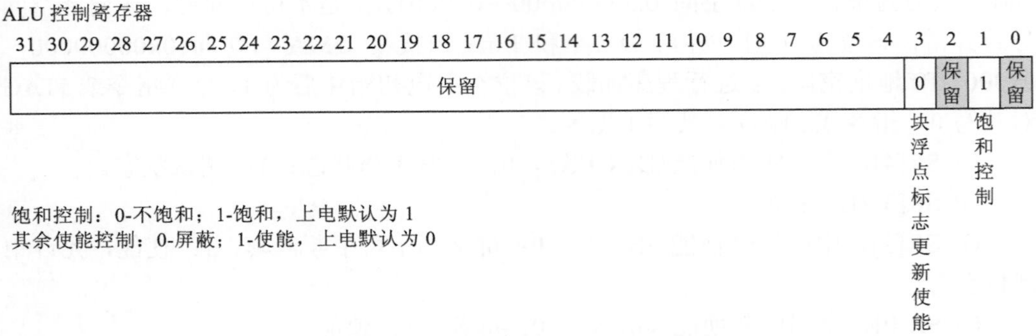

ALU 控制寄存器

31 30 29 28 27 26 25 24 23 22 21 20 19 18 17 16 15 14 13 12 11 10 9 8 7 6 5 4	3	2	1	0
保留	0	保留	1	保留
	块浮点标志更新使能		饱和控制	

饱和控制：0-不饱和；1-饱和，上电默认为 1
其余使能控制：0-屏蔽；1-使能，上电默认为 0

图 2-3　ALU 控制寄存器的位域定义

MULCR[31:18]，保留。

MULCR[17:12]，32 位定点乘法截位控制（TCMUL32）。

MULCR[11:9]，保留。

MULCR[8:4]，16 位定点乘法截位控制（TCMUL16）。

MULCR[3:2]，保留。

MULCR[1]，饱和控制。

MULCR[0]，保留。

乘法器控制寄存器的位域定义如图 2-4 所示。

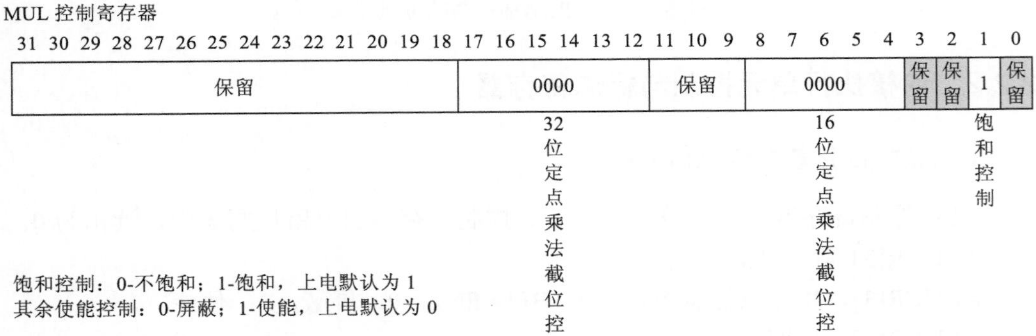

MUL 控制寄存器

31 30 29 28 27 26 25 24 23 22 21 20 19 18	17 16 15 14 13 12	11 10 9	8 7 6 5 4	3	2	1	0
保留	0000	保留	0000	保留	保留	1	保留
	32位定点乘法截位控制		16位定点乘法截位控制			饱和控制	

饱和控制：0-不饱和；1-饱和，上电默认为 1
其余使能控制：0-屏蔽；1-使能，上电默认为 0

图 2-4　乘法器控制寄存器的位域定义

截位控制说明如下。

(1)32 位定点截位控制：

如果该段值为 0x0，截位[31~0]；

如果该段值为 0x1，截位[32~1]；

如果该段值为 0x2，截位[33~2]；

……

如果该段值为 0x20，截位[63～32]。

（2）16 位定点截位控制：

如果该段值为 0x0，截位[15～0]；

如果该段值为 0x1，截位[16～1]；

如果该段值为 0x2，截位[17～2]；

……

如果该段值为 0x10，截位[31～16]。

（3）MACC 等乘累加的截位，由指令中附加的参数直接控制。

3. 超算器控制寄存器（SPUCR）

超算器控制寄存器位域定义如下。控制寄存器的保留位写无效，读出为 0。

SPUCR[31:2]，保留。

SPUCR[1]，饱和控制（SATEN），0：不饱和；1：饱和，上电默认为 1。

SPUCR[0]，保留。

超算器控制寄存器的位域定义如图 2-5 所示。

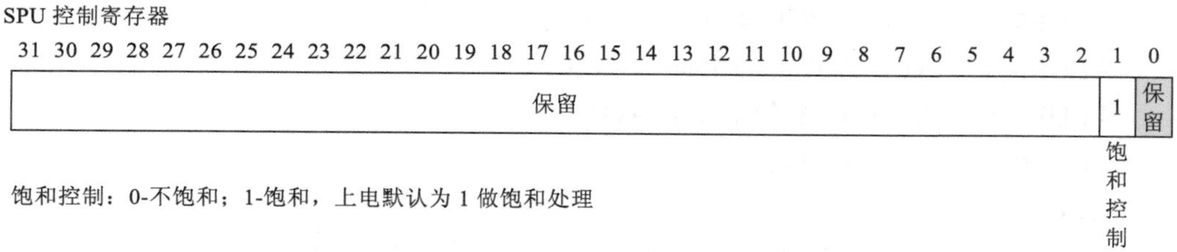

SPU 控制寄存器

31 30 29 28 27 26 25 24 23 22 21 20 19 18 17 16 15 14 13 12 11 10 9 8 7 6 5 4 3 2	1	0
保留	1	保留
	饱和控制	

饱和控制：0-不饱和；1-饱和，上电默认为 1 做饱和处理

图 2-5　超算器控制寄存器的位域定义

4. 移位器控制寄存器（SHFCR）

移位器控制寄存器位域定义如下。控制寄存器的保留位写无效，读出为 0。

SHFCR[31:2]，保留。

SHFCR[1]，饱和控制（SATEN），0：不饱和；1：饱和；上电默认为 1。

SHFCR[0]，保留。

移位器控制寄存器位域定义如图 2-6 所示。

5. ALU 标志寄存器（ALUFR7～ALUFR0）

执行单元（ALU、乘法器等）的标志寄存器分为静态和动态两种。静态标志寄存器一旦置位，除非用户特意更改，否则就不会再更改。动态标志是否更改，则受控

SHF 控制寄存器

饱和控制：0-不饱和；1-饱和，上电默认为 1 做饱和处理

图 2-6　移位器控制寄存器的位域定义

于对应控制寄存器中的"标志是否更改"控制位。上电初始化时，寄存器的各个标志位设置为 0。

ALUFR[31:12]，保留。

ALUFR[11]，静态 ALU 浮点无效操作（SAI）。

ALUFR[10]，静态 ALU 浮点下溢出标志（SAFU）。

ALUFR[9]，静态 ALU 浮点上溢出标志（SAFO）。

ALUFR[8]，静态 ALU 定点溢出标志（SAO）。

ALUFR[7:4]，保留。

ALUFR[3]，ALU 浮点无效操作（AI）。

ALUFR[2]，ALU 浮点下溢出标志（AFU）。

ALUFR[1]，ALU 浮点上溢出标志（AFO）。

ALUFR[0]，ALU 定点溢出标志（AO）。

ALU 标志寄存器的位域定义如图 2-7 所示。

ALU标志寄存器

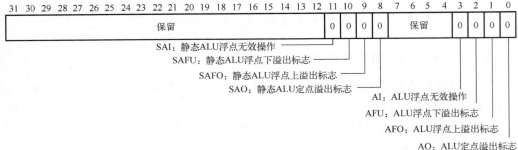

图 2-7　ALU 标志寄存器的位域定义

6. 乘法器标志寄存器（MULFR3 ~ MULFR0）

上电初始化时，寄存器的各个标志位设置为 0，寄存器的各个位定义如下。

MULFR[31:12]，保留。

MULFR[11]，静态 MUL 浮点无效操作（SMI）。

MULFR[10]，静态 MUL 浮点下溢出标志（SMFU）。

MULFR[9]，静态 MUL 浮点上溢出标志（SMFO）。

MULFR[8]，静态 MUL 定点溢出标志（SMO）。

MULFR[7:4]，保留。

MULFR[3]，MUL 浮点无效操作（MI）。

MULFR[2]，MUL 浮点下溢出标志（MFU）。

MULFR[1]，MUL 浮点上溢出标志（MFO）。

MULFR[0]，MUL 定点溢出标志（MO）。

乘法器标志寄存器的位域定义如图 2-8 所示。

图 2-8　乘法器标志寄存器的位域定义

7. 超算器标志寄存器（SPUFR）

上电初始化时，寄存器的各个标志位设置为 0，寄存器的各个位定义如下。

SPUFR[31:12]，保留。

SPUFR[11]，静态 SPU 浮点无效操作（SSI）。

SPUFR[10]，静态 SPU 浮点下溢出标志（SSFU）。

SPUFR[9]，静态 SPU 浮点上溢出标志（SSFO）。

SPUFR[8]，静态 SPU 定点溢出标志（SSO）。

SPUFR[7:4]，保留。

SPUFR[3]，SPU 浮点无效操作（SI）。

SPUFR[2]，SPU 浮点下溢出标志（SFU）。

SPUFR[1]，SPU 浮点上溢出标志（SFO）。

SPUFR[0]，SPU 定点溢出标志（SO）。

超算器标志寄存器的位域定义如图 2-9 所示。

SPU标志寄存器

图 2-9　超算器标志寄存器的位域定义

8. 移位器标志寄存器（SHFFR1～SHFFR0）

上电初始化时，寄存器的各个标志位设置为 0，寄存器的各个位定义如下。

SHFFR[31:9]，保留。

SHFFR[8]，静态移位器溢出标志（SSHO）。

SHFFR[7:1]，保留。

SHFFR[0]，移位器溢出标志（SHO）。

移位器标志寄存器的位域定义如图 2-10 所示。

SHF 标志寄存器

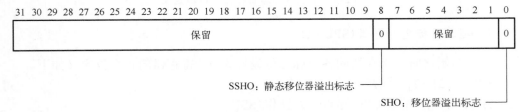

图 2-10　移位器标志寄存器的位域定义

9. ALU 标志按位与寄存器（ALUFAR）

将一个 macro 内的 8 个 ALU 标志寄存器对应位做与运算，得到本寄存器内容。上电初始化各标志位设置为 0。

ALUFAR[31:12]，保留。

ALUFAR[11]，静态 ALU 浮点无效操作按位与（SAIA）。

ALUFAR[10]，静态 ALU 浮点下溢出标志按位与（SAFUA）。

ALUFAR[9]，静态 ALU 浮点上溢出标志按位与（SAFOA）。

ALUFAR[8]，静态 ALU 定点溢出标志按位与（SAOA）。

ALUFAR[7:4]，保留。

ALUFAR[3]，ALU 浮点无效操作按位与（AIA）。

ALUFAR[2]，ALU 浮点下溢出标志按位与（AFUA）。

ALUFAR[1]，ALU 浮点上溢出标志按位与（AFOA）。

ALUFAR[0]，ALU 定点溢出标志按位与（AOA）。

ALU 标志按位与寄存器的位域定义如图 2-11 所示。

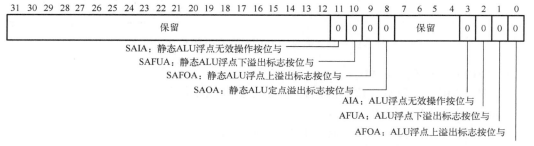

图 2-11　ALU 标志按位与寄存器的位域定义

10. 乘法器标志按位与寄存器（MULFAR）

将一个 macro 内的 4 个乘法器标志寄存器对应位做与运算，得到本寄存器内容。上电初始化各标志位设置为 0。

MULFAR[31:12]，保留。

MULFAR[11]，静态 MUL 浮点无效操作按位与（SMIA）。

MULFAR[10]，静态 MUL 浮点下溢出标志按位与（SMFUA）。

MULFAR[9]，静态 MUL 浮点上溢出标志按位与（SMFOA）。

MULFAR[8]，静态 MUL 定点溢出标志按位与（SMOA）。

MULFAR[7:4]，保留。

MULFAR[3]，MUL 浮点无效操作按位与（MIA）。

MULFAR[2]，MUL 浮点下溢出标志按位与（MFUA）。

MULFAR[1]，MUL 浮点上溢出标志按位与（MFOA）。

MULFAR[0]，MUL 定点溢出标志按位与（MOA）。

乘法器标志按位与寄存器的位域定义如图 2-12 所示。

11. 移位器标志按位与寄存器（SHFFAR）

将一个 macro 内的两个移位器标志寄存器对应位做按位与，得到本寄存器内容。上电初始化各标志位设置为 0。

MUL标志按位与寄存器

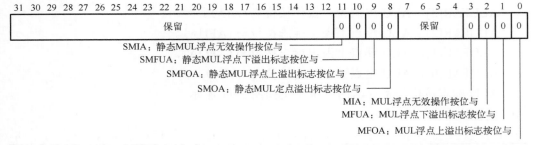

图 2-12　乘法器标志按位与寄存器的位域定义

SHFFAR[31:9]，保留。

SHFFAR[8]，静态移位器溢出标志按位与（SSHOA）。

SHFFAR[7:1]，保留。

SHFFAR[0]，移位器溢出标志按位与（SHOA）。

移位器标志按位与寄存器的位域定义如图 2-13 所示。

SHF 标志按位与寄存器

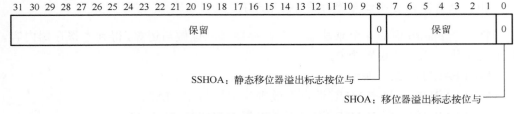

图 2-13　移位器标志按位与寄存器的位域定义

12. ALU 标志按位或寄存器（ALUFOR）

将一个 macro 内的 8 个 ALU 标志寄存器对应位按位或，得到本寄存器内容。

ALUFOR[31:12]，保留。

ALUFOR[11]，静态 ALU 浮点无效操作按位或（SAIO）。

ALUFOR[10]，静态 ALU 浮点下溢出标志按位或（SAFUO）。

ALUFOR[9]，静态 ALU 浮点上溢出标志按位或（SAFOO）。

ALUFOR[8]，静态 ALU 定点溢出标志按位或（SAOO）。

ALUFOR[7:4]，保留。

ALUFOR[3]，ALU 浮点无效操作按位或（AIO）。

ALUFOR[2]，ALU 浮点下溢出标志按位或（AFUO）。

ALUFOR[1]，ALU 浮点上溢出标志按位或（AFOO）。

ALUFOR[0]，ALU 定点溢出标志按位或（AOO）。

ALU 标志按位或寄存器的位域定义如图 2-14 所示。

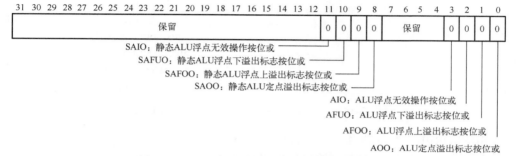

图 2-14　ALU 标志按位或寄存器的位域定义

13. 乘法器标志按位或寄存器（MULFOR）

将一个 macro 内的 4 个乘法器标志寄存器对应位按位或，得到本寄存器内容。上电初始化各标志设置为 0。

MULFOR[31:12]，保留。

MULFOR[11]，静态 MUL 浮点无效操作按位或（SMIO）。

MULFOR[10]，静态 MUL 浮点下溢出标志按位或（SMFUO）。

MULFOR[9]，静态 MUL 浮点上溢出标志按位或（SMFOO）。

MULFOR[8]，静态 MUL 定点溢出标志按位或（SMOO）。

MULFOR[7:4]，保留。

MULFOR[3]，MUL 浮点无效操作按位或（MIO）。

MULFOR[2]，MUL 浮点下溢出标志按位或（MFUO）。

MULFOR[1]，MUL 浮点上溢出标志按位或（MFOO）。

MULFOR[0]，MUL 定点溢出标志按位或（MOO）。

乘法器标志按位或寄存器的位域定义如图 2-15 所示。

14. 移位器标志按位或寄存器（SHFFOR）

将一个 macro 内的两个移位器标志寄存器对应位做按位或，得到本寄存器内容。上电初始化各标志位设置为 0。

SHFFOR[31:9]，保留。

SHFFOR[8]，静态移位器溢出标志按位或（SSHOO）。

SHFFOR[7:1]，保留。

MUL标志按位或寄存器

图 2-15　乘法器标志按位或寄存器的位域定义

SHFFOR[0]，移位器溢出标志按位或（SHOO）。

移位器标志按位或寄存器的位域定义如图 2-16 所示。

SHF 标志按位或寄存器

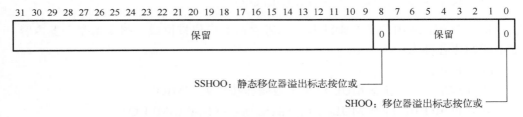

图 2-16　移位器标志按位或寄存器的位域定义

15. 累加控制寄存器（CON7～CON0）

累加控制寄存器用于控制累加/累减。累加控制寄存器是一个 32 位专用寄存器。每执行一次累加操作，CON 有效指针左移一位，因此 CON 可以控制连续 32 次累加运算的加/减。CON 可以被通用寄存器更新，也可以将 CON 读出到通用寄存器。

累加控制寄存器的位域定义如图 2-17 所示。

31 30 29 28 27 26 25 24 23 22 21 20 19 18 17 16 15 14 13 12 11 10 9 8 7 6 5 4 3 2 1 0
0x0000 0000

32 位控制位，区分累加时的加/减操作。0-加；1-减。上电初始化为 0x0000 0000

图 2-17　累加控制寄存器的位域定义

16. ALU 比较标志寄存器（ACF7～ACF0）

带有标志位更新的比较指令，如果 $R_m > R_n$ 或 $R_m \geqslant R_n$，$R_m - R_n$ 赋给目的寄存器

R_m，同时比较标志寄存器的最低位置 '1'；否则，0 赋给目的寄存器 R_m，同时比较标志寄存器最低位置 '0'。比较标志可以读取到通用寄存器，也可以用通用寄存器更新。

ALU 比较标志寄存器的位域定义如图 2-18 所示。

31 30 29 28 27 26 25 24 23 22 21 20 19 18 17 16 15 14 13 12 11 10 9 8 7 6 5 4 3 2 1 0
0x0000 0000

比较标志寄存器：存放比较标志。上电初始化为 0x0000 0000

图 2-18　ALU 比较标志寄存器的位域定义

17. 累加寄存器（ACC）

每个 ACC 是 48bit，在统一地址空间占 3 个地址，即低 32 位 ACC[31:0]占地址 addr；ACC[39:32]占地址 addr+1；ACC[47:40]占地址 addr+2。因此一个 macro 中 8 个 ACC 占 24 个地址。

把最高 8 位 ACC[47:40]单独列出的原因是 ACC 的最高 8 位代表浮点累加时的指数，在定点累加时 ACC[47:40]没有意义，定点累加时只有 ACC[39:0]有意义。

累加寄存器的位域定义如图 2-19 所示。

47 　　… 　　26 25 24 23 22 21 20 19 18 17 16 15 14 13 12 11 10 9 8 7 6 5 4 3 2 1 0
0x0000 0000 0000

累加寄存器，上电初始化为全零

图 2-19　累加寄存器的位域定义

18. 乘累加寄存器（MACC）

每个 MACC 是 80bit，占用 3 个地址：MACC[31：0]占用 addr；MACC[63:32]占用 addr+1；MACC[79:64]占用 addr+2，因此一个 macro 中 4 个 MACC 占 12 个地址。

乘累加寄存器的位域定义如图 2-20 所示。

79 　　　　… 　　　23 22 21 20 19 18 17 16 15 14 13 12 11 10 9 8 7 6 5 4 3 2 1 0
0x0000 0000 0000 0000 0000

乘累加寄存器，上电初始化为全零

图 2-20　乘累加寄存器的位域定义

19. ALU 块浮点标志寄存器（ABFPR）

X/Y/Z/T 每个执行宏定义一个 ABFPR，用于保存该核内 ALU 的块浮点标志。

ABFPR 的更新受控于本核内的 ALUCR[3]位，该位为 1，ABFPR 更新；该位为 0，ABFPR 保持。

与其他标志寄存器一样，对 ABFPR 的更新定义在 WB 级，并且 ABFPR 可以被读到通用寄存器组中，读取操作同样在 WB 级进行，清除静态标志的指令"clr SF"对块浮点标志寄存器无效，各标志位上电初始化设置为 0。

ABFPR 只能被以下指令所更改：

```
Rm_n=Rm+/-Rn Rm_n=(Rm+/-Rn)/2
HRm_n=HRm+/-HRn
HRm_n=(HRm+/-HRn)/2
HHRs=HHHRm+/-LHRm
LHRs=HHHRm+/-LHRm
HHRs=(HHRm+/-LHRm)/2
LHRs=(HHRm+/-LHRm)/2
CRm+1:m_n+1:n=CRm+1:m+/-CRn+1:n
CRm+1:m_n+1:n=(CRm+1:m+/-CRn+1:n)/2
CHRm_n=CHRm+/-CHRn
CHRm_n=(CHRm+/-CHRn)/2
CRm+1:m_n+1:n=CRm+1:m+/-jCRn+1:n
CRm+1:m_n+1:n=(CRm+1:m+/-jCRn+1:n)/2
CHRm_n=CHRm+/-jCHRn
CHRm_n=(CHRm+/-jCHRn)/2
ABFPR=C
ABFPR=Rm
```

ABFPR 32bit 运算更新过程如下。

(1)根据 ALU 计算结果的第 31～28 位，判断结果增益如表 2-1 所示。

表 2-1　32bit 运算时，ALU 计算结果与增益值关系

计算结果的第 31～28 位	增益值
0000，1111	00
0001，1110	01
001x，110x	10
01xx，10xx	11

注：x 代表 0 或者 1。

(2)取同一执行宏中，8 个 ALU 计算结果的增益及原 ABFPR 中的最大值更新 ABFPR。

ABFPR 16bit 运算更新过程如下。

（1）根据 ALU 计算结果的第 31～28 位及第 15～12 位，判断结果增益如表 2-2 所示。

表 2-2　32bit 运算时，ALU 计算结果与增益值关系

计算结果的第 31～28 位及第 15～12 位	增益值
0000，1111	00
0001，1110	01
001x，110x	10
01xx，10xx	11

注：x 代表 0 或者 1。

（2）取同一执行宏中，8 个 ALU 产生的 16 个计算结果（高 16 位及低 16 位）的增益及原 ABFPR 中的最大值更新 ABFPR。

ABFPR [31:2]，保留。

ABFPR [1:0]，ALU 块浮点标志，上电默认为"00"。

ALU 块浮点标志寄存器的位域定义如图 2-21 所示。

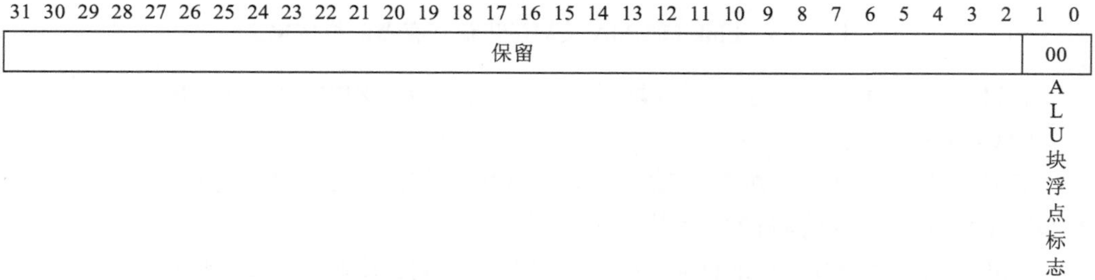

31 30 29 28 27 26 25 24 23 22 21 20 19 18 17 16 15 14 13 12 11 10 9 8 7 6 5 4 3 2 1 0

保留	00
	A L U 块 浮 点 标 志

图 2-21　ALU 块浮点标志寄存器的位域定义

2.2.3　DMA 控制寄存器

直接存储器访问（DMA）是不需要处理器核干预的数据传输机制。DMA 的启动和数据传输受到 DMA 控制器寄存器的控制；通过 DMA 标志寄存器，可以判断 DMA 的操作情况，确定数据传输是否正确。

DMA 控制器的主要任务为：产生各个 DMA 通道需要的数据读写地址，管理各个通道的数据传输长度和传输模式，控制各个通道的数据传输速率等。各个 DMA 控制寄存器配置由指令完成，下面详细说明各个 DMA 控制寄存器的定义。

1. Link 口 DMA 发端控制寄存器说明

（1）Link 口 DMA 发端起始地址寄存器（LTAR3～LTAR0）。

LTAR3～LTAR0 的取值范围是合法的片上数据地址空间。

Link 口 DMA 发端起始地址寄存器的位域定义如图 2-22 所示。

Link 口 DMA 发端起始地址寄存器 LTAR*x*

31 30 29 28 27 26 25 24 23 22 21 20 19 18 17 16 15 14 13 12 11 10 9 8 7 6 5 4 3 2 1 0
0x00000000

Link 口发端起始地址

图 2-22　Link 口 DMA 发端起始地址寄存器的位域定义

（2）Link 口 DMA 发端步进值寄存器（LTSR3～LTSR0）。

用于定义 Link 口发端 X 维和 Y 维的地址步进。

LTSR[31:16]，Y 维步进（SDY）。

LTSR[15:0]，X 维步进（SDX）。

Link 口 DMA 发端步进值寄存器的位域定义如图 2-23 所示。

31 30 29 28 27 26 25 24 23 22 21 20 19 18 17 16	15 14 13 12 11 10 9 8 7 6 5 4 3 2 1 0
0x0000	0x0000
Y 维步进控制	X 维步进控制

图 2-23　Link 口 DMA 发端步进值寄存器的位域定义

（3）Link 口 DMA 发端 X 维计数控制寄存器（LTCCXR3～LTCCXR0）。

LTCCXR*x*[31:18]，保留。

LTCCXR*x*[17:0]，X 维的传输长度，以 32bit 的字数为单位。无论是一维还是二维 DMA 传输，一次传输的总字数要大于等于 16。

Link 口 DMA 发端 X 维计数控制寄存器的位域定义如图 2-24 所示。

31	30	29	28	27	26	25	24	23	22	21	20	19	18	17 16 15 14 13 12 11 10 9 8 7 6 5 4 3 2 1 0
保留	保留	保留	保留	保留	保留	保留	保留	保留	保留	保留	保留	保留	保留	0x000F

X 维传输长度

图 2-24　Link 口 DMA 发端 X 维计数控制寄存器的位域定义

（4）Link 口 DMA 发端模式寄存器（LTMR3～LTMR0）。

LTMR*x*[31:11]，保留。

LTMR*x*[10]，二维传输使能（2D）。0：无效；1：使能。

LTMR*x*[9]，符号选择（S/U）。0：有符号；1：无符号。

LTMR*x*[8:7]，传输速率（SPD）。Link 口时钟速率，"00"：1/2 主频；"01"：1/4 主频；"10"：1/6 主频；"11"：1/8 主频。

LTMR*x*[6]，校验模式（PM）。0：偶校验；1：奇校验。

LTMR*x*[5]，校验使能（PE）。0：禁止；1：使能。

LTMRx[4:2]，传输位宽（LEN）。"100"：两个 16bit 数据分别放置在 32 位数据的高低 16 位中；"111"：一个完整的 32bit 字；默认当 LTMRx[4:2]取上述两值之外的任何值时，一律按照一个完整的 32bit 字进行传输。

LTMRx[1:0]，保留。

Link 口 DMA 发端模式寄存器的位域定义如图 2-25 所示。

31	30	29	28	27	26	25	24	23	22	21	20	19	18	17	16	15	14	13	12	11	10	9	8 7	6	5	4 3 2	1	0
保留	保留	保留	保留	保留	保留	保留	保留	保留	保留	保留	保留	保留	保留	保留	保留	保留	保留	保留	保留	保留	0	0	00	0	0	000	保留	保留
																					二维传输使能	符号选择	传输速率	校验模式	校验使能	传输位宽		

图 2-25　Link 口 DMA 发端模式寄存器的位域定义

（5）Link 口 DMA 发端过程寄存器（LTPR3～LTPR0）。

LTPRx[31:5]，保留。

LTPRx[4]，参数非法标志（PI）。若该标志为 1，表明某些 DMA 的参数设置非法。

LTPRx[3]，传输异常标志（XF）。DMA 传输过程中，如果内部地址超过了内部数据存储器允许的地址范围，则引发"DMA 传输地址异常"。该异常由 DMA 传输控制逻辑检测、送出。该异常在流水线的 AC 级捕获，带到 WB 级生效，并且不能被流水线清除信号所清除。该异常的效果是，DMA 控制逻辑一旦检测到某个通道发生"DMA 传输地址异常"，立即停止 DMA 的传输。等到该异常到达 WB 级，DSP 内核停止运行。

LTPRx[2]，传输使能（EN）。0：禁止；1：使能。可被指令或调试模式下的 JTAG 逻辑设置（写 '1'）并被 DMA 控制器自动清除，在复位时都置 '0'。

LTPRx[1]，传输起始（TS）。0：无效；1：开始。该位由指令或调试模式下的 JTAG 逻辑置位，置位之后，表明 DMA 传输开始。在该通道 DMA 传输启动之后，该位由 DMA 控制器清除。可被指令或调试模式下的 JTAG 逻辑设置（写 '1'）并被 DMA 控制器自动清除，在复位时都置 '0'。

LTPRx[0]，传输完成标志（CF）。0：DMA 传输正在进行；1：无 DMA 传输正在进行。该标志由 DMA 控制器置位。由指令或调试模式下的 JTAG 逻辑置 LTPRx[1]时自动清 '0'，在复位时置 '1'。

Link 口 DMA 发端过程寄存器的位域定义如图 2-26 所示。

（6）Link 口 DMA 发端 Y 维计数控制寄存器（LTCCYR3～LTCCYR0）。

LTCCYRx[31:18]，保留。

LTCCYRx[17:0]，表示 Y 维的传输长度，以 32bit 的字数为单位。无论是一维还是二维 DMA 传输，一次传输的总字数要大于等于 16 个。

31	30	29	28	27	26	25	24	23	22	21	20	19	18	17	16	15	14	13	12	11	10	9	8	7	6	5	4	3	2	1	0
保留	保留	保留	保留	保留	保留	保留	保留	保留	保留	保留	保留	保留	保留	保留	保留	保留	保留	保留	保留	保留	保留	保留	保留	保留	保留	保留	0	0	0	0	1

位 4：参数非法标志
位 3：传输异常标志
位 2：传输使能
位 1：传输起始
位 0：传输完成标志

图 2-26 Link 口 DMA 发端过程寄存器的位域定义

Link 口 DMA 发端 Y 维计数控制寄存器的位域定义如图 2-27 所示。

31	30	29	28	27	26	25	24	23	22	21	20	19	18	17	16	15	14	13	12	11	10	9	8	7	6	5	4	3	2	1	0
保留	保留	保留	保留	保留	保留	保留	保留	保留	保留	保留	保留	保留	保留								0x0000										

Y 维传输长度

图 2-27 Link 口 DMA 发端 Y 维计数控制寄存器的位域定义

2. Link 口 DMA 接收端控制寄存器说明

（1）Link 口 DMA 接收端起始地址寄存器（LRAR3～LRAR0）。

Link 口 DMA 接收端起始地址寄存器的位域定义如图 2-28 所示。

31	30	29	28	27	26	25	24	23	22	21	20	19	18	17	16	15	14	13	12	11	10	9	8	7	6	5	4	3	2	1	0
															0x00000000																

Link 口 DMA 接收端起始地址

图 2-28 Link 口 DMA 接收端起始地址寄存器的位域定义

（2）Link 口 DMA 接收端步进控制寄存器（LRSR3～LRSR0）。

LRSRx[31:16]，保留。

LRSRx[15:0]，表示 Link 口 DMA 接收端步进控制，默认值为 0x0001。

Link 口 DMA 接收端步进控制寄存器的位域定义如图 2-29 所示。

31	30	29	28	27	26	25	24	23	22	21	20	19	18	17	16	15	14	13	12	11	10	9	8	7	6	5	4	3	2	1	0
保留	保留	保留	保留	保留	保留	保留	保留	保留	保留	保留	保留	保留	保留	保留	保留							0x0001									

Link 口 DMA 接收端步进控制

图 2-29 Link 口 DMA 接收端步进控制寄存器的位域定义

（3）Link 口 DMA 接收端过程寄存器（LRPR3～LRPR0）。

LRPRx[31:4]，保留。

LRPRx[3]，接收端传输使能（EN）。仅当该使能位有效（为 1）时，Link 口接收端才能接收数据；如果该位为 0，即使发送端发送数据，接收端也不接收。可被指令或调试模式下的 JTAG 逻辑设置（写'1'）并被 DMA 控制器清除，在复位时都置'0'。

LRPRx[2]，传输异常标志（XF）。DMA 传输过程中，如果内部地址超过了合法的地址范围，则引发"DMA 传输地址异常"。该异常由 DMA 传输控制逻辑检测、送出。该异常在流水线的 AC 级捕获，带到 WB 级生效，并且不能被流水线清除信号所清除。该异常的效果是，DMA 控制逻辑一旦检测到某个通道发生"DMA 传输地址异常"，立即停止 DMA 的传输。等到该异常到达 WB 级，DSP 内核停止运行。

LRPRx[1]，传输校验错误标志（ERF）。若奇偶校验出错，该位为 1，否则为 0。

LRPRx[0]，传输完成标志（CF）。DMA 传输完成，该位为 1；若 DMA 传输正在进行，该位为 0。该位由 DMA 控制器设置和清除。

Link 口 DMA 接收端过程寄存器的位域定义如图 2-30 所示。

Link 口 DMA 接收端起始地址寄存器 LRPRx

31	30	29	28	27	26	25	24	23	22	21	20	19	18	17	16	15	14	13	12	11	10	9	8	7	6	5	4	3	2	1	0
保留	保留	保留	保留	保留	保留	保留	保留	保留	保留	保留	保留	保留	保留	保留	保留	保留	保留	保留	保留	保留	保留	保留	保留	保留	保留	保留	保留	0	0	0	1

传输使能标志 传输异常标志 校验错误标志 传输完成标志

图 2-30 Link 口 DMA 接收端过程寄存器的位域定义

（4）Link 口 DMA 接收端模式寄存器（LRMR3～LRMR0）。

LRMRx[31:5]，保留。

LRMR[4]，奇偶校验模式（PM）。0：偶校验；1：奇校验。由接收端 DSP 通过指令或调试模式下的 JTAG 逻辑置位或清除。

LRMR[3]，奇偶校验使能（PE）。0：校验关闭；1：校验使能。由接收端 DSP 通过指令或调试模式下的 JTAG 逻辑置位或清除。

LRMR[2:0]，保留。

Link 口 DMA 接收端模式寄存器的位域定义如图 2-31 所示。

31	30	29	28	27	26	25	24	23	22	21	20	19	18	17	16	15	14	13	12	11	10	9	8	7	6	5	4	3	2	1	0
保留																											0	0	保留		

校验模式 校验使能

图 2-31 Link 口 DMA 接收端模式寄存器的位域定义

3. DDR2 的 DMA 控制寄存器说明

（1）DDR2 接口 DMA 片上存储空间起始地址寄存器（DOAR）。

DDR2 接口 DMA 片上存储空间起始地址寄存器的位域定义如图 2-32 所示。

31 30 29 28 27 26 25 24 23 22 21 20 19 18 17 16 15 14 13 12 11 10 9 8 7 6 5 4 3 2 1 0
0x00000000

片上存储空间起始地址

图 2-32　DDR2 接口 DMA 片上存储空间起始地址寄存器的位域定义

（2）DDR2 接口 DMA 片上存储空间步进控制寄存器（DOSR）。

DOSR[31:16]，Y 维步进（SDY）。

DOSR[15:0]，X 维步进（SDX）。

DDR2 接口 DMA 片上存储空间步进控制寄存器的位域定义如图 2-33 所示。

31 30 29 28 27 26 25 24 23 22 21 20 19 18 17 16	15 14 13 12 11 10 9 8 7 6 5 4 3 2 1 0
0x0000	0x0000

Y 维步进控制　　　　　　　　　　　　　　　　X 维步进控制

图 2-33　DDR2 接口 DMA 片上存储空间步进控制寄存器的位域定义

（3）DDR2 接口 DMA 片外存储空间起始地址寄存器（DFAR）。

DDR2 接口 DMA 片外存储空间起始地址寄存器的位域定义如图 2-34 所示。

31 30 29 28 27 26 25 24 23 22 21 20 19 18 17 16 15 14 13 12 11 10 9 8 7 6 5 4 3 2 1 0
0x00000000

片外存储空间起始地址

图 2-34　DDR2 接口 DMA 片外存储空间起始地址寄存器的位域定义

（4）DDR2 接口 DMA 模式控制寄存器（DMCR）。

DMCR[31:19]，保留。

DMCR[18]，二维传输使能（2D）。0：一维传输；1：二维传输。

DMCR[17]，内部通道宽度选择（ICHW）。0：32 位；1：64 位。

DMCR[16]，读写选择（R/W），即 DSP 向片外 DDR2 SDRAM 写数据，还是从片外 DDR2 SDRAM 向 DSP 读数据。0：读；1：写。

DMCR[15:0]，片外 DDR2 存储空间在 DMA 传输时的地址步进（STPF）。

DDR2 接口 DMA 模式控制寄存器的位域定义如图 2-35 所示。

（5）DDR2 接口 DMA 片上传输 X 维长度寄存器（DDXR）。

DDXR [31:18]，保留。

DDXR [17:0]，片上 X 维传输长度。

31	30	29	28	27	26	25	24	23	22	21	20	19	18	17	16	15 14 13 12 11 10 9 8 7 6 5 4 3 2 1 0
保留	保留	保留	保留	保留	保留	保留	保留	保留	保留	保留	保留	保留	0	0	0	0x0000
													二维传输使能	内部通道宽度选择	读写选择	片外地址步进

图 2-35 DDR2 接口 DMA 模式控制寄存器的位域定义

DDR2 接口 DMA 片上传输 X 维长度寄存器的位域定义如图 2-36 所示。

31	30	29	28	27	26	25	24	23	22	21	20	19	18	17 16 15 14 13 12 11 10 9 8 7 6 5 4 3 2 1 0
保留	保留	保留	保留	保留	保留	保留	保留	保留	保留	保留	保留	保留	保留	0x0000
														片上 X 维传输长度

图 2-36 DDR2 接口 DMA 片上传输 X 维长度寄存器的位域定义

（6）DDR2 接口 DMA 片上传输 Y 维长度寄存器（DDYR）。

DDYR[31:18]，保留。

DDYR[17:0]，片上 Y 维传输长度。

DDR2 接口 DMA 片上传输 Y 维长度寄存器的位域定义如图 2-37 所示。

31	30	29	28	27	26	25	24	23	22	21	20	19	18	17 16 15 14 13 12 11 10 9 8 7 6 5 4 3 2 1 0
保留	保留	保留	保留	保留	保留	保留	保留	保留	保留	保留	保留	保留	保留	0x0000
														片上 Y 维传输长度

图 2-37 DDR2 接口 DMA 片上传输 Y 维长度寄存器的位域定义

（7）DDR2 接口 DMA 过程寄存器（DPR）。

DPR[31:6]，保留。

DPR[5]，表示 DDR2 端口配置的状态（CC），0 表明配置完成；1 表示正在配置。只有在配置完成的情况下，才能正确地对 DDR2 端口进行操作；并且只有在配置完成的情况下，才能正确地通过 DDR2 端口进行 DMA 传输。

DPR[4]，参数非法（PI），0 表示 DMA 参数设置合法；1 表示 DMA 参数设置非法。

DPR[3]，传输异常标志（XF）。若 DDR2 通道 DMA 传输出现异常，则该标志位为 1；否则该标志为 0。

DPR[2]，传输使能（EN）。0：禁止；1：使能。需要被程序员设置（写'1'）并被 DMA 控制器清除，在复位时都置'0'。

DPR[1]，传输起始（TS）。0：无效；1：开始。该位由指令或调试模式下的 JTAG 逻辑置位，置位之后，表明 DMA 传输开始。在该通道 DMA 传输启动之后，该位由 DMA 控制器清除。可被指令或调试模式下的 JTAG 逻辑设置（写'1'）并被 DMA 控制器清除，在复位时都置'0'。

DPR[0]，传输完成标志（CF）。DMA 传输完成，该位为 1；若 DMA 传输正在进行，该位为 0。由 DMA 控制器置'1'，置位 DPR[1]时自动清'0'，在复位时置'1'。

DDR2 接口 DMA 过程寄存器的位域定义如图 2-38 所示。

31	30	29	28	27	26	25	24	23	22	21	20	19	18	17	16	15	14	13	12	11	10	9	8	7	6	5	4	3	2	1	0
保留	保留	保留	保留	保留	保留	保留	保留	保留	保留	保留	保留	保留	保留	保留	保留	保留	保留	保留	保留	保留	保留	保留	保留	保留	保留	0	0	0	0	0	1
																										DDR2配置	参数非法	传输异常标志	传输使能	传输起始	传输完成标志

图 2-38　DDR2 接口 DMA 过程寄存器的位域定义

4. 并口 DMA 控制寄存器说明

（1）并口 DMA 片上存储空间起始地址寄存器（POAR）。

并口 DMA 片上存储空间起始地址寄存器的位域定义如图 2-39 所示。

31 30 29 28 27 26 25 24 23 22 21 20 19 18 17 16 15 14 13 12 11 10 9 8 7 6 5 4 3 2 1 0
0x00000000
片上存储空间起始地址

图 2-39　并口 DMA 片上存储空间起始地址寄存器的位域定义

（2）并口 DMA 片上存储空间步进控制寄存器（POSR）。

POSR[31:16]，SDY，Y 维步进。

POSR[15:0]，SDX，X 维步进。

并口 DMA 片上存储空间步进控制寄存器的位域定义如图 2-40 所示。

31 30 29 28 27 26 25 24 23 22 21 20 19 18 17 16	15 14 13 12 11 10 9 8 7 6 5 4 3 2 1 0
0x0000	0x0001
Y 维步进控制	X 维步进控制

图 2-40　并口 DMA 片上存储空间步进控制寄存器的位域定义

（3）并口 DMA 片外存储空间起始地址寄存器（PFAR）。

并口 DMA 片外存储空间起始地址寄存器的位域定义如图 2-41 所示。

31	30	29	28	27	26	25	24	23	22	21	20	19	18	17	16	15	14	13	12	11	10	9	8	7	6	5	4	3	2	1	0
																0x10000002															

片外存储空间起始地址

图 2-41　并口 DMA 片外存储空间起始地址寄存器的位域定义

（4）并口 DMA 模式控制寄存器（PMCR）。

PMCR[31:19]，保留。

PMCR[18]，2D，0：一维传输模式；1：二维传输模式。

PMCR[17]，ICHW，0：32 位模式；1：64 位模式。

PMCR[16]，R/W，0：从片外存储器读入片内；1：从片内写到片外存储器。

PMCR[15:0]，片外地址步进（STPF）。

并口 DMA 模式控制寄存器的位域定义如图 2-42 所示。

31	30	29	28	27	26	25	24	23	22	21	20	19	18	17	16	15	14	13	12	11	10	9	8	7	6	5	4	3	2	1	0
保留	保留	保留	保留	保留	保留	保留	保留	保留	保留	保留	保留	保留	0	0	0						0x0001										

二维传输使能　　内部通道宽度选择　　读写选择　　　　片外地址步进

图 2-42　并口 DMA 模式控制寄存器的位域定义

（5）并口 DMA 片上传输 X 维长度寄存器（PDXR）。

PDXR[31:18]，保留。

PDXR[17:0]，片上 X 维传输长度。

并口 DMA 片上传输 X 维长度寄存器的位域定义如图 2-43 所示。

31	30	29	28	27	26	25	24	23	22	21	20	19	18	17	16	15	14	13	12	11	10	9	8	7	6	5	4	3	2	1	0
保留	保留	保留	保留	保留	保留	保留	保留	保留	保留	保留	保留	保留	保留			0x01FF															

片上 X 维传输长度

图 2-43　并口 DMA 片上传输 X 维长度寄存器的位域定义

（6）并口 DMA 片上传输 Y 维长度寄存器（PDYR）。

PDYR[31:18]，保留。

PDYR[17:0]，片上 Y 维传输长度。

并口 DMA 片上传输 Y 维长度寄存器的位域定义如图 2-44 所示。

（7）并口 DMA 过程寄存器（PPR）。

PPR[31:6]，保留。

31	30	29	28	27	26	25	24	23	22	21	20	19	18	17 16 15 14 13 12 11 10 9 8 7 6 5 4 3 2 1 0
保留	保留	保留	保留	保留	保留	保留	保留	保留	保留	保留	保留	保留	保留	0x01FF

片上 Y 维传输长度

图 2-44　并口 DMA 片上传输 Y 维长度寄存器的位域定义

PPR[5]，参数非法（PI）。若并口控制寄存器的配置，或与并口 DMA 传输有关的控制寄存器的配置组合出现非法情况，则该位为 1；否则该位为 0。

PPR[4]，传输异常标志（XF）。若并口通道 DMA 传输出现异常，则该标志位为 1；否则该标志为 0。

PPR[3]，保留。

PPR[2]，传输使能（EN）。0：禁止；1：使能。可被指令或调试模式下 JTAG 逻辑设置（写'1'）并被 DMA 控制器清除，在复位时都置'0'。

PPR[1]，传输起始（TS）。0：无效；1：开始。该位由指令或调试模式下的 JTAG 逻辑置位，置位之后，表明 DMA 传输开始。在该通道 DMA 传输启动之后，该位由 DMA 控制器清除。可被指令或调试模式下 JTAG 逻辑设置（写'1'）并被 DMA 控制器清除，在复位时都置'0'。

PPR[0]，传输完成标志（CF）。DMA 传输完成，该位为 1；若 DMA 传输正在进行，该位为 0。由 DMA 控制器置'1'，置 PPR[1]时自动清'0'，在复位时置'1'。

并口 DMA 过程寄存器的位域定义如图 2-45 所示。

31	30	29	28	27	26	25	24	23	22	21	20	19	18	17	16	15	14	13	12	11	10	9	8	7	6	5	4	3	2	1	0
保留	保留	保留	保留	保留	保留	保留	保留	保留	保留	保留	保留	保留	保留	保留	保留	保留	保留	保留	保留	保留	保留	保留	保留	保留	保留	0	0	保留	0	0	1

参数非法　传输异常标志　传输使能　传输起始　传输完成标志

图 2-45　并口 DMA 过程寄存器的位域定义

5. 飞越传输 DMA 全局控制寄存器（FDGCR）

FDGCR[31:8]，保留。

FDGCR[7]，链式飞越传输 DMA 使能（CHEN）。0：链式飞越传输禁止；1：链式飞越传输使能。

FDGCR[6]，保留。

FDGCR[5:4]，链式飞越传输 DMA 模式下，一轮链式传输最大链接的通道数（MNCH）。本控制字的作用是，限定一轮链式飞越传输所涉及的总的通道数，最大值是 3，最小值是 0。当一轮链式飞越传输达到该通道总数之后，DMA 控制逻辑自动将 FDGCR[7]和 FDGCR[0]位清除。即一轮链式传输完成之后，DDR2 接口自动回到为普通 DMA 通道服务的状态。

FDGCR[3]，飞越传输使能(FEN)。DDR2 端口可以为两种 DMA 传输服务，一种是普通 DMA 通道，即 DDR2 接口与片上存储器之间的 DMA 通道；另一种是飞越 DMA 通道，指 DDR2 接口和 Link 口之间的 DMA 通道。当飞越传输使能为 0 时，DDR2 接口服务于普通 DMA 通道；否则，服务于飞越 DMA 通道。

FDGCR [2:1]，链路端口号(ICH)。在飞越传输模式下，指定 DDR2 接口与哪一个 Link 口进行飞越传输。0 代表 Link0；1 代表 Link1；2 代表 Link2；3 代表 Link3。

FDGCR [0]，飞越传输方式(FM)。'0'表示从 DDR2 接口到 Link 口的传输方式，此时传输方向是从 DDR2 接口传到 Link 口发送端；'1'表示从 Link 口接收端到 DDR2 接口的传输方式。

飞越传输 DMA 全局控制寄存器的位域定义如图 2-46 所示。

飞越传输 DMA 全局控制寄存器

31	30	29	28	27	26	25	24	23	22	21	20	19	18	17	16	15	14	13	12	11	10	9	8	7	6	5	4	3	2	1	0
保留	保留	保留	保留	保留	保留	保留	保留	保留	保留	保留	保留	保留	保留	保留	保留	保留	保留	保留	保留	保留	保留	保留	保留	0	保留	0		0	0		0
																								链式飞越使能		链式飞越通道数		飞越传输使能	链路端口号		飞越方式

图 2-46 飞越传输 DMA 全局控制寄存器的位域定义

6. 飞越传输从 DDR2 接口到 Link 口通道的控制寄存器

(1)DDR2 接口至 Link 口飞越传输起始地址寄存器(DLDAR3～DLDAR0)。

DDR2 接口至 Link 口飞越传输起始地址寄存器的位域定义如图 2-47 所示。

31	30	29	28	27	26	25	24	23	22	21	20	19	18	17	16	15	14	13	12	11	10	9	8	7	6	5	4	3	2	1	0
0x00000000 代表飞越传输时，DDR2 接口传输的起始地址																															

图 2-47 DDR2 接口至 Link 口飞越传输起始地址寄存器的位域定义

(2)DDR2 接口至 Link 口飞越传输地址步进寄存器(DLDSR3～DLDSR0)。

DLDSRx[31:16]，保留。

DLDSRx[15:0]，DDR2 接口至 Link 口飞越传输地址步进。

DDR2 接口至 Link 飞越传输地址步进寄存器的位域定义如图 2-48 所示。

(3)DDR2 接口至 Link 口飞越传输长度寄存器(DLDDR3～DLDDR0)。

DLDDRx [31:28]，保留。

31	30	29	28	27	26	25	24	23	22	21	20	19	18	17	16	15 14 13 12 11 10 9 8 7 6 5 4 3 2 1 0
保留	保留	保留	保留	保留	保留	保留	保留	保留	保留	保留	保留	保留	保留	保留	保留	0x0000 DDR2 接口至 Link 口飞越传输地址步进

图 2-48　DDR2 接口至 Link 飞越传输地址步进寄存器的位域定义

DLDDRx [27:0]，DDR2 接口至 Link 口飞越传输长度。

DDR2 接口至 Link 口飞越传输长度寄存器的位域定义如图 2-49 所示。

31	30	29	28	27 26 25 24 23 22 21 20 19 18 17 16 15 14 13 12 11 10 9 8 7 6 5 4 3 2 1 0
保留	保留	保留	保留	0x0000000 DDR2 接口至 Link 口飞越传输长度（以字为单位）

图 2-49　DDR2 接口至 Link 口飞越传输长度寄存器的位域定义

（4）DDR2 接口至 Link 口飞越传输 DDR2 过程寄存器（DLDPR3～DLDPR0）。

DLDPRx [31:4]，保留。

DLDPRx[3]，传输异常标志（XF）。若本通道 DMA 传输出现异常，则该标志位为 1；否则该标志为 0。

DLDPRx[2]，传输使能（EN）。0：禁止；1：使能。

DLDPRx[1]，传输起始（TS）。0：无效；1：开始。该位由指令或调试模式下的 JTAG 逻辑置位，置位之后，表明 DMA 传输开始。在该通道 DMA 传输启动之后，该位由 DMA 控制器自动清除。

DLDPRx[0]，传输完成标志（CF）。DMA 传输完成，该位为 1；若 DMA 传输正在进行，该位为 0。由 DMA 控制器置 '1'，置 DLDPRx[1]时清除。

DDR2 接口至 Link 口飞越传输 DDR2 过程寄存器的位域定义如图 2-50 所示。

31	30	29	28	27	26	25	24	23	22	21	20	19	18	17	16	15	14	13	12	11	10	9	8	7	6	5	4	3	2	1	0
保留	保留	保留	保留	保留	保留	保留	保留	保留	保留	保留	保留	保留	保留	保留	保留	保留	保留	保留	保留	保留	保留	保留	保留	保留	保留	保留	保留	0	0	0	1
																												传输异常标志		传输使能	传输起始	传输完成标志

图 2-50　DDR2 接口至 Link 口飞越传输 DDR2 过程寄存器的位域定义

（5）DDR2 接口至 Link 口飞越传输 Link 口模式寄存器（DLLMR3～DLLMR0）。

DLLMRx[31:10]，保留。

DLLMRx[9]，符号选择（S/U）。0：有符号数；1：无符号数。

DLLMRx[8:7]，传输速率（SPD）。Link 口时钟速率，"00"：1/2 主频；"01"：1/4 主频；"10"：1/6 主频；"11"：1/8 主频。

DLLMRx[6]，奇偶校验模式（PM）。0：偶校验；1：奇校验。

DLLMRx[5]，校验使能（PE）。0：校验关闭；1：校验使能。

DLLMRx[4:2]，Link 口传输字宽（LEN）。"100"：两个 16bit 数据分别放置在 32 位数据的高低 16 位中；"111"：一个完整的 32bit 字；默认当 LTMRx[4:2]取上述两值之外的任何值时，一律按照一个完整的 32bit 字进行传输。

DLLMRx[1:0]，链式飞越传输下一端口号（INCH）。在链式飞越传输模式中，一个 DMA 通道飞越传输完成之后，会自动发起下一个 DMA 通道的飞越传输，该端口号就是指定链中紧接着本 DMA 通道之后的下一个飞越传输 DMA 的 Link 口端口号。00：Link0 的发端；01：Link1 的发端；10：Link2 的发端；11：Link3 的发端。

DDR2 接口至 Link 口飞越传输 Link 口模式寄存器的位域定义如图 2-51 所示。

31	30	29	28	27	26	25	24	23	22	21	20	19	18	17	16	15	14	13	12	11	10	9	8 7	6	5	4 3 2	1 0
保留	保留	保留	保留	保留	保留	保留	保留	保留	保留	保留	保留	保留	保留	保留	保留	保留	保留	保留	保留	保留	保留	0	00	0	0	000	00
																						符号选择	传输速率	校验模式	校验使能	链路传输字宽	链式飞越传输下一端口号

图 2-51　DDR2 接口至 Link 口飞越传输 Link 口模式寄存器的位域定义

（6）DDR2 接口至 Link 口飞越传输 Link 口过程寄存器（DLLPR3～DLLPR0）。

DLLPRx[31:3]，保留。

DLLPRx[2]，传输使能（EN）。该位由飞越传输 DMA 控制器自动置位和清除。发起 DDR2 到 Link 口的飞越传输时，置位 DLDPRx 的使能位和起始位，此后飞越传输控制器会自动将 DLLPR[2]（传输使能）和 DLLPR[1]（传输起始）置位。

DLLPRx[1]，传输起始（TS）。该位由飞越传输 DMA 控制器自动置位和清除。发起 DDR2 到 Link 口的飞越传输时，置位 DLDPRx 的使能位和起始位，此后飞越传输控制器会自动将 DLLPR[2]（传输使能）和 DLLPR[1]（传输起始）置位。

DLLPRx[0]，传输完成标志（CF）。由飞越传输 DMA 控制寄存器自动完成置位和清除。当从 DDR2 到 Link 口的飞越传输时正在进行时，该位为 0，否则为 1。

DDR2 接口至 Link 口飞越传输 Link 口过程寄存器的位域定义如图 2-52 所示。

7. 飞越传输从 Link 口至 DDR2 接口通道的控制寄存器

（1）Link 口至 DDR2 接口飞越传输起始地址寄存器（LDDAR3～LDDAR0）。

Link 口至 DDR2 接口飞越传输起始地址寄存器的位域定义如图 2-53 所示。

31	30	29	28	27	26	25	24	23	22	21	20	19	18	17	16	15	14	13	12	11	10	9	8	7	6	5	4	3	2	1	0
保留	保留	保留	保留	保留	保留	保留	保留	保留	保留	保留	保留	保留	保留	保留	保留	保留	保留	保留	保留	保留	保留	保留	保留	保留	保留	保留	保留	保留	0	0	1

传输使能　传输起始　传输完成标志

图 2-52　DDR2 接口至 Link 口飞越传输 Link 口过程寄存器的位域定义

31	30	29	28	27	26	25	24	23	22	21	20	19	18	17	16	15	14	13	12	11	10	9	8	7	6	5	4	3	2	1	0
0x00000000 代表飞越传输时，DDR2 接口传输的起始地址																															

图 2-53　Link 口至 DDR2 接口飞越传输起始地址寄存器的位域定义

（2）Link 口至 DDR2 接口飞越传输地址步进寄存器（LDDSR3～LDDSR0）。

LDDSRx [31:16]，保留。

LDDSRx[15:0]，Link 口至 DDR2 接口飞越传输地址步进。

Link 口至 DDR2 接口飞越传输地址步进寄存器的位域定义如图 2-54 所示。

31	30	29	28	27	26	25	24	23	22	21	20	19	18	17	16	15	14	13	12	11	10	9	8	7	6	5	4	3	2	1	0
保留	保留	保留	保留	保留	保留	保留	保留	保留	保留	保留	保留	保留	保留	保留	保留	0x0000 Link 口至 DDR2 接口飞越传输地址步进															

图 2-54　Link 至 DDR2 接口飞越传输地址步进寄存器的位域定义

（3）Link 口至 DDR2 接口飞越传输长度寄存器（LDDDR3～LDDDR0）。

LDDDRx[31:30]，Link 口至 DDR2 链式飞越传输下一端口号（INCH）。在链式飞越传输模式中，一个 DMA 通道飞越传输完成之后，会自动发起下一个 DMA 通道的飞越传输，该端口号就是指定链中紧接着本 DMA 通道之后的下一个飞越传输 DMA 的 Link 口端口号。00：Link0 的收端；01：Link1 的收端；10：Link2 的收端；11：Link3 的收端。

LDDDRx[29:28]，保留。

LDDDRx[27:0]，Link 口至 DDR2 接口飞越传输长度（TC）。

Link 口至 DDR2 接口飞越传输长度寄存器的位域定义如图 2-55 所示。

31	30	29	28	27	26	25	24	23	22	21	20	19	18	17	16	15	14	13	12	11	10	9	8	7	6	5	4	3	2	1	0
00		保留	保留	0x0000000 Link 口至 DDR2 接口飞越传输长度（以字为单位）																										

链式飞越传输下一端口

图 2-55　Link 口至 DDR2 接口飞越传输长度寄存器的位域定义

（4）Link 口至 DDR2 接口飞越传输 DDR2 接口过程寄存器（LDDPR3～LDDPR0）。

LDDPRx[31:4]，保留。

LDDPRx[3]，传输异常标志（XF）。若本通道飞越传输出现异常，则该标志位为 1；否则该标志为 0。

LDDPRx[2]，传输使能（EN）。由指令或调试模式下 JTAG 逻辑置位，控制本通道的飞越传输是否使能。0：禁止；1：使能。

LDDPRx[1]，传输起始（TS）。由飞越传输 DMA 控制器自动置位和清除。在 LDDPR[2]（传输使能）有效的情况下，若与本通道 Link 口收端相连的 Link 口发端发起了 DMA 传输，则在收到传输请求之后，LDDPR[1]自动置位；在数据传输开始之后，该位自动清除。

LDDPRx[0]，传输完成标志（CF）。由飞越传输 DMA 控制寄存器自动完成置位和清除。当从 Link 口到 DDR2 的飞越传输时正在进行时，该位为 0，否则为 1。

Link 口至 DDR2 接口飞越传输 DDR2 接口过程寄存器的位域定义如图 2-56 所示。

31	30	29	28	27	26	25	24	23	22	21	20	19	18	17	16	15	14	13	12	11	10	9	8	7	6	5	4	3	2	1	0
保留	保留	保留	保留	保留	保留	保留	保留	保留	保留	保留	保留	保留	保留	保留	保留	保留	保留	保留	保留	保留	保留	保留	保留	保留	保留	保留	保留	0	0	0	1
																												传输异常标志	传输使能	传输起始	传输完成标志

图 2-56　Link 口至 DDR2 接口飞越传输 DDR2 接口过程寄存器的位域定义

（5）Link 口至 DDR2 接口飞越传输 Link 口模式寄存器（LDLMR3～LDLMR0）。

LDLMRx[31:26]，保留。

LDLMRx[25:8]，Link 口置 DDR2 接口飞越传输的传输长度（TC）。

LDLMRx[7]，符号选择（S/U）。0：有符号；1：无符号。

LDLMRx[6:5]，传输速率（SPD）。Link 口时钟速率，"00"：1/2 主频；"01"：1/4 主频；"10"：1/6 主频；"11"：1/8 主频。

LDLMRx[4]，校验模式（PM）。0：偶校验；1：奇校验。

LDLMRx[3]，校验使能（PE）。0：禁止；1：使能。

LDLMRx[2:0]，传输字宽（LEN）。"100"：两个 16bit 数据分别放置在 32 位数据的高低 16 位中；"111"：一个完整的 32bit 字；默认当 LTMRx[4:2]取上述两值之外的任何值时，一律按照一个完整的 32bit 字进行传输。

Link 口至 DDR2 接口飞越传输 Link 口模式寄存器的位域定义如图 2-57 所示。

31	30	29	28	27	26	25 24 23 22 21 20 19 18 17 16 15 14 13 12 11 10 9 8	7	6 5	4	3	2 1 0
保留	保留	保留	保留	保留	保留	0x0000	0	00	0	0	000
						传输长度	符号选择	传输速率	校验模式	校验使能	链路传输字宽

图 2-57　Link 口至 DDR2 接口飞越传输 Link 口模式寄存器的位域定义

（6）Link 口至 DDR2 接口飞越传输 Link 口过程寄存器（LDLPR3～LDLPR0）。

LDLPRx[31:3]，保留。

LDLPRx[2]，收端使能（EN）。1：使能；0：屏蔽。只有在使能状态下，Link 口的收端才能接收来自其他 Link 口发端的数据；否则即使与之相连的 Link 口发端发送数据，收端也不会接收。

LDLPRx[1]，校验错误标志（ERF）。该位上电初始化为 0，并且每次接收到发送端送来的字头之后，接收端的 DMA 控制器也会将之清除。如果接收过程中校验出错，则该位置 1，否则保持为 0。

LDLPRx[0]，传输完成标志（CF）。DMA 传输过程中，该位为 0；DMA 传输完成后，该位被 DMA 控制器置 1。由 DMA 控制器设置、清除。

Link 口至 DDR2 接口飞越传输 Link 口过程寄存器的位域定义如图 2-58 所示。

31	30	29	28	27	26	25	24	23	22	21	20	19	18	17	16	15	14	13	12	11	10	9	8	7	6	5	4	3	2	1	0
保留	保留	保留	保留	保留	保留	保留	保留	保留	保留	保留	保留	保留	保留	保留	保留	保留	保留	保留	保留	保留	保留	保留	保留	保留	保留	保留	保留	保留	0	0	1
																													收端使能	校验错误标志	传输完成标志

图 2-58　Link 口至 DDR2 接口飞越传输 Link 口过程寄存器的位域定义

2.2.4　中断控制寄存器

1．中断锁存寄存器（ILATRh、ILATRl）

中断锁存寄存器是只读的，该寄存器每一位对应一种类型的中断。当中断产生时，该寄存器对应位置‘1’。ILATRh 和 ILATRl 两个寄存器，从高到低共 64 位，除保留位之外，每一位对应优先级从高到低的一个中断。

对于中断的设置和清除，可以通过 ISR 和 ICR 来进行。如果要手动触发某个或某几个中断，可以对 ISR 某位或某几位写 '1'，ISR 会与 ILATR 按位相或，之后写入 ILATR，这样 ILATR 中就被手动设置了中断。如果要手动清除某个或某几个中断，可以向 ICR 寄存器某位或某几位写 '1'，ICR 会与 ILATR 按位相与，之后写入 ILATR，这样 ILATR 中的对应位就被清除了。如果将 ILATRh 和 ILATRl 两个寄存器看作一个 64 位的寄存器，其各个位域定义如下。

ILATR[63:62]，保留。

ILATR[61]，软件中断(SOF)，0：无中断；1：有中断产生。

ILATR[60]，高优先级外部中断(HINT)，0：无中断；1：有中断产生。

ILATR[59]，定时器 0 高优先级中断(TIMER0HP)，0：无中断；1：有中断产生。

ILATR[58]，定时器 1 高优先级中断(TIMER1HP)，0：无中断；1：有中断产生。

ILATR[57]，定时器 2 高优先级中断(TIMER2HP)，0：无中断；1：有中断产生。

ILATR[56]，定时器 3 高优先级中断(TIMER3HP)，0：无中断；1：有中断产生。

ILATR[55]，定时器 4 高优先级中断(TIMER4HP)，0：无中断；1：有中断产生。

ILATR[54]，保留。

ILATR[53]，外部中断 0(INT0)，0：无中断；1：有中断产生。

ILATR[52]，外部中断 1(INT1)，0：无中断；1：有中断产生。

ILATR[51]，外部中断 2(INT2)，0：无中断；1：有中断产生。

ILATR[50]，外部中断 3(INT3)，0：无中断；1：有中断产生。

ILATR[49]，DMA 中断 0(RXLINK0)，0：无中断；1：有中断产生。

ILATR[48]，DMA 中断 1(RXLINK1)，0：无中断；1：有中断产生。

ILATR[47]，DMA 中断 2(RXLINK2)，0：无中断；1：有中断产生。

ILATR[46]，DMA 中断 3(RXLINK3)，0：无中断；1：有中断产生。

ILATR[45]，DMA 中断 4(TXLINK0)，0：无中断；1：有中断产生。

ILATR[44]，DMA 中断 5(TXLINK1)，0：无中断；1：有中断产生。

ILATR[43]，DMA 中断 6(TXLINK2)，0：无中断；1：有中断产生。

ILATR[42]，DMA 中断 7(TXLINK3)，0：无中断；1：有中断产生。

ILATR[41]，DMA 中断 8(PAR)，0：无中断；1：有中断产生。

ILATR[40]，DMA 中断 9(DDR)，0：无中断；1：有中断产生。

ILATR[39:32]，保留。

ILATR[31]，DMA 中断 10(DDR2TX0)，0：无中断；1：有中断产生。

ILATR[30]，DMA 中断 11(DDR2TX1)，0：无中断；1：有中断产生。

ILATR[29]，DMA 中断 12(DDR2TX2)，0：无中断；1：有中断产生。

ILATR[28]，DMA 中断 13(DDR2TX3)，0：无中断；1：有中断产生。

ILATR[27]，DMA 中断 14(RX02DDR)，0：无中断；1：有中断产生。

ILATR[26]，DMA 中断 15(RX12DDR)，0：无中断；1：有中断产生。

ILATR[25]，DMA 中断 16(RX22DDR)，0：无中断；1：有中断产生。

ILATR[24]，DMA 中断 17(RX32DDR)，0：无中断；1：有中断产生。

ILATR[23:16]，保留。

ILATR[15]，串口接收中断(SRX)，0：无中断；1：有中断产生。

ILATR[14]，串口发送中断(STX)，0：无中断；1：有中断产生。

ILATR[13:7]，保留。

ILATR[6]，定时器 0 低优先级中断(TIMER0LP)，0：无中断；1：有中断产生。

ILATR[5]，定时器 1 低优先级中断(TIMER1LP)，0：无中断；1：有中断产生。

ILATR[4]，定时器 2 低优先级中断(TIMER2LP)，0：无中断；1：有中断产生。

ILATR[3]，定时器 3 低优先级中断(TIMER3LP)，0：无中断；1：有中断产生。

ILATR[2]，定时器 4 低优先级中断(TIMER4LP)，0：无中断；1：有中断产生。

ILATR[1:0]，保留。

中断锁存寄存器 ILATRh 的位域定义如图 2-59 所示。

63	62	61	60	59	58	57	56	55	54	53	52	51	50	49	48	47	46	45	44	43	42	41	40	39	38	37	36	35	34	33	32
保留	保留	0	0	0	0	0	0	0	保留	0	0	0	0	0	0	0	0	0	0	0	0	0	0	保留	保留	保留	保留	保留	保留	保留	保留
		软件中断外部中断	高优先级外部中断	定时器0高优先级中断	定时器1高优先级中断	定时器2高优先级中断	定时器3高优先级中断	定时器4高优先级中断		外部中断0	外部中断1	外部中断2	外部中断3	DMA中断0	DMA中断1	DMA中断2	DMA中断3	DMA中断4	DMA中断5	DMA中断6	DMA中断7	DMA中断8	DMA中断9								

图 2-59　中断锁存寄存器(ILATRh)的位域定义

中断屏锁存器 ILATRl 的位域定义如图 2-60 所示。

31	30	29	28	27	26	25	24	23	22	21	20	19	18	17	16	15	14	13	12	11	10	9	8	7	6	5	4	3	2	1	0
0	0	0	0	0	0	0	0	保留	保留	保留	保留	保留	保留	保留	保留	0	0	保留	保留	保留	保留	保留	保留	0	0	0	0	0	保留	保留	保留
DMA中断10	DMA中断11	DMA中断12	DMA中断13	DMA中断14	DMA中断15	DMA中断16	DMA中断17									串口接收中断	串口发送中断							定时器0低优先级中断	定时器1低优先级中断	定时器2低优先级中断	定时器3低优先级中断	定时器4低优先级中断			

图 2-60　中断锁存寄存器(ILATRl)的位域定义

2. 中断屏蔽寄存器（IMASKRh 和 IMASKRl）

中断屏蔽寄存器决定处理器是否响应中断。如果中断屏蔽寄存器中对应位为 0，即使中断发生，也不响应。只有中断屏蔽寄存器中的相应位开放（为 1），处理器才会响应该中断。如果将 IMASKRh 和 IMASKRl 两个寄存器看作一个 64 位的寄存器，其各个位域定义如下。

IMASKR[63:62]，保留。

IMASKR[61]，软件中断（SOF），0：屏蔽；1：开放。

IMASKR[60]，高优先级外部中断（HINT），0：屏蔽；1：开放。

IMASKR[59]，定时器 0 高优先级中断（TIMER0HP），0：屏蔽；1：开放。

IMASKR[58]，定时器 1 高优先级中断（TIMER1HP），0：屏蔽；1：开放。

IMASKR[57]，定时器 2 高优先级中断（TIMER2HP），0：屏蔽；1：开放。

IMASKR[56]，定时器 3 高优先级中断（TIMER3HP），0：屏蔽；1：开放。

IMASKR[55]，定时器 4 高优先级中断（TIMER4HP），0：屏蔽；1：开放。

IMASKR[54]，保留。

IMASKR[53]，外部中断 0（INT0），0：屏蔽；1：开放。

IMASKR[52]，外部中断 1（INT1），0：屏蔽；1：开放。

IMASKR[51]，外部中断 2（INT2），0：屏蔽；1：开放。

IMASKR[50]，外部中断 3（INT3），0：屏蔽；1：开放。

IMASKR[49]，DMA 中断 0（RXLINK0），0：屏蔽；1：开放。

IMASKR[48]，DMA 中断 1（RXLINK1），0：屏蔽；1：开放。

IMASKR[47]，DMA 中断 2（RXLINK2），0：屏蔽；1：开放。

IMASKR[46]，DMA 中断 3（RXLINK3），0：屏蔽；1：开放。

IMASKR[45]，DMA 中断 4（TXLINK0），0：屏蔽；1：开放。

IMASKR[44]，DMA 中断 5（TXLINK1），0：屏蔽；1：开放。

IMASKR[43]，DMA 中断 6（TXLINK2），0：屏蔽；1：开放。

IMASKR[42]，DMA 中断 7（TXLINK3），0：屏蔽；1：开放。

IMASKR[41]，DMA 中断 8（PAR），0：屏蔽；1：开放。

IMASKR[40]，DMA 中断 9（DDR），0：屏蔽；1：开放。

IMASKR[39:32]，保留。

IMASKR[31]，DMA 中断 10（DDR2TX0），0：屏蔽；1：开放。

IMASKR[30]，DMA 中断 11（DDR2TX1），0：屏蔽；1：开放。

IMASKR[29]，DMA 中断 12（DDR2TX2），0：屏蔽；1：开放。

IMASKR[28]，DMA 中断 13（DDR2TX3），0：屏蔽；1：开放。

IMASKR[27]，DMA 中断 14（RX02DDR），0：屏蔽；1：开放。

IMASKR[26]，DMA 中断 15（RX12DDR），0：屏蔽；1：开放。

IMASKR[25]，DMA 中断 16（RX22DDR），0：屏蔽；1：开放。

IMASKR[24]，DMA 中断 17（RX32DDR），0：屏蔽；1：开放。

IMASKR[23:16]，保留。

IMASKR[15]，串口接收中断（SRX），0：屏蔽；1：开放。

IMASKR[14]，串口发送中断（STX），0：屏蔽；1：开放。

IMASKR[13:7]，保留。

IMASKR[6]，定时器 0 低优先级中断（TIMER0LP），0：屏蔽；1：开放。

IMASKR[5]，定时器 1 低优先级中断（TIMER1LP），0：屏蔽；1：开放。

IMASKR[4]，定时器 2 低优先级中断（TIMER2LP），0：屏蔽；1：开放。

IMASKR[3]，定时器 3 低优先级中断（TIMER3LP），0：屏蔽；1：开放。

IMASKR[2]，定时器 4 低优先级中断（TIMER4LP），0：屏蔽；1：开放。

IMASKR[1:0]，保留。

中断屏蔽寄存器 IMASKRh 的位域定义如图 2-61 所示。

位	值	定义
63	保留	
62	保留	
61	0	软件中断外部中断
60	0	高优先级外部中断
59	0	定时器0高优先级中断
58	0	定时器1高优先级中断
57	0	定时器2高优先级中断
56	0	定时器3高优先级中断
55	0	定时器4高优先级中断
54	保留	
53	0	外部中断0
52	0	外部中断1
51	0	外部中断2
50	0	外部中断3
49	0	DMA中断0
48	0	DMA中断1
47	0	DMA中断2
46	0	DMA中断3
45	0	DMA中断4
44	0	DMA中断5
43	0	DMA中断6
42	0	DMA中断7
41	0	DMA中断8
40	0	DMA中断9
39~32	保留	

图 2-61　中断屏蔽寄存器（IMASKRh）的位域定义

中断屏蔽寄存器 IMASKRl 的位域定义如图 2-62 所示。

位	值	定义
31	0	DMA中断10
30	0	DMA中断11
29	0	DMA中断12
28	0	DMA中断13
27	0	DMA中断14
26	0	DMA中断15
25	0	DMA中断16
24	0	DMA中断17
23~16	保留	
15	0	串口接收中断
14	0	串口发送中断
13~8	保留	
7	保留	
6	0	定时器0低优先级中断
5	0	定时器1低优先级中断
4	0	定时器2低优先级中断
3	0	定时器3低优先级中断
2	0	定时器4低优先级中断
1	保留	
0	保留	

图 2-62　中断屏蔽寄存器（IMASKRl）的位域定义

3. 中断指针屏蔽寄存器（PMASKRh、PMASKRl）

中断指针屏蔽寄存器用于记录当前处理器正在响应或正在处理的中断类型。如果 GCSR[1]=1，中断嵌套使能，则处理器在处理某个中断的过程中，如果其他中断又发生，则只有优先级高于当前处理中断的中断才能获得响应，对于优先级低于当前正在处理中断的中断，将不予响应。如果将 PMASKRh、PMASKRl 两个寄存器看作一个 64 位的寄存器，其各个位域定义如下。

PMASKR[63:62]，保留。

PMASKR[61]，软件中断（SOF），0：中断未被响应；1：中断正在被响应或者挂起。

PMASKR[60]，高优先级外部中断（HINT），0：中断未被响应；1：中断正在被响应或者挂起。

PMASKR[59]，定时器 0 高优先级中断（TIMER0HP），0：中断未被响应；1：中断正在被响应或者挂起。

PMASKR[58]，定时器 1 高优先级中断（TIMER1HP），0：中断未被响应；1：中断正在被响应或者挂起。

PMASKR[57]，定时器 2 高优先级中断（TIMER2HP），0：中断未被响应；1：中断正在被响应或者挂起。

PMASKR[56]，定时器 3 高优先级中断（TIMER3HP），0：中断未被响应；1：中断正在被响应或者挂起。

PMASKR[55]，定时器 4 高优先级中断（TIMER4HP），0：中断未被响应；1：中断正在被响应或者挂起。

PMASKR[54]，保留。

PMASKR[53]，外部中断 0（INT0），0：中断未被响应；1：中断正在被响应或者挂起。

PMASKR[52]，外部中断 1（INT1），0：中断未被响应；1：中断正在被响应或者挂起。

PMASKR[51]，外部中断 2（INT2），0：中断未被响应；1：中断正在被响应或者挂起。

PMASKR[50]，外部中断 3（INT3），0：中断未被响应；1：中断正在被响应或者挂起。

PMASKR[49]，DMA 中断 0（RXLINK0），0：中断未被响应；1：中断正在被响应或者挂起。

PMASKR[48]，DMA 中断 1（RXLINK1），0：中断未被响应；1：中断正在被响应或者挂起。

PMASKR[47]，DMA 中断 2（RXLINK2），1：中断未被响应；1：中断正在被响

应或者挂起。

PMASKR[46]，DMA 中断 3（RXLINK3），0：中断未被响应；1：中断正在被响应或者挂起。

PMASKR[45]，DMA 中断 4（TXLINK0），0：中断未被响应；1：中断正在被响应或者挂起。

PMASKR[44]，DMA 中断 5（TXLINK1），0：中断未被响应；1：中断正在被响应或者挂起。

PMASKR[43]，DMA 中断 6（TXLINK2），0：中断未被响应；1：中断正在被响应或者挂起。

PMASKR[42]，DMA 中断 7（TXLINK3），0：中断未被响应；1：中断正在被响应或者挂起。

PMASKR[41]，DMA 中断 8（PAR），0：中断未被响应；1：中断正在被响应或者挂起。

PMASKR[40]，DMA 中断 9（DDR），0：中断未被响应；1：中断正在被响应或者挂起。

PMASKR[39:32]，保留。

PMASKR[31]，DMA 中断 10（DDR2TX0），0：中断未被响应；1：中断正在被响应或者挂起。

PMASKR[30]，DMA 中断 11（DDR2TX1），0：中断未被响应；1：中断正在被响应或者挂起。

PMASKR[29]，DMA 中断 12（DDR2TX2），0：中断未被响应；1：中断正在被响应或者挂起。

PMASKR[28]，DMA 中断 13（DDR2TX3），0：中断未被响应；1：中断正在被响应或者挂起。

PMASKR[27]，DMA 中断 14（RX02DDR），0：中断未被响应；1：中断正在被响应或者挂起。

PMASKR[26]，DMA 中断 15（RX12DDR），0：中断未被响应；1：中断正在被响应或者挂起。

PMASKR[25]，DMA 中断 16（RX22DDR），0：中断未被响应；1：中断正在被响应或者挂起。

PMASKR[24]，DMA 中断 17（RX32DDR），0：中断未被响应；1：中断正在被响应或者挂起。

PMASKR[23:16]，保留。

PMASKR[15]，串口接收中断（SRX），0：中断未被响应；1：中断正在被响应或者挂起。

PMASKR[14]，串口发送中断(STX)，0：中断未被响应；1：中断正在被响应或者挂起。

PMASKR[13:7]，保留。

PMASKR[6]，定时器 0 低优先级中断(TIMER0LP)，0：中断未被响应；1：中断正在被响应或者挂起。

PMASKR[5]，定时器 1 低优先级中断(TIMER1LP)，0：中断未被响应；1：中断正在被响应或者挂起。

PMASKR[4]，定时器 2 低优先级中断(TIMER2LP)，0：中断未被响应；1：中断正在被响应或者挂起。

PMASKR[3]，定时器 3 低优先级中断(TIMER3LP)，0：中断未被响应；1：中断正在被响应或者挂起。

PMASKR[2]，定时器 4 低优先级中断(TIMER4LP)，0：中断未被响应；1：中断正在被响应或者挂起。

PMASKR[1:0]，保留。

中断指针屏蔽寄存器 PMASKRh 的位域定义如图 2-63 所示。

63	62	61	60	59	58	57	56	55	54	53	52	51	50	49	48	47	46	45	44	43	42	41	40	39	38	37	36	35	34	33	32
保留	保留	0	0	0	0	0	0	0	保留	0	0	0	0	0	0	0	0	0	0	0	0	0	0	保留	保留	保留	保留	保留	保留	保留	保留
		软件中断外部中断	高优先级外部中断	定时器0高优先级中断	定时器1高优先级中断	定时器2高优先级中断	定时器3高优先级中断	定时器4高优先级中断		外部中断0	外部中断1	外部中断2	外部中断3	DMA中断0	DMA中断1	DMA中断2	DMA中断3	DMA中断4	DMA中断5	DMA中断6	DMA中断7	DMA中断8	DMA中断9								

图 2-63　中断指针屏蔽寄存器(PMASKRh)的位域定义

中断指针屏蔽寄存器 PMASKRl 的位域定义如图 2-64 所示。

31	30	29	28	27	26	25	24	23	22	21	20	19	18	17	16	15	14	13	12	11	10	9	8	7	6	5	4	3	2	1	0
0	0	0	0	0	0	0	0	保留	保留	保留	保留	保留	保留	保留	保留	0	0	保留	保留	保留	保留	保留	保留	保留	0	0	0	0	0	保留	保留
DMA中断10	DMA中断11	DMA中断12	DMA中断13	DMA中断14	DMA中断15	DMA中断16	DMA中断17									串口接收中断	串口发送中断								定时器0低优先级中断	定时器1低优先级中断	定时器2低优先级中断	定时器3低优先级中断	定时器4低优先级中断		

图 2-64　中断指针屏蔽寄存器(PMASKRl)的位域定义

4. 中断设置寄存器（ISRh、ISRl）

中断设置寄存器允许指令或调试模式下的 JTAG 逻辑设置 ILATR 中的可屏蔽中断位。对 ISR 的相应位写'1'会使 ILATR 的对应位置位，但是对 ISR 写'0'不会影响 ILATR。如果将 ISRh、ISRl 两个寄存器看作一个 64 位的寄存器，其各个位域定义如下。

ISR[63:62]，保留。

ISR[61]，SOF，1：设置软件中断。

ISR[60]，HINT，1：设置高优先级外部中断。

ISR[59]，TIMER0HP，1：设置定时器 0 高优先级中断。

ISR[58]，TIMER1HP，1：设置定时器 1 高优先级中断。

ISR[57]，TIMER2HP，1：设置定时器 2 高优先级中断。

ISR[56]，TIMER3HP，1：设置定时器 3 高优先级中断。

ISR[55]，TIMER4HP，1：设置定时器 4 高优先级中断。

ISR[54]，保留。

ISR[53]，INT0，1：设置外部中断 0。

ISR[52]，INT1，1：设置外部中断 1。

ISR[51]，INT2，1：设置外部中断 2。

ISR[50]，INT3，1：设置外部中断 3。

ISR[49]，RXLINK0，1：设置 DMA 中断 0。

ISR[48]，RXLINK1，1：设置 DMA 中断 1。

ISR[47]，RXLINK2，1：设置 DMA 中断 2。

ISR[46]，RXLINK3，1：设置 DMA 中断 3。

ISR[45]，TXLINK0，1：设置 DMA 中断 4。

ISR[44]，TXLINK1，1：设置 DMA 中断 5。

ISR[43]，TXLINK2，1：设置 DMA 中断 6。

ISR[42]，TXLINK3，1：设置 DMA 中断 7。

ISR[41]，PAR，1：设置 DMA 中断 8。

ISR[40]，DDR，1：设置 DMA 中断 9。

ISR[39:32]，保留。

ISR[31]，DDR2TX0，1：设置 DMA 中断 10。

ISR[30]，DDR2TX1，1：设置 DMA 中断 11。

ISR[29]，DDR2TX2，1：设置 DMA 中断 12。

ISR[28]，DDR2TX3，1：设置 DMA 中断 13。

ISR[27]，RX02DDR，1：设置 DMA 中断 14。

ISR[26]，RX12DDR，1：设置 DMA 中断 15。

ISR[25]，RX22DDR，1：设置 DMA 中断 16。

ISR[24]，RX32DDR，1：设置 DMA 中断 17。

ISR[23:16]，保留。

ISR[15]，SRX，1：设置串口接收中断。

ISR[14]，STX，1：设置串口发送中断。

ISR[13:7]，保留。

ISR[6]，TIMER0LP，1：设置定时器 0 低优先级中断。

ISR[5]，TIMER1LP，1：设置定时器 1 低优先级中断。

ISR[4]，TIMER2LP，1：设置定时器 2 低优先级中断。

ISR[3]，TIMER3LP，1：设置定时器 3 低优先级中断。

ISR[2]，TIMER4LP，1：设置定时器 4 低优先级中断。

ISR[1:0]，保留。

中断设置寄存器 ISRh 的位域定义如图 2-65 所示。

位	值	字段定义
63	保留	
62	保留	
61	0	软件中断
60	0	高优先级外部中断
59	0	定时器0高优先级中断
58	0	定时器1高优先级中断
57	0	定时器2高优先级中断
56	0	定时器3高优先级中断
55	0	定时器4高优先级中断
54	保留	
53	0	外部中断0
52	0	外部中断1
51	0	外部中断2
50	0	外部中断3
49	0	DMA中断0
48	0	DMA中断1
47	0	DMA中断2
46	0	DMA中断3
45	0	DMA中断4
44	0	DMA中断5
43	0	DMA中断6
42	0	DMA中断7
41	0	DMA中断8
40	0	DMA中断9
39	保留	
38	保留	
37	保留	
36	保留	
35	保留	
34	保留	
33	保留	
32	保留	

图 2-65　中断设置寄存器(ISRh)的位域定义

中断设置寄存器 ISRl 的位域定义如图 2-66 所示。

位	值	字段定义
31	0	DMA中断10
30	0	DMA中断11
29	0	DMA中断12
28	0	DMA中断13
27	0	DMA中断14
26	0	DMA中断15
25	0	DMA中断16
24	0	DMA中断17
23	保留	
22	保留	
21	保留	
20	保留	
19	保留	
18	保留	
17	保留	
16	保留	
15	0	串口接收中断
14	0	串口发送中断
13	保留	
12	保留	
11	保留	
10	保留	
9	保留	
8	保留	
7	保留	
6	0	定时器0低优先级中断
5	0	定时器1低优先级中断
4	0	定时器2低优先级中断
3	0	定时器3低优先级中断
2	0	定时器4低优先级中断
1	保留	
0	保留	

图 2-66　中断设置寄存器(ISRl)的位域定义

5．中断清除寄存器（ICRh、ICRl）

中断清除寄存器允许清除 ILATR 寄存器中的可屏蔽中断位（ILAT2～ILAT15）。对 ICR 的相应位写'1'会使 ILATR 的对应位清除，但是对 ICR 写'0'无效，不会影响 ILATR。来自中断源的中断有优先权，会覆盖任何对 ICR 的写操作。如果将ICRh、ICRl 两个寄存器看作一个 64 位的寄存器，其各个位域定义如下。

ICR[63:62]，保留。

ICR[61]，SOF，1：清除软件中断。

ICR[60]，HINT，1：清除高优先级外部中断。

ICR[59]，TIMER0HP，1：清除定时器 0 高优先级中断。

ICR[58]，TIMER1HP，1：清除定时器 1 高优先级中断。

ICR[57]，TIMER2HP，1：清除定时器 2 高优先级中断。

ICR[56]，TIMER3HP，1：清除定时器 3 高优先级中断。

ICR[55]，TIMER4HP，1：清除定时器 4 高优先级中断。

ICR[54]，保留。

ICR[53]，INT0，1：清除外部中断 0。

ICR[52]，INT1，1：清除外部中断 1。

ICR[51]，INT2，1：清除外部中断 2。

ICR[50]，INT3，1：清除外部中断 3。

ICR[49]，RXLINK0，1：清除 DMA 中断 0。

ICR[48]，RXLINK1，1：清除 DMA 中断 1。

ICR[47]，RXLINK2，1：清除 DMA 中断 2。

ICR[46]，RXLINK3，1：清除 DMA 中断 3。

ICR[45]，TXLINK0，1：清除 DMA 中断 4。

ICR[44]，TXLINK1，1：清除 DMA 中断 5。

ICR[43]，TXLINK2，1：清除 DMA 中断 6。

ICR[42]，TXLINK3，1：清除 DMA 中断 7。

ICR[41]，PAR，1：清除 DMA 中断 8。

ICR[40]，DDR，1：清除 DMA 中断 9。

ICR[39:32]，保留。

ICR[31]，DDR2TX0，1：清除 DMA 中断 10。

ICR[30]，DDR2TX1，1：清除 DMA 中断 11。

ICR[29]，DDR2TX2，1：清除 DMA 中断 12。

ICR[28]，DDR2TX3，1：清除 DMA 中断 13。

ICR[27]，RX02DDR，1：清除 DMA 中断 14。

ICR[26]，RX12DDR，1：清除 DMA 中断 15。

ICR[25]，RX22DDR，1：清除 DMA 中断 16。

ICR[24]，RX32DDR，1：清除 DMA 中断 17。

ICR[23:16]，保留。

ICR[15]，SRX，1：清除串口接收中断。

ICR[14]，STX，1：清除串口发送中断。

ICR[13:7]，保留。

ICR[6]，TIMER0LP，1：清除定时器 0 低优先级中断。

ICR[5]，TIMER1LP，1：清除定时器 1 低优先级中断。

ICR[4]，TIMER2LP，1：清除定时器 2 低优先级中断。

ICR[3]，TIMER3LP，1：清除定时器 3 低优先级中断。

ICR[2]，TIMER4LP，1：清除定时器 4 低优先级中断。

ICR[1:0]，保留。

中断清除寄存器 ICRh 的位域定义如图 2-67 所示。

63	62	61	60	59	58	57	56	55	54	53	52	51	50	49	48	47	46	45	44	43	42	41	40	39	38	37	36	35	34	33	32
保留	保留	0	0	0	0	0	0	0	保留	0	0	0	0	0	0	0	0	0	0	0	0	0	0	保留	保留	保留	保留	保留	保留	保留	保留

位说明：

- 61：软件中断外部中断
- 60：高优先级外部中断
- 59：定时器0高优先级中断
- 58：定时器1高优先级中断
- 57：定时器2高优先级中断
- 56：定时器3高优先级中断
- 55：定时器4高优先级中断
- 53：外部中断0
- 52：外部中断1
- 51：外部中断2
- 50：外部中断3
- 49：DMA中断0
- 48：DMA中断1
- 47：DMA中断2
- 46：DMA中断3
- 45：DMA中断4
- 44：DMA中断5
- 43：DMA中断6
- 42：DMA中断7
- 41：DMA中断8
- 40：DMA中断9

图 2-67　中断清除寄存器(ICRh)的位域定义

中断清除寄存器 ICRl 的位域定义如图 2-68 所示。

31	30	29	28	27	26	25	24	23	22	21	20	19	18	17	16	15	14	13	12	11	10	9	8	7	6	5	4	3	2	1	0
0	0	0	0	0	0	0	0	保留	保留	保留	保留	保留	保留	保留	保留	0	0	保留	保留	保留	保留	保留	保留	保留	0	0	0	0	0	保留	保留

位说明：

- 31：DMA中断10
- 30：DMA中断11
- 29：DMA中断12
- 28：DMA中断13
- 27：DMA中断14
- 26：DMA中断15
- 25：DMA中断16
- 24：DMA中断17
- 15：串口接收中断
- 14：串口发送中断
- 6：定时器0低优先级中断
- 5：定时器1低优先级中断
- 4：定时器2低优先级中断
- 3：定时器3低优先级中断
- 2：定时器4低优先级中断

图 2-68　中断清除寄存器(ICRl)的位域定义

2.2.5 定时器控制寄存器

1. 定时器控制寄存器（TCR4～TCR0）

TCRx[31:12]，控制在脉冲输出模式下、输出的脉冲宽度取决于计数时钟数。当该值配置为 0 时，与配置为 1 时的输出模式相同，都输出 1 个计数时钟宽度的脉冲。上电初始化为 0x00001。

TCRx[11:10]，保留。

TCRx[9]，选择计数时钟的来源（CLKSRC）。0：选择内部时钟；1：选择外部时钟。

TCRx[8]，选择计数时钟是否反向（CLKINV）。0：不反向；1：反向上电初始化为 0。

TCRx[7:6]，保留。

TCRx[5]，计数器重置（RST）。0：对计数器没有影响。1：在第[4]位为 1，允许计数的情况下，计数器寄存器重置，并在下一计数周期开始计数，上电初始化为 0。

TCRx[4]，计数使能（EN），选择计数还是保持。0：保持计数器当前值；1：计数。上电初始化为 0。

TCRx[3]，定时器输出取反选择（OINV），即可以将定时器状态位取反输出，但是取反不影响状态位本身的状态，只是对输出取反。0：不取反；1：取反。上电初始化为 0。

TCRx[2]，保留。

TCRx[1]，表示本定时器是否接受片外定时器复位信号复位（EXRST）。0：不接受；1：接受。BWDSP100 设计一个专用的输入引脚，用于对定时器进行复位，该复位信号可以同时作用于 5 个定时器，亦可作用于其中一个或几个定时器，取决于每个定时器 TCRx[1] 位的设置，上电初始化为 0。

TCRx[0]，定时器输出状态（OM）。定时器输出可以是脉冲模式或者时钟模式。在脉冲模式下，定时器输出正脉冲；时钟模式下，定时器输出 50% 占空比的信号，上电初始化为 0。

定时器控制寄存器的位域定义如图 2-69 所示。

31 30 29 28 27 26 25 24 23 22 21 20 19 18 17 16 15 14 13 12	11	10	9	8	7	6	5	4	3	2	1	0
0x00001	保留	保留	0	0	保留	保留	0	0	0	保留	0	0
脉冲宽度控制			输入时钟来源	输入时钟反向			复位/启动	计数保持	输出取反		是否接受外部复位	定时器输出状态

图 2-69　定时器控制寄存器的位域定义

2.　定时器周期寄存器 (TPR4 ~ TPR0)

定时器周期寄存器的位域定义如图 2-70 所示。

```
31 30 29 28 27 26 25 24 23 22 21 20 19 18 17 16 15 14 13 12 11 10 9 8 7 6 5 4 3 2 1 0
```
0x00000000

图 2-70　定时器周期寄存器的位域定义

定时器周期寄存器，32 位值为将要计数的定时器时钟数，并且用于重载定时器计数寄存器上电初始化为 0x00000000。

3.　定时器计数器 (TCNT4 ~ TCNT0)

32 位值为主计数器的当前值，每个计数时钟周期后，该值减 1。

定时器计数器的位域定义如图 2-71 所示。

```
31 30 29 28 27 26 25 24 23 22 21 20 19 18 17 16 15 14 13 12 11 10 9 8 7 6 5 4 3 2 1 0
```
0x00000000

图 2-71　定时器计数器的位域定义

32 位值为当前主计数器的当前值，每个输入时钟周期后，该值加 1 上电初始化为 0x00000000。

2.2.6　通用 I/O 控制寄存器

1.　通用 I/O 方向寄存器 (GPDR)

寄存器 [7:0] 对应 8 个通用 I/O 的方向控制。0：输入；1：输出，各位上电初始化为 0。

GPDR[31:8]，保留。

GPDR[7]，GP7 方向控制 (DIR[7])，0：输入；1：输出。

GPDR[6]，GP6 方向控制 (DIR[6])，0：输入；1：输出。

GPDR[5]，GP5 方向控制 (DIR[5])，0：输入；1：输出。

GPDR[4]，GP4 方向控制 (DIR[4])，0：输入；1：输出。

GPDR[3]，GP3 方向控制 (DIR[3])，0：输入；1：输出。

GPDR[2]，GP2 方向控制 (DIR[2])，0：输入；1：输出。

GPDR[1]，GP1 方向控制 (DIR[1])，0：输入；1：输出。

GPDR[0]，GP0 方向控制 (DIR[0])，0：输入；1：输出。

通用 I/O 方向寄存器的位域定义如图 2-72 所示。

31	30	29	28	27	26	25	24	23	22	21	20	19	18	17	16	15	14	13	12	11	10	9	8	7	6	5	4	3	2	1	0
保留	保留	保留	保留	保留	保留	保留	保留	保留	保留	保留	保留	保留	保留	保留	保留	保留	保留	保留	保留	保留	保留	保留	保留	0	0	0	0	0	0	0	0
																								GPD7	GPD6	GPD5	GPD4	GPD3	GPD2	GPD1	GPD0

图 2-72　通用 I/O 方向寄存器的位域定义

2. 通用 I/O 值寄存器（GPVR）

GPVR 中寄存的是通用 I/O 的值。当通用 I/O 配置为输出时，GPVRx[7:0]各位上的值用作通用 I/O 引脚的输出值；当通用 I/O 配置为输入时，GPVRx[7:0]各位上的值表示在通用 I/O 引脚上捕获的外部输入值，各位上电初始化为 0（在相应 I/O 被配置为输出时，允许通过指令设置、清除；在相应 I/O 被配置为输入时，捕获引脚的输入值）。

GPVR[31:8]，保留。

GPVR[7]，GP7 通用输入输出值（VAL[7]）。

GPVR[6]，GP6 通用输入输出值（VAL[6]）。

GPVR[5]，GP5 通用输入输出值（VAL[5]）。

GPVR[4]，GP4 通用输入输出值（VAL[4]）。

GPVR[3]，GP3 通用输入输出值（VAL[3]）。

GPVR[2]，GP2 通用输入输出值（VAL[2]）。

GPVR[1]，GP1 通用输入输出值（VAL[1]）。

GPVR[0]，GP0 通用输入输出值（VAL[0]）。

通用 I/O 值寄存器的位域定义如图 2-73 所示。

31	30	29	28	27	26	25	24	23	22	21	20	19	18	17	16	15	14	13	12	11	10	9	8	7	6	5	4	3	2	1	0
保留	保留	保留	保留	保留	保留	保留	保留	保留	保留	保留	保留	保留	保留	保留	保留	保留	保留	保留	保留	保留	保留	保留	保留	0	0	0	0	0	0	0	0
																									GPV7	GPV6	GPV5	GPV4	GPV3	GPV2	GPV1	GPV0

图 2-73　通用 I/O 值寄存器的位域定义

3. 通用 I/O 上升沿寄存器（GPPR）

在通用 I/O 被配置为输入时，通用 I/O 上升沿寄存器用于寄存通用 I/O 引脚上的电平变化。如果在一个输入的通用 I/O 引脚上捕获到上升沿跳变，则对应的上升沿寄存器被置位。上升沿寄存器可以由指令或调试模式下的 JTAG 逻辑清除，各位上电初始化为 0（在相应 I/O 被配置为输入时，捕获输入的上升沿，由 GPIO 控制逻辑置位；允许手动清除，手动置位无效）。

GPPR[31:8]，保留。

GPPR[7]，GP7 上升沿寄存器（POS[7]）。

GPPR[6]，GP6 上升沿寄存器（POS[6]）。

GPPR[5]，GP5 上升沿寄存器（POS[5]）。

GPPR[4]，GP4 上升沿寄存器（POS[4]）。

GPPR[3]，GP3 上升沿寄存器（POS[3]）。

GPPR[2]，GP2 上升沿寄存器（POS[2]）。

GPPR[1]，GP1 上升沿寄存器（POS[1]）。

GPPR[0]，GP0 上升沿寄存器（POS[0]）。

通用 I/O 上升沿寄存器的位域定义如图 2-74 所示。

31	30	29	28	27	26	25	24	23	22	21	20	19	18	17	16	15	14	13	12	11	10	9	8	7	6	5	4	3	2	1	0
保留	保留	保留	保留	保留	保留	保留	保留	保留	保留	保留	保留	保留	保留	保留	保留	保留	保留	保留	保留	保留	保留	保留	保留	0	0	0	0	0	0	0	0
																								GPP7	GPP6	GPP5	GPP4	GPP3	GPP2	GPP1	GPP0

图 2-74　通用 I/O 上升沿寄存器的位域定义

4. 通用 I/O 下降沿寄存器（GPNR）

如果在一个输入的通用 I/O 引脚上捕获下降沿跳变，则对应的下降沿寄存器位被置位。下降沿寄存器可以由指令或调试模式下的 JTAG 逻辑清除，各位上电初始化为 0（在相应 I/O 被配置为输入时，捕获输入的下降沿，由 GPIO 控制逻辑置位；允许手动清除，手动置位无效）。

GPNR[31:8]，保留。

GPNR[7]，GP7 下降沿寄存器（NEG[7]）。

GPNR[6]，GP6 下降沿寄存器（NEG[6]）。

GPNR[5]，GP5 下降沿寄存器（NEG[5]）。

GPNR[4]，GP4 下降沿寄存器（NEG[4]）。

GPNR[3]，GP3 下降沿寄存器（NEG[3]）。

GPNR[2]，GP2 下降沿寄存器（NEG[2]）。

GPNR[1]，GP1 下降沿寄存器（NEG[1]）。

GPNR[0]，GP0 下降沿寄存器（NEG[0]）。

通用 I/O 下降沿寄存器的位域定义如图 2-75 所示。

31	30	29	28	27	26	25	24	23	22	21	20	19	18	17	16	15	14	13	12	11	10	9	8	7	6	5	4	3	2	1	0
保留	保留	保留	保留	保留	保留	保留	保留	保留	保留	保留	保留	保留	保留	保留	保留	保留	保留	保留	保留	保留	保留	保留	保留	0	0	0	0	0	0	0	0
																								GPN7	GPN6	GPN5	GPN4	GPN3	GPN2	GPN1	GPN0

图 2-75　通用 I/O 下降沿寄存器的位域定义

5. 通用 I/O 上升沿屏蔽寄存器（GPPMR）

上升沿屏蔽寄存器用于上升沿事件屏蔽。如果 GPPMRx 位使能，并且 GPDRx 被配置为输入，则发生在对应通用 I/O 引脚上的上升沿会被捕获到 GPPR 寄存器的相应位中，即在上述条件下，若某个 GP 引脚上出现上升沿，则该引脚对应的 GPPR 位被置 1。GPPR 一旦被置位后，除非有指令或 JTAG 逻辑对其清除，否则会保持为 1（只允许通过指令或 JTAG 清除；指令或 JTAG 置位无效）。

GPPMR[31:8]，保留。

GPPMR[7]，GP7 上升沿屏蔽寄存器（POSM[7]），0：屏蔽；1：使能。

GPPMR[6]，GP6 上升沿屏蔽寄存器（POSM[6]），0：屏蔽；1：使能。

GPPMR[5]，GP5 上升沿屏蔽寄存器（POSM[5]），0：屏蔽；1：使能。

GPPMR[4]，GP4 上升沿屏蔽寄存器（POSM[4]），0：屏蔽；1：使能。

GPPMR[3]，GP3 上升沿屏蔽寄存器（POSM[3]），0：屏蔽；1：使能。

GPPMR[2]，GP2 上升沿屏蔽寄存器（POSM[2]），0：屏蔽；1：使能。

GPPMR[1]，GP1 上升沿屏蔽寄存器（POSM[1]），0：屏蔽；1：使能。

GPPMR[0]，GP0 上升沿屏蔽寄存器（POSM[0]），0：屏蔽；1：使能。

通用 I/O 上升沿屏蔽寄存器的位域定义如图 2-76 所示。

31	30	29	28	27	26	25	24	23	22	21	20	19	18	17	16	15	14	13	12	11	10	9	8	7	6	5	4	3	2	1	0
保留	保留	保留	保留	保留	保留	保留	保留	保留	保留	保留	保留	保留	保留	保留	保留	保留	保留	保留	保留	保留	保留	保留	保留	0	0	0	0	0	0	0	0
																									GPPM7	GPPM6	GPPM5	GPPM4	GPPM3	GPPM2	GPPM1	GPPM0

图 2-76　通用 I/O 上升沿屏蔽寄存器的位域定义

6. 通用 I/O 下降沿屏蔽寄存器（GPNMR）

下降沿屏蔽寄存器用于下降沿事件屏蔽。如果 GPNMRx 位使能，并且 GPDRx 被配置为输入，则发生在对应通用 I/O 引脚上的下降沿会被捕获到 GPNR 寄存器中，即在上述条件下，若某个 GP 引脚上出现下降沿，则该引脚对应的 GPNR 位会被置位。GPNR 一旦被置位后，除非有指令或 JTAG 对其清除，否则会保持为 1。如果 GPNMRx 位不使能，则即使有下降沿出现也不会被捕获到 GPNR 中（只允许通过指令或 JTAG 清除；指令或 JTAG 置位无效）。

GPNMR[31:8]，保留。

GPNMR[7]，GP7 下降沿屏蔽寄存器（NEGM[7]），0：屏蔽；1：使能。

GPNMR[6]，GP6 下降沿屏蔽寄存器（NEGM[6]），0：屏蔽；1：使能。

GPNMR[5]，GP5 下降沿屏蔽寄存器（NEGM[5]），0：屏蔽；1：使能。

GPNMR[4]，GP4 下降沿屏蔽寄存器（NEGM[4]），0：屏蔽；1：使能。

GPNMR[3]，GP3 下降沿屏蔽寄存器（NEGM[3]），0：屏蔽；1：使能。

GPNMR[2]，GP2 下降沿屏蔽寄存器（NEGM[2]），0：屏蔽；1：使能。

GPNMR[1]，GP1 下降沿屏蔽寄存器（NEGM[1]），0：屏蔽；1：使能。

GPNMR[0]，GP0 下降沿屏蔽寄存器（NEGM[0]），0：屏蔽；1：使能。

通用 I/O 下降沿屏蔽寄存器的位域定义如图 2-77 所示。

图 2-77　通用 I/O 下降沿屏蔽寄存器的位域定义

7．GPIO 输出引脚类型寄存器（GPOTR）

GPIO 的第 4～第 0 引脚与定时器 4～定时器 0 的输出引脚共用，本寄存器就是用于选择 GP4～GP0 这 5 个引脚是用于 GPIO 还是用于定时器，0：用于 GPIO；1：用于定时器。

特别说明，当本寄存器 GPOTR[4]～GPOTR[0]配置为定时器输出类型时，无论通用 I/O 方向寄存器 GPDR[4]～GPDR[0]为何值，都将 GPIO4～GPIO0 强制配置为输出方向。此时对应的 GPIO 引脚只用于服务定时器的输出，而对应 GPIO 的控制寄存器位并不受 GPIO 引脚是否为定时器服务的影响。换言之，GP 引脚是否为 GPIO 逻辑功能服务，并不影响 GPIO 模块本身的逻辑功能。举例而言，如果 GPOTR[0] 为 1，GPDR[0]为 0，那么 GPVR[0]仍然会被 GP0 引脚上的值实时更新，虽然这时 GP0 引脚上的值是被定时器所更新的，但是这种更新仍然会影响 GPVR[0]——因为 GPDR[0]被配置为输入，那么 GPIO 模块的逻辑功能就按照 GPDR[0]的配置动作。

GPOTR [31:5]，保留。

GPOTR [4]，GP4 输出引脚类型寄存器（OT[4]），0：GP4；1：Timer4。

GPOTR [3]，GP3 输出引脚类型寄存器（OT[3]），0：GP3；1：Timer3。

GPOTR [2]，GP2 输出引脚类型寄存器（OT[2]），0：GP2；1：Timer2。

GPOTR [1]，GP1 输出引脚类型寄存器（OT[1]），0：GP1；1：Timer1。

GPOTR [0]，GP0 输出引脚类型寄存器（OT[0]），0：GP0；1：Timer0。

GPIO 输出引脚类型寄存器的位域定义如图 2-78 所示。

31	30	29	28	27	26	25	24	23	22	21	20	19	18	17	16	15	14	13	12	11	10	9	8	7	6	5	4	3	2	1	0
保留	保留	保留	保留	保留	保留	保留	保留	保留	保留	保留	保留	保留	保留	保留	保留	保留	保留	保留	保留	保留	保留	保留	保留	保留	保留	保留	0	0	0	0	0

其中最低 5 位分别为：GPOT4、GPOT3、GPOT2、GPOT1、GPOT0。

图 2-78　GPIO 输出引脚类型寄存器的位域定义

2.2.7　并口配置寄存器

并口共分 5 个 CE 空间，每个 CE 空间有一个配置寄存器，用于配置该 CE 空间接口的时序、位宽等信息。

CFGCEx[31:28]，并口 CE 空间的建立时间（SET）。在写该 CE 空间时，建立时间指地址/数据有效到写使能有效之间的主时钟周期数。表征建立时间的时钟周期数在数值上等于 CFGCE[31:28]+1。

CFGCEx[27:26]，保留。

CFGCEx[25:20]，并口 CE 空间的窗口时间（STRB）。在写该 CE 空间时，窗口时间指写使能有效的主时钟周期数。表征窗口时间的时钟周期数在数值上等于 CFGCE[25:20]+1。特别说明，"窗口时间"的最小有效值是 2，即使用户通过指令或 JTAG 将该位域设置为小于 2 的值，并口模块仍然将其作为 2 使用。换言之，用户可以通过指令或 JTAG 将 CFGCEx[25:20]设置为 0 或 1，并且 CFGCEx[25:20]的这个位域写入的值也的确是 0 或 1，但是并口逻辑在产生并口访问时序的时候，是把 CFGCEx[25:20]这个位域当作 2 来用的，即此时窗口时间的时钟周期数在数值上等于 2+1。

CFGCEx[19:16]，并口 CE 空间的保持时间（HOLD）。在写该 CE 空间时，保持时间指写使能撤销到地址/数据撤销之间的主时钟周期数。表征保持时间的时钟周期数在数值上等于 CFGCE[25:20]+1。

CFGCEx[15:10]，保留。

CFGCEx[9:8]，并口 CE 空间的位宽选择（LEN），"00"：64bit；"01"：32bit；"10"：16bit；"11"：8bit。

CFGCEx[7:0]，保留。

特别说明，在写并口时，一次并口访问的时序为：地址/数据首先经过"建立时间"规定的周期之后，写使能有效；再经过"窗口时间"规定的周期后，写使能撤销；继而再经过"保持时间"规定的周期后，地址/数据撤销。在读并口时，读地址维持的周期数为"建立时间+窗口时间+保持时间"。

并口配置寄存器的位域定义如图 2-79 所示。

并口 CE 空间配置寄存器

31 30 29 28	27	26	25 24 23 22 21 20	19 18 17 16	15	14	13	12	11	10	9 8	7	6	5	4	3	2	1	0
0xF	保留	保留	0x3F	0xF	保留	保留	保留	保留	保留	保留	11	保留	保留	保留	保留	保留	保留	保留	保留
建立时间			窗口时间	保持时间							并口位宽								

图 2-79　并口配置寄存器的位域定义

2.2.8　UART 控制寄存器

1.　串口接收数据寄存器（SRDR）

串口数据接收缓冲，32 位，可接收 4 个字节，收满之后产生串口接收中断。串口接收数据寄存器的位域定义如图 2-80 所示。

31 30 29 28 27 26 25 24 23 22 21 20 19 18 17 16 15 14 13 12 11 10 9 8 7 6 5 4 3 2 1 0
0x00000000

图 2-80　串口接收数据寄存器的位域定义

2.　串口发送数据寄存器（STDR）

串口数据发送缓冲，32 位，可发送 4 个字节。当有指令向 STDR 执行写操作之后，就启动了串口发送。串口发送完成之后产生串口发送中断。

串口发送数据寄存器的位域定义如图 2-81 所示。

31 30 29 28 27 26 25 24 23 22 21 20 19 18 17 16 15 14 13 12 11 10 9 8 7 6 5 4 3 2 1 0
0x00000000

图 2-81　串口发送数据寄存器的位域定义

3.　串口配置寄存器（SCFGR）

串口配置寄存器，用于配置串口的传输控制参数。

SCFGR[31:18]，保留。

SCFGR[17:16]，校验模式（PM）。0：不校验；1：奇校验；2：偶校验。

SCFGR[15:13]，保留。

SCFGR[12]，配置停止位的位数（STPB）。0：一位停止位；1：两位停止位。

SCFGR[11:10]，保留。

SCFGR[9:8]，配置传输位宽（LEN）。0：5bit；1：6bit；2：7bit；3：8bit。

SCFGR[7:0]，保留。

串口配置寄存器 SCFGR 的位域定义如图 2-82 所示。

图 2-82　串口配置寄存器的位域定义

4. 串口波特率配置寄存器(SRCR)

用于配置串口传输的波特率，该寄存器的含义是，用该寄存器的值，来对主频时钟分频计数，分频所得即是串口波特率。波特率配置寄存器上电默认为 0x00196E6A，即主频的 0x00196E6A 分频，若主频是 300MHz，则默认值是 180Hz。

串口波特率配置寄存器的位域定义如图 2-83 所示。

31 30 29 28 27 26 25 24 23 22 21 20 19 18 17 16 15 14 13 12 11 10 9 8 7 6 5 4 3 2 1 0
0x00196E6A
波特率(上电默认为 0x00196E6A，即主频的 0x00196E6A 分频，若主频 500MHz，则默认值是 300Hz)

图 2-83　串口波特率配置寄存器的位域定义

5. 串口标志寄存器(SFR)

用于标志串口传输过程的错误或状态。

SFR[31:9]，保留。

SFR[8]，校验错误标志(ERF)，在使能了奇偶校验的情况下，如果传输过程中发现奇偶校验错误，则将该位置位。校验错误会导致本标志置位，但并不影响串口传输的进行，也不影响内核其他指令的执行。

SFR[7:5]，保留。

SFR[4]，串口配置错误标志(PI)，如果串口处于忙状态，而又有指令试图配置串口控制寄存器，则引发串口配置错误标志置位。配置错误会导致本标志置位，并且配置指令无效，但并不影响串口传输的进行，也不影响内核其他指令的执行。

SFR[3:2]，保留。

SFR[1:0]，串口状态标志(ST)，表明 UART 串口处于空闲状态还是传输状态。00：串口空闲；01：串口处于仅发送状态；10：串口处于仅接收状态；11：串口处于收/发全部工作状态。

串口标志寄存器 SFR 的位域定义如图 2-84 所示。

31	30	29	28	27	26	25	24	23	22	21	20	19	18	17	16	15	14	13	12	11	10	9	8	7	6	5	4	3	2	1	0
保留	保留	保留	保留	保留	保留	保留	保留	保留	保留	保留	保留	保留	保留	保留	保留	保留	保留	保留	保留	保留	保留	0	校验错误标志	保留	保留	保留	0	保留	保留	配置错误标志	0

串口状态标志

图 2-84　串口标志寄存器的位域定义

2.2.9　DDR2 控制器的配置寄存器

DDR2 控制器的配置端口用来对 48 个 DDR2 端口控制寄存器进行设置。所有的控制寄存器在初始化时会恢复默认值，用户根据使用需求对某些寄存器的参数重新进行设置，其中 DRCCR 寄存器需要最后一个设置，且需要把 DRCCR[30] 设置为 1 来触发数据训练操作，保证后续的读写操作顺利进行。

下面介绍的控制寄存器中，每个寄存器有 32 位，并给出了寄存器在初始化时的默认值，用户可以根据需求对寄存器重新设置。在设置过程中，即便只改变寄存器中的 1 位，其他位也要给出正确值。在设置时，标有"固定为 1"的位只能设置为 1，标有"固定为 0"的位只能设置为 0，标有"保留位"的位要设置为 0。DDR2 控制器只能通过芯片的外部管脚 RESET_N 进行复位，通过调试环境对 DDR2 控制器的软复位操作无效。

1. DDR2 控制器配置寄存器（DRCCR）

寄存器的各个位标示意义如下所述：

DRCCR [0]：固定为 0。

DRCCR [1]：固定为 0。

DRCCR [2]：主机端口使能信号（HOSTEN），1：使能主机端口，主机端口可以接收命令，执行 DDR2 传输操作；0：关闭主机端口，主机端口无法接收命令，不执行 DDR2 传输操作复位之后，主机端口为关闭状态，正常工作时要将该位设置为 1，使能主机端口。默认值：0。

DRCCR [3]：固定为 0。

DRCCR [4]：固定为 0。

DRCCR [12:5]：固定为 0，读操作时，除了第 9 位外都返回 0 值。

DRCCR [13]：固定为 0。

DRCCR [14]：选择 DQS 选通机制（DQSCFG）。0：有效加窗模式；1：无效加窗模式；默认值：0。

DRCCR [16:15]：固定为 00。

DRCCR [17]：DQS 偏移补偿使能信号(DFTCMP)，为 1 时使能此功能，DQS 偏移补偿功能只有在 DRCCR[14]为 0 时才能使用，默认值：1。

DRCCR [26:18]：固定为 0，读操作时返回 0 值。

DRCCR [27]：清空(FLUSH)，该位为 1 时，将关闭主机端口，清空控制器中所有的流水线，清空后重新使能主机端口，该位会自动清零，默认值：0。

DRCCR [28]：接口时序模块复位(ITMRST)，该位为 1 时将复位 ITM 模块，默认值：0。

DRCCR [29]：固定为 0。

DRCCR [30]：数据训练操作的触发信号(DTT)，为 1 时，控制器会自动执行数据训练过程，为 DQS 寻找最合适的相位，数据训练过程结束后才能进行正常的 DDR2 传输操作。其他寄存器设置完毕后，必须将该位设置为 1，触发数据训练操作。该信号会自动清零，默认值：0。

DRCCR [31]：初始化触发器(IT)，为 1 时会对 DDR2 SDRAM 进行初始化，该信号会自动清零，默认值：0。

DDR2 控制器配置寄存器的位域定义如图 2-85 所示。

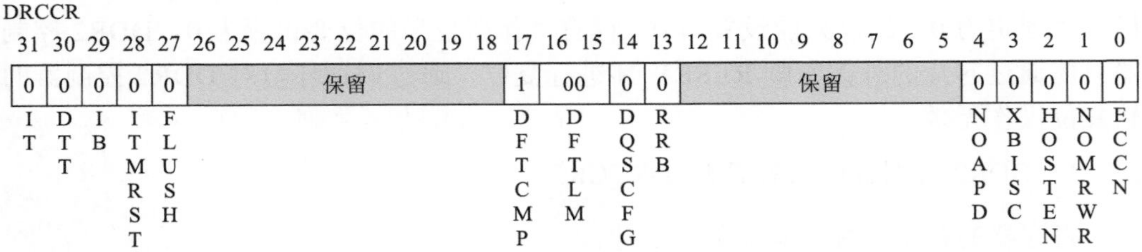

图 2-85　DDR2 控制器配置寄存器的位域定义

2. DDR2 SDRAM 配置寄存器(DRDCR)

DRDCR 配置使用 DDR2 SDRAM 颗粒的相关信息，并可以通过配置来执行预充电命令(precharge-all)和 SDRAM_NOP 等 DDR2 命令，寄存器的各个位标示意义如下所述。

DRDCR [0]：固定为 0。

DRDCR [2:1]：所用 DDR2 SDRAM 颗粒的数据位宽(DIO)：00=x4，01=x8，10=x16，11=保留，默认值：10。注：不建议使用 x4 的 DDR2 SDRAM。

DRDCR [5:3]：所用 DDR2 SDRAM 颗粒的容量(DSIZE)：000=256Mb，001=512Mb，010=1Gb，011=2Gb，100=4Gb，101=8Gb，110=保留，111=保留，默认值：010。

DRDCR [8:6]：SDRAM 输入/输出位宽(SIO)，固定为 111，控制器与 DDR2

SDRAM 存储系统连接的数据通道为 64 位。

DRDCR [9]：固定为 0。

DRDCR [11:10]：DDR2 SDRAM 存储系统包含的等级（rank）数量（RANKS），每个 rank 对应 64 位 DDR2 数据通道：00=1rank，01=2ranks，10=3ranks，11=4ranks，默认值：01。

DRDCR [12]：排序（RNKALL），该位为 1 时，通过配置端口发送的 DDR2 命令会对所有的 rank 都执行，否则，只在 DRDCR[26:25]定义的 rank 里执行。在执行 precharge-all、SDRAM_NOP 命令时要将该位设置为 1，默认值：0。

DRDCR [14:13]：固定为 00，主机端口的地址与 DDR2 地址的映射关系为 host address={rank，bank，row，column}。

DRDCR [17:15]：固定为 000。

DRDCR [18]：固定为 0。

DRDCR [24:19]：固定为 0x0，读时返回 0 值。

DRDCR [26:25]：执行排序（RANK），在[12]没有设置的情况下，选择对哪个 rank 执行[30:27]所定义的 DDR2 命令，默认值：00。

DRDCR [30:27]：执行命令（CMD），可通过配置端口执行的 DDR2 命令，这些命令只在[31]=1 时才执行。

0000=NOP，0101=Precharge All，1111=SDRAM NOP。

在配置过程中只需要使用 precharge-all、SDRAM_NOP 命令，其他配置值禁止使用，默认值：0000。

DRDCR [31]：执行（EXE），该位为 1 时将发送[30:27]定义的 DDR2 命令，命令发送后将自动清零，默认值：0。

DDR2 SDRAM 配置寄存器的位域定义如图 2-86 所示。

DRDCR

31	30 29 28 27	26 25	24 23 22 21 20 19	18	17 16 15	14 13	12	11 10	9	8 7 6	5 4 3	2 1	0
0	0000	00	保留	0	000	00	0	01	0	111	010	10	0
EXE	CMD	RANK		MPRDQ	PDQ	AMAP	RNKALL	RANKS	PIO	SIO	DSIZE	DIO	DRMD

图 2-86　DDR2 SDRAM 配置寄存器的位域定义

3. I/O 端口配置寄存器（DRIOCR）

DRIOCR [1:0]：SSTL I/O 的 ODT 使能信号。

ODT[0]控制 DQ 信号引脚，ODT[1]控制 DQS 信号引脚，0=关闭引脚的 ODT 功能；1=使能引脚的 ODT 功能；默认值：00。

DRIOCR [2]：SSTL 测试输出引脚的使能信号（TESTEN）：0=使能测试输出引脚 1=关闭测试输出引脚，默认值：0。

DRIOCR [14:3]：固定为 0。

DRIOCR [15]：固定为 0。

DRIOCR [17:16]：固定为 00。

DRIOCR [19:18]：固定为 00。

DRIOCR [21:20]：固定为 00。

DRIOCR [23:22]：固定为 00。

DRIOCR [25:24]：固定为 00。

DRIOCR [28:26]：RTT 输出保持时间（RTTOH），使用动态 RTT 控制后，RTT 在读操作之后仍保持 IOCR[1:0]所设置值的时间（1～8 时钟周期）。RTT 在读操作完成 1+RTTOH 个时钟周期后关闭，默认值：000。

DRIOCR [29]：RTTOE，表明读周期中，ODT 在读操作前多久设置为 IOCR[1:0] 的值；0=ODT 在读操作之前 2+max（RSLR）个周期就设置成 IOCR[1:0]的值；1=ODT 在读操作之前 2+max（RSLR）+CL+AL 个周期就设置成 IOCR[1:0]的值，默认值：0。

DRIOCR [30]：DQ 信号 RTT 的动态控制（DQRTT）：若置 1，则在读过程中 DQ 信号的 ODT 动态地设置为 IOCR[0]的值，在其他时钟周期则设置为 0。如果该位置 0，则 DQ 信号的 ODT 始终设置为 IOCR[0]的值，默认值：0。

DRIOCR [31]：DQS 信号 RTT 的动态控制（DQSRTT）：若置 1，则在读过程中 DQS 信号的 ODT 动态地设置为 IOCR[1]的值，在其他时钟周期则设置为 0。如果该位为 0，则 DQS 信号的 ODT 始终设置为 IOCR[1]的值，默认值：0。

I/O 端口配置寄存器的位域定义如图 2-87 所示。

DRIOCR

31	30	29	28 27 26	25 24	23 22	21 20	19 18	17 16	15	14 13 12 11 10 9 8 7 6 5 4 3	2	1 0
0	0	0	000	保留	00	00	00	00	0	保留	0	00
DQSRTT	DQRTT	RTTOE	RTTOH		AUTODATAIDDQ	AUTODATAOE	AUTOCMDIDDQ	AUTOCMDOE	CFGLPOEDIR		TESTEN	ODT

图 2-87　I/O 端口配置寄存器的位域定义

4. 控制器状态寄存器（DRCSR）

该控制器为只读寄存器，用户不可设置。

DRCSR [17:0]：DQS 偏移标志（DRIFT）：报告读操作时数据通道中 DQS 信号的偏移情况，每 2 位报告 1 个数据字节的偏移情况。例如，DRIFT[1:0]报告 DQ[7:0]对应的 DQS 偏移，DRIFT[3:2]报告 DQ[15:8]对应的 DQS 偏移等，DRIFT[17:16]保留不用。00＝无偏移；01＝90°；10＝180°偏移；11≥270°偏移，默认值：00。

DRCSR [18]：默认值：0。

DRCSR [19]：默认值：0。

DRCSR [20]：数据训练错误（DTERR）：如果为 1，则表明数据训练过程失败，无法为 DQS 找到 1 个合适的相位，默认值：0。

DRCSR [21]：数据训练间歇错误（DTIERR）：如果为 1，表明在数据训练过程中有间歇错误，例如，一个通过（pass）后是失败（fail），接着又是一个 pass，默认值：0。

DRCSR [22]：默认值为 0。

DRCSR [31:23]：保留，读时返回 0 值。

控制器状态寄存器的位域定义如图 2-88 所示。

DRCSR

31 30 29 28 27 26 25 24 23	22	21	20	19	18	17 16 15 14 13 12 11 10 9 8 7 6 5 4 3 2 1 0
保留	0	0	0	0	0	00
	E C I S E C	D T T E R R	D T I E R R	E C E E R R	D F C T E R R	D R I F T

图 2-88　控制器状态寄存器的位域定义

5. DDR2 刷新控制寄存器（DRDRR）

DRDRR 用来设置控制器如何自动对 DDR2 SDRAM 执行刷新命令。寄存器的各个位标示意义如下所述。

DRDRR [7:0]：t_{RFC}，行刷新周期时间，用时钟周期数来表示。该值与 DDR2 SDRAM 的 t_{RFC}(min) 参数有关，t_{RFC} 的计算如下：$t_{RFC}=t_{RFC}$(DDR2)$/t_{clock}$，t_{clock} 为时钟周期。默认值是在 400MHz 时钟下使用 JEDEC 定义的最大 t_{RFC}(min) 得到的。默认值：131。

DRDRR [23:8]：t_{RFPRD}，DDR2 控制器必须发送刷新命令的最大时间间隔，用时钟周期数来表示。该值与 DDR2 SDRAM 颗粒的 t_{REFI} 参数和 RFBURST 有关，RFBURST 由 DRDRR[27:24]配置，得到的数值还要再减去 200 个周期，保证等待 DDR2 控制器内部不可打断的操作执行完毕后再发送刷新命令。默认值适用于

400MHz 1Gb×16 的 DDR2 SDRAM。

$$t_{\mathrm{RFPRD}} \text{ 计算如下：} \quad t_{\mathrm{RFPRD}} = \frac{t_{\mathrm{REFI}}}{t_{\mathrm{clock}}} \times (\mathrm{RFBURST} + 1) - 200$$

默认值：27800。

DRDRR [27:24]：连续刷新（RFBURST），DDR2 控制器在执行刷新操作时连续发送的刷新命令数目（RFBURST+1）。默认情况下，DDR2 控制器利用 JEDEC DDR2 SDRAM 所允许的最大刷新延迟个数的优势，选择一次发送 9 个刷新命令。用户设置比 8 大的数值时，要确保所用的 DDR2 SDRAM 支持这种刷新延迟，默认值：8。

DRDRR [30:28]：保留位，在读的时候返回 0 值。

DRDRR [31]：固定为 0。

DDR2 刷新控制寄存器的位域定义如图 2-89 所示。

DRDRR

31	30 29 28	27 26 25 24	23 22 21 20 19 18 17 16 15 14 13 12 11 10 9 8	7 6 5 4 3 2 1 0
0	保留	8	27800	131
RD		RFBURST	t_{RFPRD}	t_{RFC}

图 2-89　DDR2 刷新控制寄存器的位域定义

6. 时序参数寄存器 0（DRTPR0）

寄存器的各个位标示意义如下所述。

DRTPR0 [1:0]：t_{MRD}，模式寄存器延迟时间（以下各参数设置值都以时钟周期为单位），有效范围 2～3，默认值：2。

DRTPR0 [4:2]：t_{RTP}，读命令到预充电（precharge）命令的延迟，有效范围 2～6，默认值：3。

DRTPR0 [7:5]：t_{WTR}，写命令到读命令之间的延迟，有效范围 1～6，默认值：3。

DRTPR0 [11:8]：t_{RP}，precharge 命令周期：precharge 命令与其他命令之间最小的时间间隔，有效范围 2～11，默认值：6。

DRTPR0 [15:12]：t_{RCD}，读、写命令有效的时序延迟，有效值 2～11，默认值：6。

DRTPR0 [20:16]：t_{RAS}，预充电命令用效的时间延迟，有效范围 2～31，默认值：18。

DRTPR0 [24:21]：t_{RRD}，同一区域的不同组中两行命令有效的时间延迟，有效值 1～8，默认值：4。

DRTPR0 [30:25]：t_{RC}，行周期，有效值 2～42，默认值：24。

DRTPR0 [31]：t_{CCD}，读到读、写到写命令有效的时间延迟，有效值：0=BL/2，1=BL/2+1，BL=4，默认值：0。

时序参数寄存器 0 的位域定义如图 2-90 所示。

DRTPR0

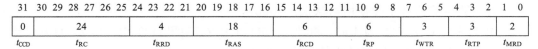

图 2-90　时序参数寄存器 0 的位域定义

7. 时序参数寄存器 1（DRTPR1）

DRTPR1 [1:0]：t_{AOND}/t_{AOFD}，ODT 功能开启/关断延迟，延迟以时钟周期为单位，有效值为

$$00=2/2.5$$
$$01=3/3.5$$
$$10=4/4.5$$
$$11=5/5.5$$

大部分的 DDR2 SDRAM 颗粒都使用 2/2.5 这个值，默认值：00。

DRTPR1 [2]：t_{RTW}，读命令到写命令间的最短延迟，0=标准总线延迟；1=标准总线延迟+1 周期，默认值：0。

DRTPR1 [8:3]：t_{FAW}，模式寄存器设置等待周期，在 t_{FAW} 时间内发送的 bank 激活命令不能超过 4 个，该参数只对有 8 个 bank 的 DDR2 SDRAM 颗粒有效，有效值为 2～31，默认值：18。

DRTPR1 [10:9]：固定为 00。

DRTPR1 [11]：固定为 0。

DRTPR1 [13:12]：t_{RNKRTR}，不同 rank 之间读命令的最短时序间隔，00=1，01=2，10=3，11=保留，默认值：01。

DRTPR1 [15:14]：t_{RNKWTW}，不同 rank 之间写命令的最短时序间隔，00=0，01=1，10=2，11=保留，默认值：00。

DRTPR1 [22:16]：固定为 0x0。

DRTPR1 [26:23]：扩展 CAS 延迟（XCL），从读命令执行到有效数据出现之间的延迟，当 DREMR0 中 CL 的最大值不能满足要求时，须通过配置 XCL 来满足所用的 DDR2 SDRAM 颗粒：

$$0010=2，0011=3，0100=4，0101=5，0110=6$$
$$0111=7，1000=8，1001=9，1010=10，1011=11$$

其他数值保留且不能使用默认值：0000。

DRTPR1 [30:27]：扩展写恢复时间（XWR），以时钟周期为单位，当 DREMR0 中 WR 的最大值不能满足要求时，须通过配置 XWR 来满足所用的 DDR2 SDRAM 颗粒：

001=2，0010=3，0011=4，0100=5，0101=6

0110=7，0111=8，1000=9，1001=10，1010=11，1011=12

其他数值保留且不能使用默认值：0000。

DRTPR1 [31]：XTP 为 1 时，将使用 DRTPR1[26:23]和 DRTPR1[30:27]的值代替 DREMR0[6:4]和 DREMR0[11:9]的值，默认值：0。

时序参数寄存器 1 的位域定义如图 2-91 所示。

DRTPR1

31	30 29 28 27	26 25 24 23	22 21 20 19 18 17 16	15 14	13 12	11	10 9	8 7 6 5 4 3	2	1 0
0	0000	0000	保留	00	01	0	00	18	0	00
X T P	X W R	X C L		t_{RNKWTW}	t_{RNKRTR}	t_{RTODT}	t_{MOD}	t_{FAW}	t_{RTW}	t_{AOND}/t_{AOFD}

图 2-91　时序参数寄存器 1 的位域定义

8. 时序参数寄存器 2（DRTPR2）

DRTPR2 [9:0]：t_{XS}，自刷新退出延迟，有效范围 2～1023，默认值：200。

DRTPR2 [14:10]：t_{XP}，断电退出延迟，有效范围 2～31，默认值：8。

DRTPR2 [18:15]：t_{CKE}，CKE 最小脉冲宽度，同时也是 DDR2 SDRAM 维持在 power down 和 self refresh 模式下的最短时间，有效范围：2～15，默认值：3。

DRTPR2 [31:19]：固定为 0。

时序参数寄存器 2 的位域定义如图 2-92 所示。

31 30 29 28 27 26 25 24 23 22 21 20 19	18 17 16 15	14 13 12 11 10	9 8 7 6 5 4 3 2 1 0
保留(0)	3	01000	200
	t_{CKE}	t_{XP}	t_{XS}

图 2-92　时序参数寄存器 2 的位域定义

9. DLL 全局控制寄存器（DRDLLGCR）

DRDLLGCR [1:0]：固定为 00。

DRDLLGCR [4:2]：内部电路控制位（IPUMP），必须设置为 "000"，否则会出现不可预料的结果，默认值：000。

DRDLLGCR [5]：测试使能信号（TESTEN）：使能数字和模拟测试输出，通过 DTC 和 ATC 来选择，默认值：0。

DRDLLGCR [8:6]：数字测试控制（DTC）：在 TESTEN=1 时选择输出到数字测试输出管脚（test-out-d[1]）的数字信号。

当 TESTSW = 0 时，主 DLL 的有效设置值如下：

000 = clk_0；001 =clk_90；010 = clk_180；011 = clk_270；100 = clk_360_int；101 =加速脉冲（spdup）；110 =减速脉冲（slwdn）；111 =cclk_0。

当 TESTSW =1 时，从 DLL 的有效设置值如下：

000 = dqs；001 = clk_90_in；010 = clk_0_out；011 = dqsb_90；100 = dqs_90；101 =加速脉冲（spdup）；110 =减速脉冲（slwdn）；111 =自动锁定使能信号，默认值：000。

DRDLLGCR [10:9]：模拟测试控制（ATC）：在 TESTEN=1 时选择输出到模拟测试输出引脚（test-out-a）的模拟信号，测试输出是来自主 DLL 还是来自从 DLL 由测试选择信号 TESTSW 决定，有效设置为 00 =滤波输出（Vc）；11 = Vdd；01 =N 型金属氧化物半导体复制偏压输出（Vbn）；10 =P 型金属氧化物半导体复制偏压输出（Vbp），默认值：00。

DRDLLGCR[11]：测试选择信号（TESTSW），选择测试信号来自主 DLL（0）还是从 DLL（1），默认值：0。

DRDLLGCR[19:12]：MBIAS，内部电路控制位，必须设置为"0x37"，否则会出现不可预料的结果，默认值："0x37"。

DRDLLGCR[27:20]：SBIAS，内部电路控制位，必须设置为"0x37"，否则会出现不可预料的结果，默认值："0x37"。

DRDLLGCR[28:27]：保留，读时返回 0 值。

DRDLLGCR[29]：DLL 相位锁定探测模块使能信号（LOCKDET）。默认值：0。

DRDLLGCR [31:30]：保留，读时返回 0 值。

DLL 全局控制寄存器的位域定义如图 2-93 所示。

DRDLLGCR

31 30	29	28	27 26 25 24 23 22 21 20	19 18 17 16 15 14 13 12	11	10 9	8 7 6	5	4 3 2	1 0
保留	0	保留	0x37	0x37	0	00	000	0	000	00
	L O C K D E T		S B I A S	M B I A S	T E S T S W	A T C	D T C	T E S T E N	I P U M P	

图 2-93　DLL 全局控制寄存器的位域定义

10. DLL 控制寄存器 0（DRDLLCR0）

DRDLLCR0 [2:0]：SFBDLY，内部电路控制位，必须设置为"000"，否则会出现不可预料的结果，默认值：000。

DRDLLCR0 [5:3]：SFWDLY，内部电路控制位，必须设置为"000"，否则会出现不可预料的结果，默认值：000。

DRDLLCR0 [8:6]：MFBDLY，内部电路控制位，必须设置为"000"，否则会出现不可预料的结果，默认值：000。

DRDLLCR0 [11:9]：MFWDLY，内部电路控制位，必须设置为"000"，否则会出现不可预料的结果，默认值：000。

DRDLLCR0 [13:12]：SSTART，内部电路控制位，必须设置为"00"，否则会出现不可预料的结果，默认值：00。

DRDLLCR0 [17:14]：从 DLL 相位修正（PHASE）：选择从 DLL 的输入时钟和相应的输出时钟相位差：

$$0000 = 90° \quad 0001 = 72° \quad 0010 = 54° \quad 0011 = 36°$$
$$0100 = 108° \quad 0101 = 90° \quad 0110 = 72° \quad 0111 = 54°$$
$$1000 = 126° \quad 1001 = 108° \quad 1010 = 90° \quad 1011 = 72°$$
$$1100 = 144° \quad 1101 = 126° \quad 1110 = 108° \quad 1111 = 90°$$

默认值：0000

DRDLLCR0 [18]：模拟测试使能（ATESTEN）：使模拟测试信号输出在模拟测试输出端口 test-out-a，如果该位为 0，则模拟测试端口呈高阻态，默认值：0。

DRDLLCR0 [19]：DLL 保留位（DRSVD）：接 DLL 控制总线保留到以后用，默认值：0。

DRDLLCR0[30:20]：固定为 0x0。

DRDLLCR0 [31]：旁路 DLL（DD），该位为 0 时使能 DLL，默认值：0。

DLL 控制寄存器 0 的位域定义如图 2-94 所示。

DRDLLCR0

31	30 29 28 27 26 25 24 23 22 21 20	19	18	17 16 15 14	13 12	11 10 9	8 7 6	5 4 3	2 1 0
0	保留	0	0	0000	00	000	000	000	000
DDD		DRSVD	ATESTEN	PHASE	SSTART	MFWDLY	MFBDLY	SFWDLY	SFBDLY

图 2-94　DLL 控制寄存器 0 的位域定义

11. DLL 控制寄存器 1（DRDLLCR1）

DRDLLCR1[2:0]：SFBDLY，内部电路控制位，必须设置为"000"，否则会出现不可预料的结果，默认值：000。

DRDLLCR1[5:3]：SFWDLY，内部电路控制位，必须设置为"000"，否则会出现不可预料的结果，默认值：000。

DRDLLCR1[8:6]：MFBDLY，内部电路控制位，必须设置为"000"，否则会出现不可预料的结果，默认值：000。

DRDLLCR1[11:9]：MFWDLY，内部电路控制位，必须设置为"000"，否则会出现不可预料的结果，默认值：000。

DRDLLCR1[13:12]：SSTART，内部电路控制位，必须设置为"00"，否则会出现不可预料的结果，默认值：00。

DRDLLCR1[17:14]：从 DLL 相位修正(PHASE)：选择从 DLL 的输入时钟和相应的输出时钟相位差：

$$0000 = 90° \quad 0001 = 72° \quad 0010 = 54° \quad 0011 = 36°$$
$$0100 = 108° \quad 0101 = 90° \quad 0110 = 72° \quad 0111 = 54°$$
$$1000 = 126° \quad 1001 = 108° \quad 1010 = 90° \quad 1011 = 72°$$
$$1100 = 144° \quad 1101 = 126° \quad 1110 = 108° \quad 1111 = 90°$$

默认值：0000

DRDLLCR1[18]：模拟测试使能(ATESTEN)：使模拟测试信号输出在模拟测试输出端口 test-out-a，如果该位为 0，则模拟测试端口呈高阻态，默认值：0。

DRDLLCR1[19]：DLL 保留位(DRSVD)：接 DLL 控制总线保留到以后用，默认值：0。

DRDLLCR1[30:20]：固定为 0x0，保留位，读操作时返回 0x0。

DRDLLCR1[31]：旁路 DLL(DD)，该位为 0 时使能 DLL，默认值：0。

DLL 控制寄存器 1 的位域定义如图 2-95 所示。

DRDLLCR1

31	30 29 28 27 26 25 24 23 22 21 20	19	18	17 16 15 14	13 12	11 10 9	8 7 6	5 4 3	2 1 0
0	保留	0	0	0000	00	000	000	000	000
D D		D R S V D	A T E S T E N	P H A S E	S S T A R T	M F W D L Y	M F B D L Y	S F W D L Y	S F B D L Y

图 2-95　DLL 控制寄存器 1 的位域定义

12. DLL 控制寄存器 2(DRDLLCR2)

DRDLLCR2 [2:0]：SFBDLY，内部电路控制位，必须设置为"000"，否则会出现不可预料的结果，默认值：000。

DRDLLCR2 [5:3]：SFWDLY，内部电路控制位，必须设置为"000"，否则会出现不可预料的结果，默认值：000。

DRDLLCR2 [8:6]：MFBDLY，内部电路控制位，必须设置为"000"，否则会出现不可预料的结果，默认值：000。

DRDLLCR2 [11:9]：MFWDLY，内部电路控制位，必须设置为"000"，否则会出现不可预料的结果，默认值：000。

DRDLLCR2 [13:12]：SSTART，内部电路控制位，必须设置为"00"，否则会出现不可预料的结果，默认值：00。

DRDLLCR2 [17:14]：从 DLL 相位修正（PHASE）：选择从 DLL 的输入时钟和相应的输出时钟相位差：

$$0000 = 90° \quad 0001 = 72° \quad 0010 = 54° \quad 0011 = 36°$$
$$0100 = 108° \quad 0101 = 90° \quad 0110 = 72° \quad 0111 = 54°$$
$$1000 = 126° \quad 1001 = 108° \quad 1010 = 90° \quad 1011 = 72°$$
$$1100 = 144° \quad 1101 = 126° \quad 1110 = 108° \quad 1111 = 90°$$

默认值：0000

DRDLLCR2 [18]：模拟测试使能（ATESTEN）：使模拟测试信号输出在模拟测试输出端口 test-out-a，如果该位为 0，则模拟测试端口呈高阻态，默认值：0。

DRDLLCR2 [19]：DLL 保留位（DRSVD）：接 DLL 控制总线保留到以后用，默认值：0。

DRDLLCR2 [30:20]：固定为 0x0，保留位，读操作时返回 0x0。

DRDLLCR2 [31]：旁路 DLL（DD），该位为 0 时使能 DLL，默认值：0。

DLL 控制寄存器 2 的位域定义如图 2-96 所示。

DRDLLCR2

31	30 29 28 27 26 25 24 23 22 21 20	19	18	17 16 15 14	13 12	11 10 9	8 7 6	5 4 3	2 1 0
0	保留	0	0	0000	00	000	000	000	000
D D		D R S V D	A T E S T E N	P H A S E	S S T A R T	M F W D L Y	M F B D L Y	S F W D L Y	S F B D L Y

图 2-96　DLL 控制寄存器 2 的位域定义

13. DLL 控制寄存器 3（DRDLLCR3）

DRDLLCR3 [2:0]：SFBDLY，内部电路控制位，必须设置为"000"，否则会出现不可预料的结果，默认值：000。

DRDLLCR3 [5:3]：SFWDLY，内部电路控制位，必须设置为"000"，否则会出现不可预料的结果，默认值：000。

DRDLLCR3 [8:6]：MFBDLY，内部电路控制位，必须设置为"000"，否则会出现不可预料的结果，默认值：000。

DRDLLCR3 [11:9]：MFWDLY，内部电路控制位，必须设置为"000"，否则会出现不可预料的结果，默认值：000。

DRDLLCR3 [13:12]：SSTART，内部电路控制位，必须设置为"00"，否则会出现不可预料的结果，默认值：00。

DRDLLCR3 [17:14]：从 DLL 相位修正（PHASE）：选择从 DLL 的输入时钟和相应的输出时钟相位差：

$$0000 = 90° \quad 0001 = 72° \quad 0010 = 54° \quad 0011 = 36°$$
$$0100 = 108° \quad 0101 = 90° \quad 0110 = 72° \quad 0111 = 54°$$
$$1000 = 126° \quad 1001 = 108° \quad 1010 = 90° \quad 1011 = 72°$$
$$1100 = 144° \quad 1101 = 126° \quad 1110 = 108° \quad 1111 = 90°$$

默认值：0000

DRDLLCR3 [18]：模拟测试使能（ATESTEN）：使模拟测试信号输出在模拟测试输出端口 test-out-a，如果该位为 0，则模拟测试端口呈高阻态，默认值：0。

DRDLLCR3 [19]：DLL 保留位（DRSVD）：接 DLL 控制总线保留到以后用，默认值：0。

DRDLLCR3 [30:20]：固定为 0x0，保留位，读操作时返回 0x0。

DRDLLCR3 [31]：旁路 DLL（DD），该位为 0 时使能 DLL，默认值：0。

DLL 控制寄存器 3 的位域定义如图 2-97 所示。

DRDLLCR3

31	30	29	28	27	26	25	24	23	22	21	20	19	18	17 16 15 14	13 12	11 10 9	8 7 6	5 4 3	2 1 0
0	保留											0	0	0000	00	000	000	000	000
D D												D R S V D	A T E S T E N	P H A S E	S S T A R T	M F W D L Y	M F B D L Y	S F W D L Y	S F B D L Y

图 2-97　DLL 控制寄存器 3 的位域定义

14. DLL 控制寄存器 4（DRDLLCR4）

DRDLLCR4 [2:0]：SFBDLY，内部电路控制位，必须设置为"000"，否则会出现不可预料的结果，默认值：000。

DRDLLCR4 [5:3]：SFWDLY，内部电路控制位，必须设置为"000"，否则会出现不可预料的结果，默认值：000。

DRDLLCR4 [8:6]：MFBDLY，内部电路控制位，必须设置为"000"，否则会出现不可预料的结果，默认值：000。

DRDLLCR4 [11:9]：MFWDLY，内部电路控制位，必须设置为"000"，否则会出现不可预料的结果，默认值：000。

DRDLLCR4 [13:12]：SSTART，内部电路控制位，必须设置为"00"，否则会出现不可预料的结果，默认值：00。

DRDLLCR4 [17:14]：从 DLL 相位修正（PHASE）：选择从 DLL 的输入时钟和相应的输出时钟相位差：

$$0000 = 90° \quad 0001 = 72° \quad 0010 = 54° \quad 0011 = 36°$$
$$0100 = 108° \quad 0101 = 90° \quad 0110 = 72° \quad 0111 = 54°$$
$$1000 = 126° \quad 1001 = 108° \quad 1010 = 90° \quad 1011 = 72°$$
$$1100 = 144° \quad 1101 = 126° \quad 1110 = 108° \quad 1111 = 90°$$

默认值：0000

DRDLLCR4[18]：模拟测试使能（ATESTEN）：使模拟测试信号输出在模拟测试输出端口 test-out-a，如果该位为 0，则模拟测试端口呈高阻态，默认值：0。

DRDLLCR4[19]：DLL 保留位（DRSVD）：接 DLL 控制总线保留到以后用，默认值：0。

DRDLLCR4[30:20]：固定为 0x0，保留位，读操作时返回 0x0。

DRDLLCR4[31]：旁路 DLL（DD），该位为 0 时使能 DLL，默认值：0；

DLL 控制寄存器 4 的位域定义如图 2-98 所示。

DRDLLCR4

31	30 29 28 27 26 25 24 23 22 21 20	19	18	17 16 15 14	13 12	11 10 9	8 7 6	5 4 3	2 1 0
0	保留	0	0	0000	00	000	000	000	000
DD		DRSVD	ATESTEN	PHASE	SSTART	MFWDLY	MFBDLY	SFWDLY	SFBDLY

图 2-98　DLL 控制寄存器 4 的位域定义

15. DLL 控制寄存器 5（DRDLLCR5）

DRDLLCR5[2:0]：SFBDLY，内部电路控制位，必须设置为"000"，否则会出现不可预料的结果，默认值：000。

DRDLLCR5[5:3]：SFWDLY，内部电路控制位，必须设置为"000"，否则会出现不可预料的结果，默认值：000。

DRDLLCR5[8:6]：MFBDLY，内部电路控制位，必须设置为"000"，否则会出现不可预料的结果，默认值：000。

DRDLLCR5[11:9]：MFWDLY，内部电路控制位，必须设置为"000"，否则会出现不可预料的结果，默认值：000。

DRDLLCR5[13:12]：SSTART，内部电路控制位，必须设置为"00"，否则会出现不可预料的结果，默认值：00。

DRDLLCR5[17:14]：从 DLL 相位修正（PHASE）：选择从 DLL 的输入时钟和相应的输出时钟相位差：

$$0000 = 90° \quad 0001 = 72° \quad 0010 = 54° \quad 0011 = 36°$$
$$0100 = 108° \quad 0101 = 90° \quad 0110 = 72° \quad 0111 = 54°$$
$$1000 = 126° \quad 1001 = 108° \quad 1010 = 90° \quad 1011 = 72°$$
$$1100 = 144° \quad 1101 = 126° \quad 1110 = 108° \quad 1111 = 90°$$

默认值：0000

DRDLLCR5[18]：模拟测试使能（ATESTEN）：使模拟测试信号输出在模拟测试输出端口 test-out-a，如果该位为 0，则模拟测试端口呈高阻态，默认值：0。

DRDLLCR5[19]：DLL 保留位（DRSVD）：接 DLL 控制总线保留到以后用，默认值：0。

DRDLLCR5[30:20]：固定为 0x0，保留位，读操作时返回 0x0。

DRDLLCR5 [31]：旁路 DLL（DD），该位为 0 时使能 DLL，默认值：0。

DLL 控制寄存器 5 的位域定义如图 2-99 所示。

DRDLLCR5

31	30 29 28 27 26 25 24 23 22 21 20	19	18	17 16 15 14	13 12	11 10 9	8 7 6	5 4 3	2 1 0
0	保留	0	0	0000	00	000	000	000	000
DD		DYSVD	ATESTEN	PHASE	SSTART	MFWDLY	MFBDLY	SFWDLY	SFBDLY

图 2-99　DLL 控制寄存器 5 的位域定义

16. DLL 控制寄存器 6（DRDLLCR6）

DRDLLCR6[2:0]：SFBDLY，内部电路控制位，必须设置为"000"，否则会出现不可预料的结果，默认值：000。

DRDLLCR6[5:3]：SFWDLY，内部电路控制位，必须设置为"000"，否则会出现不可预料的结果，默认值：000。

DRDLLCR6[8:6]：MFBDLY，内部电路控制位，必须设置为"000"，否则会出现不可预料的结果，默认值：000。

DRDLLCR6[11:9]：MFWDLY，内部电路控制位，必须设置为"000"，否则会出现不可预料的结果，默认值：000。

DRDLLCR6[13:12]：SSTART，内部电路控制位，必须设置为"00"，否则会出现不可预料的结果，默认值：00。

DRDLLCR6[17:14]：从 DLL 相位修正（PHASE）：选择从 DLL 的输入时钟和相应的输出时钟相位差：

$$0000 = 90° \quad 0001 = 72° \quad 0010 = 54° \quad 0011 = 36°$$
$$0100 = 108° \quad 0101 = 90° \quad 0110 = 72° \quad 0111 = 54°$$
$$1000 = 126° \quad 1001 = 108° \quad 1010 = 90° \quad 1011 = 72°$$
$$1100 = 144° \quad 1101 = 126° \quad 1110 = 108° \quad 1111 = 90°$$

默认值：0000

DRDLLCR6[18]：模拟测试使能（ATESTEN）：使模拟测试信号输出在模拟测试输出端口 test-out-a，如果该位为 0，则模拟测试端口呈高阻态，默认值：0。

DRDLLCR6[19]：DLL 保留位（DRSVD）：接 DLL 控制总线保留到以后用，默认值：0。

DRDLLCR6[30:20]：固定为 0x0，保留位，读操作时返回 0x0。

DRDLLCR6 [31]：旁路 DLL（DD），该位为 0 时使能 DLL，默认值：0。

DLL 控制寄存器 6 的位域定义如图 2-100 所示。

31	30 29 28 27 26 25 24 23 22 21 20	19	18	17 16 15 14	13 12	11 10 9	8 7 6	5 4 3	2 1 0
0	保留	0	0	0000	00	000	000	000	000
D D		D R S V D	A T E S T E N	P H A S E	S S T A R T	M F W D L Y	M F B D L Y	S F W D L Y	S F B D L Y

图 2-100　DLL 控制寄存器 6 的位域定义

17. DLL 控制寄存器 7（DRDLLCR7）

DRDLLCR7[2:0]：SFBDLY，内部电路控制位，必须设置为"000"，否则会出现不可预料的结果，默认值：000。

DRDLLCR7[5:3]：SFWDLY，内部电路控制位，必须设置为"000"，否则会出现不可预料的结果，默认值：000。

DRDLLCR7[8:6]：MFBDLY，内部电路控制位，必须设置为"000"，否则会出现不可预料的结果，默认值：000。

DRDLLCR7[11:9]：MFWDLY，内部电路控制位，必须设置为"000"，否则会出现不可预料的结果，默认值：000。

DRDLLCR7[13:12]：SSTART，内部电路控制位，必须设置为"00"，否则会出现不可预料的结果，默认值：00。

DRDLLCR7[17:14]：从 DLL 相位修正（PHASE）：选择从 DLL 的输入时钟和相应的输出时钟相位差：

$$0000 = 90° \quad 0001 = 72° \quad 0010 = 54° \quad 0011 = 36°$$
$$0100 = 108° \quad 0101 = 90° \quad 0110 = 72° \quad 0111 = 54°$$
$$1000 = 126° \quad 1001 = 108° \quad 1010 = 90° \quad 1011 = 72°$$
$$1100 = 144° \quad 1101 = 126° \quad 1110 = 108° \quad 1111 = 90°$$

默认值：0000

DRDLLCR7[18]：模拟测试使能（ATESTEN）：使模拟测试信号输出在模拟测试输出端口 test-out-a，如果该位为 0，则模拟测试端口呈高阻态，默认值：0。

DRDLLCR7[19]：DLL 保留位（DRSVD）：接 DLL 控制总线保留到以后用，默认值：0。

DRDLLCR7[30:20]：固定为 0x0，保留位，读操作时返回 0x0。

DRDLLCR7 [31]：旁路 DLL（DD），该位为 0 时使能 DLL，默认值：0。

DLL 控制寄存器 7 的位域定义如图 2-101 所示。

DRDLLCR7

31	30 29 28 27 26 25 24 23 22 21 20	19	18	17 16 15 14	13 12	11 10 9	8 7 6	5 4 3	2 1 0
0	保留	0	0	0000	00	000	000	000	000
D D		D R S V D	A T E S T E N	P H A S E	S S T A R T	M F W D L Y	M F B D L Y	S F W D L Y	S F B D L Y

图 2-101　DLL 控制寄存器 7 的位域定义

18. DLL 控制寄存器 8（DRDLLCR8）

DRDLLCR8[2:0]：SFBDLY，内部电路控制位，必须设置为"000"，否则会出现不可预料的结果，默认值：000。

DRDLLCR8[5:3]：SFWDLY，内部电路控制位，必须设置为"000"，否则会出现不可预料的结果，默认值：000。

DRDLLCR8[8:6]：MFBDLY，内部电路控制位，必须设置为"000"，否则会出现不可预料的结果，默认值：000。

DRDLLCR8[11:9]：MFWDLY，内部电路控制位，必须设置为"000"，否则会出现不可预料的结果，默认值：000。

DRDLLCR8[13:12]：SSTART，内部电路控制位，必须设置为"00"，否则会出现不可预料的结果，默认值：00。

DRDLLCR8[17:14]：从 DLL 相位修正（PHASE）：选择从 DLL 的输入时钟和相应的输出时钟相位差：

$0000 = 90°$	$0001 = 72°$	$0010 = 54°$	$0011 = 36°$
$0100 = 108°$	$0101 = 90°$	$0110 = 72°$	$0111 = 54°$
$1000 = 126°$	$1001 = 108°$	$1010 = 90°$	$1011 = 72°$
$1100 = 144°$	$1101 = 126°$	$1110 = 108°$	$1111 = 90°$

默认值：0000

DRDLLCR8[18]：模拟测试使能（ATESTEN）：使模拟测试信号输出在模拟测试输出端口 test-out-a，如果该位为 0，则模拟测试端口呈高阻态，默认值：0。

DRDLLCR8[19]：DLL 保留位（DRSVD）：接 DLL 控制总线保留到以后用，默认值：0。

DRDLLCR8[30:20]：固定为 0x0，保留位，读操作时返回 0x0。

DRDLLCR8 [31]：旁路 DLL（DD），该位为 0 时使能 DLL，默认值：0。

DLL 控制寄存器 8 的位域定义如图 2-102 所示。

DRDLLCR8

31	30 29 28 27 26 25 24 23 22 21 20	19	18	17 16 15 14	13 12	11 10 9	8 7 6	5 4 3	2 1 0
0	保留	0	0	0000	00	000	000	000	000
DD		DRSVD	ATESTEN	PHASE	SSTART	MFWDLY	MFBDLY	SFWDLY	SFBDLY

图 2-102　DLL 控制寄存器 8 的位域定义

19. DLL 控制寄存器 9（DRDLLCR9）

DRDLLCR9[2:0]：SFBDLY，内部电路控制位，必须设置为"000"，否则会出现不可预料的结果，默认值：000。

DRDLLCR9[5:3]：SFWDLY，内部电路控制位，必须设置为"000"，否则会出现不可预料的结果，默认值：000。

DRDLLCR9 [8:6]：MFBDLY，内部电路控制位，必须设置为 "000"，否则会出现不可预料的结果，默认值：000。

DRDLLCR9 [11:9]：MFWDLY，内部电路控制位，必须设置为 "000"，否则会出现不可预料的结果，默认值：000。

DRDLLCR9 [13:12]：SSTART，内部电路控制位，必须设置为 "00"，否则会出现不可预料的结果，默认值：00。

DRDLLCR9[17:14]：从 DLL 相位修正（PHASE）：选择从 DLL 的输入时钟和相应的输出时钟相位差：

0000 = 90°	0001 = 72°	0010 = 54°	0011 = 36°
0100 = 108°	0101 = 90°	0110 = 72°	0111 = 54°
1000 = 126°	1001 = 108°	1010 = 90°	1011 = 72°
1100 = 144°	1101 = 126°	1110 = 108°	1111 = 90°

默认值：0000

DRDLLCR9[18]：模拟测试使能（ATESTEN）：使模拟测试信号输出在模拟测试输出端口 test-out-a，如果该位为 0，则模拟测试端口呈高阻态，默认值：0。

DRDLLCR9[19]：DLL 保留位（DRSVD）：接 DLL 控制总线保留到以后用，默认值：0，

DRDLLCR9[30:20]：保留位，固定为 0x0，读操作时返回 0x0。

DRDLLCR9 [31]：旁路 DLL（DD），该位为 0 时使能 DLL，默认值：0。

DLL 控制寄存器 9 的位域定义如图 2-103 所示。

DRDLLCR9

31 30 29 28 27 26 25 24 23 22 21 20	19	18	17 16 15 14	13 12	11 10 9	8 7 6	5 4 3	2 1 0
0　　　　保留	0	0	0000	00	000	000	000	000
DD	DRSVD	ATESTEN	PHASE	SSTART	MFWDLY	MFBDLY	SFWDLY	SFBDLY

图 2-103　DLL 控制寄存器 9 的位域定义

20. Rank 系统延迟寄存器 0（DRRSLR0）

Rank0 的系统延迟控制，为了匹配 PCB 板的延迟和其他的系统延迟，在读回的数据上最多可增加 5 个时钟周期的额外延迟。上电时缺省值为 000（无须额外时钟周期）。此寄存器在数据训练时被控制器初始化，也可以通过写此寄存器改变其值。寄存器的每三位控制一个数据通道，最多可控制 8 个数据通道。SL0 控制 DQ[7:0]的

延迟，SL1 控制 DQ[15:8]的延迟，等等。SL8 只设置为默认值 000：

000 =无额外延迟

001 =增加 1 个时钟周期

010 =增加 2 个时钟周期

011 =增加 3 个时钟周期

100 =增加 4 个时钟周期

101 =增加 5 个时钟周期

110 =保留

111 =保留

默认值：000

DRRSLR0[2:0]：SL0，默认值：000。

DRRSLR0[5:3]：SL1，默认值：000。

DRRSLR0[8:6]：SL2，默认值：000。

DRRSLR0[11:9]：SL3，默认值：000。

DRRSLR0[14:12]：SL4，默认值：000。

DRRSLR0[17:15]：SL5，默认值：000。

DRRSLR0[20:18]：SL6，默认值：000。

DRRSLR0[23:21]：SL7，默认值：000。

DRRSLR0[26:24]：SL8，固定为 000。

DRRSLR0[31:27]：固定为 0x0。

Rank 系统延迟寄存器 0 的位域定义如图 2-104 所示。

DRRSLR0

31 30 29 28 27	26 25 24	23 22 21	20 19 18	17 16 15	14 13 12	11 10 9	8 7 6	5 4 3	2 1 0
保留	000	000	000	000	000	000	000	000	000
	SL8	SL7	SL6	SL5	SL4	SL3	SL2	SL1	SL0

图 2-104　Rank 系统延迟寄存器 0 的位域定义

21. Rank 系统延迟寄存器 1（DRRSLR1）

Rank1 的系统延迟控制，为了匹配 PCB 板的延迟和其他的系统延迟，在读回的数据上最多可增加 5 个时钟周期的额外延迟。上电时缺省值为 000（无须额外时钟周期）。此寄存器在数据训练时被控制器初始化，也可以通过写此寄存器改变其值。寄存器的每三位控制一个数据通道，最多可控制 8 个数据通道。SL0 控制 DQ[7:0]的延迟，SL1 控制 DQ[15:8]的延迟，等等。SL8 只设置为默认值 000：

000 =无额外延迟

001 =增加 1 个时钟周期

010 =增加 2 个时钟周期

011 =增加 3 个时钟周期

100 =增加 4 个时钟周期

101 =增加 5 个时钟周期

110 =保留

111 =保留

默认值：000

DRRSLR1[2:0]：SL0，默认值：000。

DRRSLR1[5:3]：SL1，默认值：000。

DRRSLR1[8:6]：SL2，默认值：000。

DRRSLR1[11:9]：SL3，默认值：000。

DRRSLR1[14:12]：SL4，默认值：000。

DRRSLR1[17:15]：SL5，默认值：000。

DRRSLR1[20:18]：SL6，默认值：000。

DRRSLR1[23:21]：SL7，默认值：000。

DRRSLR1[26:24]：SL8，固定为 000。

DRRSLR1[31:27]：固定为 0x0。

Rank 系统延迟寄存器 1 的位域定义如图 2-105 所示。

DRRSLR1

31 30 29 28 27	26 25 24	23 22 21	20 19 18	17 16 15	14 13 12	11 10 9	8 7 6	5 4 3	2 1 0
保留	000	000	000	000	000	000	000	000	000
	SL8	SL7	SL6	SL5	SL4	SL3	SL2	SL1	SL0

图 2-105　Rank 系统延迟寄存器 1 的位域定义

22. Rank 系统延迟寄存器 2（DRRSLR2）

Rank2 的系统延迟控制，为了匹配 PCB 板的延迟和其他的系统延迟，在读回的数据上最多可增加 5 个时钟周期的额外延迟。上电时缺省值为 000（无须额外时钟周期）。此寄存器在数据训练时被控制器初始化，也可以通过写此寄存器改变其值。寄存器的每三位控制一个数据通道，最多可控制 8 个数据通道。SL0 控制 DQ[7:0]的延迟，SL1 控制 DQ[15:8]的延迟，等等。SL8 只设置为默认值 000：

000 =无额外延迟

001 =增加 1 个时钟周期

010 =增加 2 个时钟周期

011 =增加 3 个时钟周期

100 =增加 4 个时钟周期

101 =增加 5 个时钟周期

110 =保留

111 =保留

默认值：000

DRRSLR2[2:0]：SL0，默认值：000。

DRRSLR2[5:3]：SL1，默认值：000。

DRRSLR2[8:6]：SL2，默认值：000。

DRRSLR2[11:9]：SL3，默认值：000。

DRRSLR2[14:12]：SL4，默认值：000。

DRRSLR2[17:15]：SL5，默认值：000。

DRRSLR2[20:18]：SL6，默认值：000。

DRRSLR2[23:21]：SL7，默认值：000。

DRRSLR2[26:24]：SL8，固定为 000。

DRRSLR2[31:27]：固定为 0x0。

Rank 系统延迟寄存器 2 的位域定义如图 2-106 所示。

DRRSLR2

31 30 29 28 27	26 25 24	23 22 21	20 19 18	17 16 15	14 13 12	11 10 9	8 7 6	5 4 3	2 1 0
保留	000	000	000	000	000	000	000	000	000
	SL8	SL7	SL6	SL5	SL4	SL3	SL2	SL1	SL0

图 2-106　Rank 系统延迟寄存器 2 的位域定义

23. Rank 系统延迟寄存器 3（DRRSLR3）

Rank3 的系统延迟控制，为了匹配 PCB 板的延迟和其他的系统延迟，在读回的数据上最多可增加 5 个时钟周期的额外延迟。上电时缺省值为 000（无须额外时钟周期）。此寄存器在数据训练时被控制器初始化，也可以通过写此寄存器改变其值。寄存器的每三位控制一个数据通道，最多可控制 8 个数据通道。SL0 控制 DQ[7:0]的延迟，SL1 控制 DQ[15:8]的延迟等。SL8 只设置为默认值 000：

000 =无额外延迟

001 =增加 1 个时钟周期

010 =增加 2 个时钟周期

011 =增加 3 个时钟周期

100 = 增加 4 个时钟周期

101 = 增加 5 个时钟周期

110 = 保留

111 = 保留

默认值：000

DRRSLR3[2:0]：SL0，默认值：000。

DRRSLR3[5:3]：SL1，默认值：000。

DRRSLR3[8:6]：SL2，默认值：000。

DRRSLR3[11:9]：SL3，默认值：000。

DRRSLR3[14:12]：SL4，默认值：000。

DRRSLR3[17:15]：SL5，默认值：000。

DRRSLR3[20:18]：SL6，默认值：000。

DRRSLR3[23:21]：SL7，默认值：000。

DRRSLR3[26:24]：SL8，固定为 000。

DRRSLR3[31:27]：固定为 0x0。

Rank 系统延迟寄存器 3 的位域定义如图 2-107 所示。

DRRSLR3

31 30 29 28 27	26 25 24	23 22 21	20 19 18	17 16 15	14 13	12 11 10 9	8 7 6	5 4 3	2 1 0
保留	000	000	000	000	00	000	000	000	000
	SL8	SL7	SL6	SL5	SL4	SL3	SL2	SL1	SL0

图 2-107　Rank 系统延迟寄存器 3 的位域定义

24. Rank0 的 DQS 门控寄存器（DRRDGR0）

Rank0 的 DQS 使能选择：选择适当的时钟使能 DQS，以保证 DQS 正确触发数据。此寄存器在 DQS 数据训练的时候被初始化，在"数据触发漂移补偿"时更新，也可通过设置 DRCCR 寄存器屏蔽此自动更新。自动更新被屏蔽后，可以直接写寄存器更改数据。寄存器里每两位控制一个数据通道，最多可控制 8 个数据通道。DQSSEL0 控制 DQ[7:0] 的 DQS，DQSSEL1 控制 DQ[15:8] 的 DQS，等等。DQSSEL8 固定设置为 01。每 2 位有效设置如下：

00 = 90° clock（clk90）

01 = 180° clock（clk180）

10 = 270° clock（clk270）

11 = 360° clock（clk0）

默认值：01

DRRDGR0[1:0]：DQSSEL0，默认值：01。

DRRDGR0[3:2]：DQSSEL1，默认值：01。

DRRDGR0[5:4]：DQSSEL2，默认值：01。

DRRDGR0[7:6]：DQSSEL3，默认值：01。

DRRDGR0[9:8]：DQSSEL4，默认值：01。

DRRDGR0[11:10]：DQSSEL5，默认值：01。

DRRDGR0[13:12]：DQSSEL6，默认值：01。

DRRDGR0[15:14]：DQSSEL7，默认值：01。

DRRDGR0[17:16]：DQSSEL8，固定为 01。

DRRDGR0[31:18]：保留，固定为 0x0，读时返回 0 值。

Rank0 的 DQS 门控寄存器的位域定义如图 2-108 所示。

DRRDGR0

31 30 29 28 27 26 25 24 23 22 21 20 19 18	17 16	15 14	13 12	11 10	9 8	7 6	5 4	3 2	1 0
保留	01	01	01	01	01	01	01	01	01
	DQSSEL8	DQSSEL7	DQSSEL6	DQSSEL5	DQSSEL4	DQSSEL3	DQSSEL2	DQSSEL1	DQSSEL0

图 2-108　Rank0 的 DQS 门控寄存器的位域定义

25. Rank1 的 DQS 门控寄存器（DRRDGR1）

Rank1 的 DQS 使能选择：选择适当的时钟使能 DQS，以保证 DQS 正确触发数据。此寄存器在 DQS 数据训练的时候被初始化，在"数据触发漂移补偿"时更新，也可通过设置 DRCCR 寄存器屏蔽此自动更新。自动更新被屏蔽后，可以直接写寄存器更改数据。寄存器里每两位控制一个数据通道，最多可控制 8 个数据通道。DQSSEL0 控制 DQ[7:0]的 DQS，DQSSEL1 控制 DQ[15:8]的 DQS，等等。DQSSEL8 固定设置为 01。每 2 位有效设置如下：

$$00 = 90° \text{ clock（clk90）}$$
$$01 = 180° \text{ clock（clk180）}$$
$$10 = 270° \text{ clock（clk270）}$$
$$11 = 360° \text{ clock（clk0）}$$
默认值：01

DRRDGR1[1:0]：DQSSEL0，默认值：01。

DRRDGR1[3:2]：DQSSEL1，默认值：01。

DRRDGR1[5:4]：DQSSEL2，默认值：01。

DRRDGR1[7:6]：DQSSEL3，默认值：01。

DRRDGR1[9:8]：DQSSEL4，默认值：01。

DRRDGR1[11:10]：DQSSEL5，默认值：01。

DRRDGR1[13:12]：DQSSEL6，默认值：01。

DRRDGR1[15:14]：DQSSEL7，默认值：01。

DRRDGR1[17:16]：DQSSEL8，固定为 01。

DRRDGR1[31:18]：保留，固定为 0x0，读时返回 0 值。

Rank1 的 DQS 门控寄存器的位域定义如图 2-109 所示。

DRRDGR1

31 30 29 28 27 26 25 24 23 22 21 20 19 18	17 16	15 14	13 12	11 10	9 8	7 6	5 4	3 2	1 0
保留	01	01	01	01	01	01	01	01	01
	DQSSEL8	DQSSEL7	DQSSEL6	DQSSEL5	DQSSEL4	DQSSEL3	DQSSEL2	DQSSEL1	DQSSEL0

图 2-109　Rank1 的 DQS 门控寄存器的位域定义

26. Rank2 的 DQS 门控寄存器（DRRDGR2）

Rank2 的 DQS 使能选择：选择适当的时钟使能 DQS，以保证 DQS 正确触发数据。此寄存器在 DQS 数据训练的时候被初始化，在"数据触发漂移补偿"时更新，也可通过设置 DRCCR 寄存器屏蔽此自动更新。自动更新被屏蔽后，可以直接写寄存器更改数据。寄存器里每两位控制一个数据通道，最多可控制 8 个数据通道。DQSSEL0 控制 DQ[7:0]的 DQS，DQSSEL1 控制 DQ[15:8]的 DQS，等等。DQSSEL8 固定设置为 01。每 2 位有效设置如下：

$$00 = 90° \text{ clock（clk90）}$$
$$01 = 180° \text{ clock（clk180）}$$
$$10 = 270° \text{ clock（clk270）}$$
$$11 = 360° \text{ clock（clk0）}$$

默认值：01

DRRDGR2[1:0]：DQSSEL0，默认值：01。

DRRDGR2[3:2]：DQSSEL1，默认值：01。

DRRDGR2[5:4]：DQSSEL2，默认值：01。

DRRDGR2[7:6]：DQSSEL3，默认值：01。

DRRDGR2[9:8]：DQSSEL4，默认值：01。

DRRDGR2[11:10]：DQSSEL5，默认值：01。

DRRDGR2[13:12]：DQSSEL6，默认值：01。

DRRDGR2[15:14]：DQSSEL7，默认值：01。

DRRDGR2[17:16]：DQSSEL8，固定为 01。

DRRDGR2[31:18]：保留，固定为 0x0，读时返回 0 值。

Rank2 的 DQS 门控寄存器的位域定义如图 2-110 所示。

DRRDGR2

31 30 29 28 27 26 25 24 23 22 21 20 19 18	17 16	15 14	13 12	11 10	9 8	7 6	5 4	3 2	1 0
保留	01	01	01	01	01	01	01	01	01
	DQSSEL8	DQSSEL7	DQSSEL6	DQSSEL5	DQSSEL4	DQSSEL3	DQSSEL2	DQSSEL1	DQSSEL0

图 2-110　Rank2 的 DQS 门控寄存器的位域定义

27. Rank3 的 DQS 门控寄存器（DRRDGR3）

Rank3 的 DQS 使能选择：选择适当的时钟使能 DQS，以保证 DQS 正确触发数据。此寄存器在 DQS 数据训练的时候被初始化，在"数据触发漂移补偿"时更新，也可通过设置 DRCCR 寄存器屏蔽此自动更新。自动更新被屏蔽后，可以直接写寄存器更改数据。寄存器里每两位控制一个数据通道，最多可控制 8 个数据通道。DQSSEL0 控制 DQ[7:0]的 DQS，DQSSEL1 控制 DQ[15:8]的 DQS 等。DQSSEL8 固定设置为 01。每 2 位有效设置如下：

$$00 = 90° \text{ clock（clk90）}$$
$$01 = 180° \text{ clock（clk180）}$$
$$10 = 270° \text{ clock（clk270）}$$
$$11 = 360° \text{ clock（clk0）}$$

默认值：01

DRRDGR3[1:0]：DQSSEL0，默认值：01。

DRRDGR3[3:2]：DQSSEL1，默认值：01。

DRRDGR3[5:4]：DQSSEL2，默认值：01。

DRRDGR3[7:6]：DQSSEL3，默认值：01。

DRRDGR3[9:8]：DQSSEL4，默认值：01。

DRRDGR3[11:10]：DQSSEL5，默认值：01。

DRRDGR3[13:12]：DQSSEL6，默认值：01。

DRRDGR3[15:14]：DQSSEL7，默认值：01。

DRRDGR3[17:16]：DQSSEL8，固定为 01。

DRRDGR3[31:18]：保留，固定为 0x0，读时返回 0 值。

Rank3 的 DQS 门控寄存器的位域定义如图 2-111 所示。

DRRDGR3

31 30 29 28 27 26 25 24 23 22 21 20 19 18	17 16	15 14	13 12	11 10	9 8	7 6	5 4	3 2	1 0
保留	01	01	01	01	01	01	01	01	01
	DQSSEL8	DQSSEL7	DQSSEL6	DQSSEL5	DQSSEL4	DQSSEL3	DQSSEL2	DQSSEL1	DQSSEL0

图 2-111　Rank3 的 DQS 门控寄存器的位域定义

28. DQ 时序寄存器 0（DRDQTR0）

数据通道 0 的 DQ 延迟控制，此寄存器是用来调节在读操作中数据 DQ 在 ITM 中的延迟，即在正常电路产生的延迟基础上增加额外延迟以匹配 DQS 的延迟。PHY 的电路设计中，寄存器的默认值保证了 DQ 和 DQS 的时序匹配。用户也可以通过改变该寄存器值来微调 DQ 的延迟，使 DQ 和 DQS 的时序更好地匹配。如果用户改变了寄存器，必须重新启动数据训练过程。寄存器的每 4 位控制一个数据通道里的一位数据。DQDLY0 控制 bit[0] 的数据延迟，DQDLY1 控制 bit[1] 的数据延迟，等等。每 4 位中较低的两位控制被 DQS 触发的数据的延迟，高两位控制被 DQS_b 触发的数据的延迟。每两位有效设置如下：

$$00 = \text{nominal delay}$$
$$01 = \text{nominal delay} + 1 \text{ step}$$
$$10 = \text{nominal delay} + 2 \text{ steps}$$
$$11 = \text{nominal delay} + 3 \text{ steps}$$

默认值：1111

DRDQTR0[3:0]：DQDLY0，默认值：1111。

DRDQTR0[7:4]：DQDLY1，默认值：1111。

DRDQTR0[11:8]：DQDLY2，默认值：1111。

DRDQTR0[15:12]：DQDLY3，默认值：1111。

DRDQTR0[19:16]：DQDLY4，默认值：1111。

DRDQTR0[23:20]：DQDLY5，默认值：1111。

DRDQTR0[27:24]：DQDLY6，默认值：1111。

DRDQTR0[31:28]：DQDLY7，默认值：1111。

DQ 时序寄存器 0 的位域定义如图 2-112 所示。

DRDQTR0

31 30 29 28	27 26 25 24	23 22 21 20	19 18 17 16	15 14 13 12	11 10 9 8	7 6 5 4	3 2 1 0
1111	1111	1111	1111	1111	1111	1111	1111
DQDLY7	DQDLY6	DQDLY5	DQDLY4	DQDLY3	DQDLY2	DQDLY1	DQDLY0

图 2-112　DQ 时序寄存器 0 的位域定义

29. DQ 时序寄存器 1（DRDQTR1）

数据通道 1 的 DQ 延迟控制，此寄存器是用来调节在读操作中数据 DQ 在 ITM 中的延迟，即在正常电路产生的延迟基础上增加额外延迟以匹配 DQS 的延迟。PHY 的电路设计中，寄存器的默认值保证了 DQ 和 DQS 的时序匹配。用户也可以通过改变该寄存器值来微调 DQ 的延迟，使 DQ 和 DQS 的时序更好地匹配。如果用户改变了寄存器，必须重新启动数据训练过程。寄存器的每 4 位控制一个数据通道里的一位数据。DQDLY0 控制 bit[0]的数据延迟，DQDLY1 控制 bit[1]的数据延迟，等等。每 4 位中较低的两位控制被 DQS 触发的数据的延迟，高两位控制被 DQS_b 触发的数据的延迟。每两位有效设置如下：

$$00 = \text{nominal delay}$$
$$01 = \text{nominal delay} + 1 \text{ step}$$
$$10 = \text{nominal delay} + 2 \text{ steps}$$
$$11 = \text{nominal delay} + 3 \text{ steps}$$

默认值：1111

DRDQTR1[3:0]：DQDLY0，默认值：1111。
DRDQTR1[7:4]：DQDLY1，默认值：1111。
DRDQTR1[11:8]：DQDLY2，默认值：1111。
DRDQTR1[15:12]：DQDLY3，默认值：1111。
DRDQTR1[19:16]：DQDLY4，默认值：1111。
DRDQTR1[23:20]：DQDLY5，默认值：1111。
DRDQTR1[27:24]：DQDLY6，默认值：1111。
DRDQTR1[31:28]：DQDLY7，默认值：1111。
DQ 时序寄存器 1 的位域定义如图 2-113 所示。

30. DQ 时序寄存器 2（DRDQTR2）

数据通道 2 的 DQ 延迟控制，此寄存器是用来调节在读操作中数据 DQ 在 ITM 中的延迟，即在正常电路产生的延迟基础上增加额外延迟以匹配 DQS 的延迟。PHY

DRDQTR1

31 30 29 28	27 26 25 24	23 22 21 20	19 18 17 16	15 14 13 12	11 10 9 8	7 6 5 4	3 2 1 0
1111	1111	1111	1111	1111	1111	1111	1111
D Q D L Y 7	D Q D L Y 6	D Q D L Y 5	D Q D L Y 4	D Q D L Y 3	D Q D L Y 2	D Q D L Y 1	D Q D L Y 0

图 2-113　DQ 时序寄存器 1 的位域定义

的电路设计中，寄存器的默认值保证了 DQ 和 DQS 的时序匹配。用户也可以通过改变该寄存器值来微调 DQ 的延迟，使 DQ 和 DQS 的时序更好地匹配。如果用户改变了寄存器，必须重新启动数据训练过程。寄存器的每 4 位控制一个数据通道里的一位数据。DQDLY0 控制 bit[0] 的数据延迟，DQDLY1 控制 bit[1] 的数据延迟，等等。每 4 位中较低的两位控制被 DQS 触发的数据的延迟，高两位控制被 DQS_b 触发的数据的延迟。每两位有效设置如下：

$$00 = \text{nominal delay}$$
$$01 = \text{nominal delay} + 1 \text{ step}$$
$$10 = \text{nominal delay} + 2 \text{ steps}$$
$$11 = \text{nominal delay} + 3 \text{ steps}$$

默认值：1111

DRDQTR2[3:0]：DQDLY0，默认值：1111。

DRDQTR2[7:4]：DQDLY1，默认值：1111。

DRDQTR2[11:8]：DQDLY2，默认值：1111。

DRDQTR2[15:12]：DQDLY3，默认值：1111。

DRDQTR2[19:16]：DQDLY4，默认值：1111。

DRDQTR2[23:20]：DQDLY5，默认值：1111。

DRDQTR2[27:24]：DQDLY6，默认值：1111。

DRDQTR2[31:28]：DQDLY7，默认值：1111。

DQ 时序寄存器 2 的位域定义如图 2-114 所示。

DRDQTR2

31 30 29 28	27 26 25 24	23 22 21 20	19 18 17 16	15 14 13 12	11 10 9 8	7 6 5 4	3 2 1 0
1111	1111	1111	1111	1111	1111	1111	1111
D Q D L Y 7	D Q D L Y 6	D Q D L Y 5	D Q D L Y 4	D Q D L Y 3	D Q D L Y 2	D Q D L Y 1	D Q D L Y 0

图 2-114　DQ 时序寄存器 2 的位域定义

31. DQ 时序寄存器 3（DRDQTR3）

数据通道 3 的 DQ 延迟控制，此寄存器是用来调节在读操作中数据 DQ 在 ITM 中的延迟，即在正常电路产生的延迟基础上增加额外延迟以匹配 DQS 的延迟。PHY 的电路设计中，寄存器的默认值保证了 DQ 和 DQS 的时序匹配。用户也可以通过改变该寄存器值来微调 DQ 的延迟，使 DQ 和 DQS 的时序更好地匹配。如果用户改变了寄存器，必须重新启动数据训练过程。寄存器的每 4 位控制一个数据通道里的一位数据。DQDLY0 控制 bit[0] 的数据延迟，DQDLY1 控制 bit[1] 的数据延迟，等等。每 4 位中较低的两位控制被 DQS 触发的数据的延迟，高两位控制被 DQS_b 触发的数据的延迟。每两位有效设置如下：

$$00 = \text{nominal delay}$$
$$01 = \text{nominal delay} + 1 \text{ step}$$
$$10 = \text{nominal delay} + 2 \text{ steps}$$
$$11 = \text{nominal delay} + 3 \text{ steps}$$

默认值：1111

DRDQTR3[3:0]：DQDLY0，默认值：1111。

DRDQTR3[7:4]：DQDLY1，默认值：1111。

DRDQTR3[11:8]：DQDLY2，默认值：1111。

DRDQTR3[15:12]：DQDLY3，默认值：1111。

DRDQTR3[19:16]：DQDLY4，默认值：1111。

DRDQTR3[23:20]：DQDLY5，默认值：1111。

DRDQTR3[27:24]：DQDLY6，默认值：1111。

DRDQTR3[31:28]：DQDLY7，默认值：1111。

DQ 时序寄存器 3 的位域定义如图 2-115 所示。

DRDQTR3

31 30 29 28	27 26 25 24	23 22 21 20	19 18 17 16	15 14 13 12	11 10 9 8	7 6 5 4	3 2 1 0
1111	1111	1111	1111	1111	1111	1111	1111
DQDLY7	DQDLY6	DQDLY5	DQDLY4	DQDLY3	DQDLY2	DQDLY1	DQDLY0

图 2-115　DQ 时序寄存器 3 的位域定义

32. DQ 时序寄存器 4（DRDQTR4）

数据通道 4 的 DQ 延迟控制，此寄存器是用来调节在读操作中数据 DQ 在 ITM 中的延迟，即在正常电路产生的延迟基础上增加额外延迟以匹配 DQS 的延迟。PHY

的电路设计中，寄存器的默认值保证了 DQ 和 DQS 的时序匹配。用户也可以通过改变该寄存器值来微调 DQ 的延迟，使 DQ 和 DQS 的时序更好地匹配。如果用户改变了寄存器，必须重新启动数据训练过程。寄存器的每 4 位控制一个数据通道里的一位数据。DQDLY0 控制 bit[0]的数据延迟，DQDLY1 控制 bit[1]的数据延迟，等等。每 4 位中较低的两位控制被 DQS 触发的数据的延迟，高两位控制被 DQS_b 触发的数据的延迟。每两位有效设置如下：

00 = nominal delay

01 = nominal delay + 1 step

10 = nominal delay + 2 steps

11 = nominal delay + 3 steps

默认值：1111

DRDQTR4[3:0]：DQDLY0，默认值：1111。

DRDQTR4[7:4]：DQDLY1，默认值：1111。

DRDQTR4[11:8]：DQDLY2，默认值：1111。

DRDQTR4[15:12]：DQDLY3，默认值：1111。

DRDQTR4[19:16]：DQDLY4，默认值：1111。

DRDQTR4[23:20]：DQDLY5，默认值：1111。

DRDQTR4[27:24]：DQDLY6，默认值：1111。

DRDQTR4[31:28]：DQDLY7，默认值：1111。

DQ 时序寄存器 4 的位域定义如图 2-116 所示。

DRDQTR4

31 30 29 28	27 26 25 24	23 22 21 20	19 18 17 16	15 14 13 12	11 10 9 8	7 6 5 4	3 2 1 0
1111	1111	1111	1111	1111	1111	1111	1111
DQDLY7	DQDLY6	DQDLY5	DQDLY4	DQDLY3	DQDLY2	DQDLY1	DQDLY0

图 2-116　DQ 时序寄存器 4 的位域定义

33. DQ 时序寄存器 5（DRDQTR5）

数据通道 5 的 DQ 延迟控制，此寄存器是用来调节在读操作中数据 DQ 在 ITM 中的延迟，即在正常电路产生的延迟基础上增加额外延迟以匹配 DQS 的延迟。PHY 的电路设计中，寄存器的默认值保证了 DQ 和 DQS 的时序匹配。用户也可以通过改变该寄存器值来微调 DQ 的延迟，使 DQ 和 DQS 的时序更好地匹配。如果用户改变了寄存器，必须重新启动数据训练过程。寄存器的每 4 位控制一个数据通道里的一位数据。DQDLY0 控制 bit[0]的数据延迟，DQDLY1 控制 bit[1]的数据延迟，等等。每 4 位中较低的两位控制被 DQS 触发的数据的延迟，高两位控制被 DQS_b 触发的数据的延迟。每两位有效设置如下：

00 = nominal delay

01 = nominal delay + 1 step

10 = nominal delay + 2 steps

11 = nominal delay + 3 steps

默认值：1111

DRDQTR5[3:0]：DQDLY0，默认值：1111。

DRDQTR5[7:4]：DQDLY1，默认值：1111。

DRDQTR5[11:8]：DQDLY2，默认值：1111。

DRDQTR5[15:12]：DQDLY3，默认值：1111。

DRDQTR5[19:16]：DQDLY4，默认值：1111。

DRDQTR5[23:20]：DQDLY5，默认值：1111。

DRDQTR5[27:24]：DQDLY6，默认值：1111。

DRDQTR5[31:28]：DQDLY7，默认值：1111。

DQ 时序寄存器 5 的位域定义如图 2-117 所示。

DRDQTR5

31 30 29 28	27 26 25 24	23 22 21 20	19 18 17 16	15 14 13 12	11 10 9 8	7 6 5 4	3 2 1 0
1111	1111	1111	1111	1111	1111	1111	1111
DQDLY7	DQDLY6	DQDLY5	DQDLY4	DQDLY3	DQDLY2	DQDLY1	DQDLY0

图 2-117　DQ 时序寄存器 5 的位域定义

34. DQ 时序寄存器 6（DRDQTR6）

数据通道 6 的 DQ 延迟控制，此寄存器是用来调节在读操作中数据 DQ 在 ITM 中的延迟，即在正常电路产生的延迟基础上增加额外延迟以匹配 DQS 的延迟。PHY 的电路设计中，寄存器的默认值保证了 DQ 和 DQS 的时序匹配。用户也可以通过改变该寄存器值来微调 DQ 的延迟，使 DQ 和 DQS 的时序更好地匹配。如果用户改变了寄存器，必须重新启动数据训练过程。寄存器的每 4 位控制一个数据通道里的一位数据。DQDLY0 控制 bit[0]的数据延迟，DQDLY1 控制 bit[1]的数据延迟，等等。每 4 位中较低的两位控制被 DQS 触发的数据的延迟，高两位控制被 DQS_b 触发的数据的延迟。每两位有效设置如下：

00 = nominal delay

01 = nominal delay + 1 step

10 = nominal delay + 2 steps

11 = nominal delay + 3 steps

默认值：1111

DRDQTR6[3:0]：DQDLY0，默认值：1111。

DRDQTR6[7:4]：DQDLY1，默认值：1111。

DRDQTR6[11:8]：DQDLY2，默认值：1111。

DRDQTR6[15:12]：DQDLY3，默认值：1111。

DRDQTR6[19:16]：DQDLY4，默认值：1111。

DRDQTR6[23:20]：DQDLY5，默认值：1111。

DRDQTR6[27:24]：DQDLY6，默认值：1111。

DRDQTR6[31:28]：DQDLY7，默认值：1111。

DQ 时序寄存器 6 的位域定义如图 2-118 所示。

DRDQTR6

31 30 29 28	27 26 25 24	23 22 21 20	19 18 17 16	15 14 13 12	11 10 9 8	7 6 5 4	3 2 1 0
1111	1111	1111	1111	1111	1111	1111	1111
DQDLY7	DQDLY6	DQDLY5	DQDLY4	DQDLY3	DQDLY2	DQDLY1	DQDLY0

图 2-118　DQ 时序寄存器 6 的位域定义

35. DQ 时序寄存器 7（DRDQTR7）

数据通道 7 的 DQ 延迟控制，此寄存器是用来调节在读操作中数据 DQ 在 ITM 中的延迟，即在正常电路产生的延迟基础上增加额外延迟以匹配 DQS 的延迟。PHY 的电路设计中，寄存器的默认值保证了 DQ 和 DQS 的时序匹配。用户也可以通过改变该寄存器值来微调 DQ 的延迟，使 DQ 和 DQS 的时序更好地匹配。如果用户改变了寄存器，必须重新启动数据训练过程。寄存器的每 4 位控制一个数据通道里的一位数据。DQDLY0 控制 bit[0]的数据延迟，DQDLY1 控制 bit[1]的数据延迟，等等。每 4 位中较低的两位控制被 DQS 触发的数据的延迟，高两位控制被 DQS_b 触发的数据的延迟。每两位有效设置如下：

00 = nominal delay

01 = nominal delay + 1 step

10 = nominal delay + 2 steps

11 = nominal delay + 3 steps

默认值：1111

DRDQTR7[3:0]：DQDLY0，默认值：1111。

DRDQTR7[7:4]：DQDLY1，默认值：1111。

DRDQTR7[11:8]：DQDLY2，默认值：1111。

DRDQTR7[15:12]：DQDLY3，默认值：1111。

DRDQTR7[19:16]：DQDLY4，默认值：1111。

DRDQTR7[23:20]：DQDLY5，默认值：1111。

DRDQTR7[27:24]：DQDLY6，默认值：1111。

DRDQTR7[31:28]：DQDLY7，默认值：1111。

DQ 时序寄存器 7 的位域定义如图 2-119 所示。

DRDQTR7

31 30 29 28	27 26 25 24	23 22 21 20	19 18 17 16	15 14 13 12	11 10 9 8	7 6 5 4	3 2 1 0
1111	1111	1111	1111	1111	1111	1111	1111
DQDLY7	DQDLY6	DQDLY5	DQDLY4	DQDLY3	DQDLY2	DQDLY1	DQDLY0

图 2-119　DQ 时序寄存器 7 的位域定义

36. DQS 时序寄存器（DRDQSTR）

DQS 延迟调节，此寄存器是用于读数据时调整 ITM 里的 DQS 的延迟以得到最大的眼图。在 PHY 的电路设计里，默认值设置保证了数据 DQ 和数据触发信号 DQS 的匹配。改变此寄存器的默认值可微调 DQS 的延迟，使 DQ 和 DQS 的时序更好地匹配。如果用户改变了寄存器，必须重新启动数据训练过程。寄存器里每 3 位控制一个数据通道里的 DQS。DQSDLY0 控制 DQS[0]的延迟，DQSDLY1 控制 DQS [1]的延迟，等等。DQSDLY8 固定设置为 011。每三位控制一个 DQS 的有效设置如下：

000 = nominal delay − 3 steps

001 = nominal delay − 2 steps

010 = nominal delay − 1 step

011 = nominal delay

100 = nominal delay + 1 step

101 = nominal delay + 2 steps

110 = nominal delay + 3 steps

111 = nominal delay + 4 steps

默认值：011

DRDQSTR[2:0]：DQSDLY0，DQS 延迟默认值：011。

DRDQSTR[5:3]：DQSDLY1，DQS 延迟默认值：011。

DRDQSTR[8:6]：DQSDLY2，DQS 延迟默认值：011。

DRDQSTR[11:9]：DQSDLY3，DQS 延迟默认值：011。

DRDQSTR[14:12]：DQSDLY4，DQS 延迟默认值：011。

DRDQSTR[17:15]：DQSDLY5，DQS 延迟默认值：011。

DRDQSTR[20:18]：DQSDLY6，DQS 延迟默认值：011。

DRDQSTR[23:21]：DQSDLY7，DQS 延迟默认值：011。

DRDQSTR[26:24]：DQSDLY8，DQS 延迟固定为 011。

DRDQSTR[31:27]：保留，固定为 0x0，读时返回 0 值。

DQS 时序寄存器的位域定义如图 2-120 所示。

DRDQSBTR

31 30 29 28 27	26 25 24	23 22 21	20 19 18	17 16 15	14 13 12	11 10 9	8 7 6	5 4 3	2 1 0
00000	011	011	011	011	011	011	011	011	011
	DQSDLY8	DQSDLY7	DQSDLY6	DQSDLY5	DQSDLY4	DQSDLY3	DQSDLY2	DQSDLY1	DQSDLY0

图 2-120　DQS 时序寄存器的位域定义

37. DQS_b 时序寄存器（DRDQSBTR）

DQS_b 延迟调节，此寄存器是用于读数据时调整 ITM 里的 DQS_b 的延迟以得到最大的眼图。在 PHY 的电路设计里，默认值设置保证了数据 DQ 和数据触发信号 DQS_b 的匹配。改变此寄存器的默认值可微调 DQS_b 的延迟，使 DQ 和 DQS_b 的时序更好地匹配。如果用户改变了寄存器，必须重新启动数据训练过程。寄存器里每 3 位控制一个数据通道里的 DQS_b。DQSDLY0 控制 DQS_b[0]的延迟，DQSDLY1 控制 DQS_b[1]的延迟，等等。DQSDLY8 固定设置为 011。每三位控制一个 DQS_b 的有效设置如下：

$$000 = \text{nominal delay} - 3 \text{ steps}$$
$$001 = \text{nominal delay} - 2 \text{ steps}$$
$$010 = \text{nominal delay} - 1 \text{ step}$$
$$011 = \text{nominal delay}$$
$$100 = \text{nominal delay} + 1 \text{ step}$$
$$101 = \text{nominal delay} + 2 \text{ steps}$$

$$110 = \text{nominal delay} + 3 \text{ steps}$$

$$111 = \text{nominal delay} + 4 \text{ steps}$$

默认值：011

DRDQSBTR[2:0]：DQSDLY0，DQS_b 延迟，默认值：011。

DRDQSBTR[5:3]：DQSDLY1，DQS_b 延迟，默认值：011。

DRDQSBTR[8:6]：DQSDLY2，DQS_b 延迟，默认值：011。

DRDQSBTR[11:9]：DQSDLY3，DQS_b 延迟，默认值：011。

DRDQSBTR[14:12]：DQSDLY4，DQS_b 延迟，默认值：011。

DRDQSBTR[17:15]：DQSDLY5，DQS_b 延迟，默认值：011。

DRDQSBTR[20:18]：DQSDLY6，DQS_b 延迟，默认值：011。

DRDQSBTR[23:21]：DQSDLY7，DQS_b 延迟，默认值：011。

DRDQSBTR[26:24]：DQSDLY8，固定为 011。

DRDQSBTR[31:27]：保留，固定为 0x0，读时返回 0 值。

DQS_b 时序寄存器的位域定义如图 2-121 所示。

DRDQSBTR

31 30 29 28 27	26 25 24	23 22 21	20 19 18	17 16 15	14 13 12	11 10 9	8 7 6	5 4 3	2 1 0
00000	011	011	011	011	011	011	011	011	011
	DQSDLY8	DQSDLY7	DQSDLY6	DQSDLY5	DQSDLY4	DQSDLY3	DQSDLY2	DQSDLY1	DQSDLY0

图 2-121　DQS_b 时序寄存器的位域定义

38. ODT 配置寄存器（DRODTCR）

该寄存器设置当对某个 rank 的 DDR2 SDRAM 进行读写操作时，该 rank 及其他 rank 的 ODT 功能应该如何控制。

RDODT0～3 是读操作 ODT 控制，表明在对 rank*n* 进行读操作时，各个 rank 的 ODT 功能是开启（设置为'1'）还是关闭（设置为'0'）。RDODT0、RDODT1、RDODT2、RDODT3 四个域分别表示在对 rank0、rank1、rank2、rank3 进行读操作时的 ODT 设置。每个域中的 4 个 bits 分别描述一个 rank，最低位的描述 rank0，最高位描述 rank3。默认设置是关闭读操作中的所有 ODT 功能。

DRODTCR[3:0]：RDODT0，默认值：0000。

DRODTCR[7:4]：RDODT1，默认值：0000。

DRODTCR[11:8]：RDODT2，默认值：0000。

DRODTCR[15:12]：RDODT3，默认值：0000。

WRODT0～3 是写操作 ODT 控制，表明在对 rank*n* 进行写操作时，各个 rank 的 ODT 功能是开启(设置为 '1')还是关闭(设置为 '0')。WRODT0、WRODT1、WRODT2、WRODT3 四个域分别表示在对 rank0、rank1、rank2、rank3 进行写操作时的 ODT 设置。每个域的 4 个 bits 分别描述一个 rank，最低位描述 rank0，最高位描述 rank3。默认设置是只开启发生写操作的 rank 的 ODT 功能。

DRODTCR[19:16]：WRODT0，默认值：0001。

DRODTCR[23:20]：WRODT1，默认值：0010。

DRODTCR[27:24]：WRODT2，默认值：0100。

DRODTCR[31:28]：WRODT3，默认值：1000。

ODT 配置寄存器的位域定义如图 2-122 所示。

DRODTCR

31 30 29 28	27 26 25 24	23 22 21 20	19 18 17 16	15 14 13 12	11 10 9 8	7 6 5 4	3 2 1 0
1000	0100	0010	0001	0000	0000	0000	0000
WRODT3	WRODT2	WRODT1	WRODT0	RDODT3	RDODT2	RDODT1	RDODT0

图 2-122　ODT 配置寄存器的位域定义

应用举例：在使用 2 个 rank 的 DDR2 SDRAM 存储系统时，如果用户希望在读操作中始终开启不发生读操作的那个 rank 的 ODT 功能，则要将 RDODT0 设置为 "0010"，将 RDODT1 设置为 "0001"。

39. 阻抗匹配控制寄存器 0(DRZQCR0)

DRZQCR0[19:0]：阻抗匹配数据(ZQDATA)，此数据可直接控制阻抗匹配：DRZQCR0[19:15]选择上拉终端电阻；DRZQCR0[14:10]选择下拉终端电阻；DRZQCR0[9:5]选择上拉输出阻抗；DRZQCR0[4:0]选择下拉输出阻抗，默认值：0x0000。

DRZQCR0 [27:20]：阻抗划分比例控制(ZPROG)。根据实际阻抗匹配情况，可选择 DDR2 阻抗的大小，所选阻抗的值由 240 欧精准参考电阻按比例划分后的值确定。阻抗划分比例控制选择如下：

ZPROG[7:4]=片上终端电阻划分比例控制；

ZPROG[3:0]=输出阻抗划分比例控制，默认值：0x7B。

DRZQCR0[28]：用户直接写寄存器控制阻抗匹配使能(ZQDEN)。当该位置 1 时，允许用户使用 ZQDATA 设置的值去直接驱动阻抗控制，否则，阻抗控制由阻抗控制逻辑自动生成，默认值：0。

DRZQCR0[29]：阻抗匹配控制器的时钟分频控制(ZQCLK)。选择适当的比例对 DDR2 系统时钟分频，分频后的时钟作为阻抗匹配控制器的时钟：

0= 32 分频

1= 64 分频

默认值：0

DRZQCR0[30]：初始化时阻抗校准控制(NOICAL)。当该位置 1 时，则 DDR2 控制器在初始化的时候不执行自动阻抗匹配操作，否则，控制器在初始化时会自动执行阻抗匹配操作，默认值：0。

DRZQCR0[31]：阻抗校准触发(ZQCAL)。如果设置为 1，则阻抗控制逻辑会执行一次阻抗匹配校准操作，当匹配过程结束后，该位会自动复位为 0，默认值：0。

阻抗匹配控制寄存器 0 的位域定义如图 2-123 所示。

DRODTCR0

31	30	29	28	27 26 25 24 23 22 21 20	19 18 17 16 15 14 13 12 11 10 9 8 7 6 5 4 3 2 1 0
0	0	0	0	0x7B	0x0000
Z Q C A L	N O I C A L	Z Q C L K	Z Q D E N	Z P R O G	Z Q D A T A

图 2-123   阻抗匹配控制寄存器 0 的位域定义

40. 阻抗匹配控制寄存器 1(DRZQCR1)

DRZQCR1[23:0]：校阻抗匹配准周期(CALPRD)，表示控制器执行阻抗匹配校准的周期，该功能只在使能设置 CALEN 和周期性校准类型设置 CALTYPE 有效时才有效。默认值：0x0000。

DRZQCR1 [26:24]：保留。

DRZQCR1[27]：静态随机存储器阻抗匹配短路校准(ZQCSB)，决定在周期性的阻抗匹配校准中是否向 SDRAM 发送 ZQCS 命令：

0=每个阻抗匹配校准周期都向 SDRAM 发送 ZQCS 命令

1=在阻抗匹配校准时不向 SDRAM 发送 ZQCS 命令

默认值：0

DRZQCR1[30:28]：阻抗校准类型(CALTYPE)。此设置决定 DDR2 控制器执行周期性阻抗匹配的时间和频率。有效设置如下：

000=执行阻抗校准的周期由 CALPRD 设置决定

001=自动刷新时执行校准其他值保留且禁止使用

默认值：000

DRZQCR1[31]：阻抗匹配校准使能（CALEN）：置 1 时，控制器会周期性地执行阻抗匹配校准操作，周期性校准的方式由 CALTYPE 设置的值决定。默认值：0。

阻抗匹配控制寄存器 1 的位域定义如图 2-124 所示。

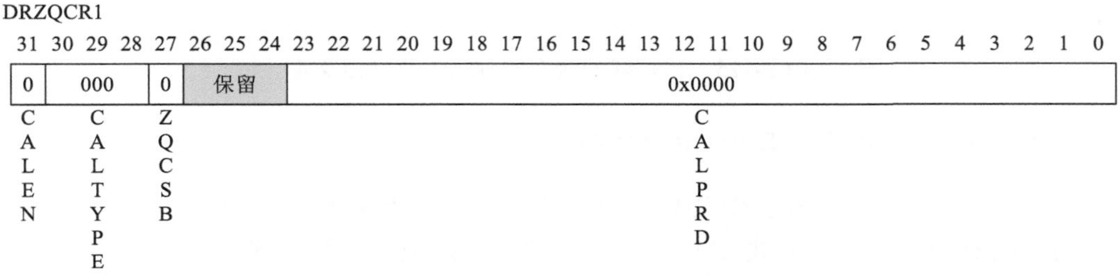

DRZQCR1

31	30 29 28	27	26 25 24 23 22 21 20 19 18 17 16 15 14 13 12 11 10 9 8 7 6 5 4 3 2 1 0

图 2-124　阻抗匹配控制寄存器 1 的位域定义

41．阻抗匹配状态寄存器（只读寄存器）（DRZQSR）

DRZQSR [19:0]：目前阻抗控制的值（ZCTRL），默认值：0x0000。

DRZQSR [21:20]：输出阻抗下拉校准状态（ZQPD）：

　　　　　00= 校准正确完成

　　　　　01= 校准出现上溢错误

　　　　　10= 校准出现下溢错误

　　　　　11= 校准还在进行中

　　　　　默认值：00

DRZQSR[23:22]：输出阻抗上拉校准状态（ZQPU），状态位表示意义与 ZQPD 相同，默认值：00。

DRZQSR[25:24]：ODT 下拉校准状态（ODTPD），状态位表示意义与 ZQPD 相同，默认值：00。

DRZQSR[27:26]：ODT 上拉校准状态（ODTPU），状态位表示意义与 ZQPD 相同，默认值：00。

DRZQSR [29:28]：保留，读时返回 0。

DRZQSR[30]：阻抗校准错误标识位（ZQERR），该位为 1 时，表明在阻抗校准时有错误，默认值：0。

DRZQSR[31]：阻抗校准完成标识位（ZQDONE），表明阻抗校准过程结束，默认值：0。

阻抗匹配状态寄存器的位域定义如图 2-125 所示。

DRZQSR

31	30	29 28	27 26	25 24	23 22	21 20	19 ... 0
0	0	保留	00	00	00	00	0x0000
ZQDONE	ZQERR		ODTPU	ODTPD	ZQPU	ZQPD	ZCTRL

图 2-125　阻抗匹配状态寄存器的位域定义

42. DDR2 模式寄存器 0（DREMR0）

DREMR0[2:0]：突发长度（BL），固定为 010，表明突发长度为 4。

DREMR0[3]：突发方式（BT），固定为 0，选择顺序突发方式。

DREMR0[6:4]：CAS 延迟（CL），DDR2 SDRAM 接收读命令到有效数据出现的时钟周期数，有效值为：010=2，011=3，100=4，101=5，110=6，其他值保留且不使用，默认值：101。

DREMR0[7]：固定为 0。

DREMR0[8]：DLL 复位控制（DR）：该位置 1 时将复位 DDR2 SDRAM 中的 DLL，该位在 DLL 复位结束后会自动清零，默认值：0。

DREMR0[11:9]：写恢复时间（WRT）：用时钟周期数表示的写恢复时间，用 DDR2 SDRAM 颗粒的 t_{WR}(ns) 除以时钟周期得到，设置值≥计算值。有效设置如下：001=2，010=3，011=4，100=5，101=6。其他值保留且不使用，默认值：101。

DREMR0[12]：固定为 0。

DREMR0[15:13]：保留位，固定为 000。

DREMR0[31:16]：保留位，固定为 0x0。

DDR2 模式寄存器 0 的位域定义如图 2-126 所示。

DREMR0

31 ... 16	15 14 13	12	11 10 9	8	7	6 5 4	3	2 1 0
保留	000	0	101	0	0	101	0	010
	RSVD	PD	WRT	DR	TM	CL	BT	BL

图 2-126　DDR2 模式寄存器 0 的位域定义

43. DDR2 模式寄存器 1（DREMR1）

DREMR1[0]：DDR2 SDRAM 中 DLL 的使能/关闭控制位（DE）：为 '0' 时使能；为 '1' 时关闭，正常操作时 DLL 必须使能，默认值：0。

DREMR1[1]：输出驱动强度控制（DIC），0=增加强度，1=降低强度，默认值：0。

DREMR1[6]，DREMR1 [2]：为 ODT 选择有效的电阻（RTT）：

  00=关闭 ODT

  01=75Ω，10=150Ω，11=50Ω

  默认值：00

DREMR1[5:3]：附加延迟（AL），000=0，001=1，010=2，011=3，100=4，101=5，其他值禁止使用，最大允许值为 $t_{RCD}-1$，默认值：000。

DREMR1[9:7]：离线驱动校准（OCD）。

  000=离线驱动校准模式存在

  001=驱动 1 模式拉起

  010=驱动 0 模式下拉

  100=离线驱动校准模式进入调整模式

  111=离线驱动校准缺省模式

  默认值：000

DREMR1[10]：DQS_b 使能/关闭位：0=DQS_b 为 DQS 信号的差分信号，1=只用 DQS 信号，失效 DQS_b 信号实际使用时，必须要使能 DQS_b，默认值：0。

DREMR1[11]：RDQS 使能/关闭位（RDQS），1=使能，0=关闭，实际使用时要关闭该功能，默认值：0。

DREMR1[12]：输出使能/关闭位（QOFF），0=DDR2 SDRAM 颗粒所有输出信号正常工作，1=DDR2 SDRAM 颗粒所有输出信号关闭正常工作时必须设置为 0，默认值：0。

DREMR1[15:13]：保留位，固定为 000。

DREMR1 [31:16]：保留位，固定为 0x0。

DDR2 模式寄存器 1 的位域定义如图 2-127 所示。

DREMR1

31 30 29 28 27 26 25 24 23 22 21 20 19 18 17 16	15 14 13	12	11	10	9 8 7	6	5 4 3	2	1	0
保留	000	0	0	0	000	0	000	00	0	0
	RSVD	QOFF	RDQS	DQS	OCD	RTT	AL	RTT	DIC	DEC

图 2-127　DDR2 模式寄存器 1 的位域定义

44. DDR2 模式寄存器 2（DREMR2）

DREMR2[2:0]：部分阵列刷新信号（PASR）：在自刷新时，所定义范围之外的阵列上存储的数据都会丢失，只刷新定义区域内的数据。对于有 4 个 bank 的 DDR2 SDRAM 有效设置为

000=4 个 bank

001=2 个 bank(bank 地址为 BA[1:0]=00&01)

010=1 个 bank(bank 地址为 BA[1:0]=00)

011=保留不用

100=3 个 bank(bank 地址为 BA[1:0]=01,10&11)

101=2 个 bank(bank 地址为 BA[1:0]=10&11)

110=1 个 bank(bank 地址为 BA[1:0]=11)

111=保留不用

对于有 8 个 bank 的 DDR2 SDRAM 有效设置为

000=8 个 bank,

001=4 个 bank(bank 地址为 BA[2:0]=000,001,010&011)

010=2 个 bank(bank 地址为 BA[2:0]=000,001)

011=1 个 bank(bank 地址为 BA[2:0]=000)

100=6 个 bank(bank 地址为 BA[2:0]=010,011,100,101,110&111)

101=4 个 bank(bank 地址为 BA[2:0]=100,101,110&111)

110=2 个 bank(bank 地址为 BA[2:0]=110&111)

111=1 个 bank(bank 地址为 BA[2:0]=111)

默认值：000

DREMR2[3]：使能 DDR2 SDRAM 的 DCC(时钟占空比修正)功能，如果所用的 DDR2 SDRAM 颗粒不支持 DCC，则该位必须设置为 0。0=关闭，1=使能，默认值：0。

DREMR2[6:4]：保留位，固定为 0，默认值 000。

DREMR2[7]：使能高温度自刷新速率(SRF)，0=关闭，1=使能，默认值：0。

DREMR2[8]：保留位，固定为 0。

DREMR2[10:9]：保留位，固定为 0。

DREMR2[15:11]：保留位，固定为 0。

DREMR2[31:16]：保留位，固定为 0。

DDR2 模式寄存器 2 的位域定义如图 2-128 所示。

DREMR2

31 30 29 28 27 26 25 24 23 22 21 20 19 18 17 16	15 14 13 12 11	10 9	8	7	6 5 4	3	2 1 0
保留	0	00	0	0	000	0	000
	RSVD	RSVD	RSRVD	SRF	RSVD	DCC	PASR

图 2-128　DDR2 模式寄存器 2 的位域定义

45. DDR2 模式寄存器 3(DREMR3)

DREMR3[2:0]：保留位，固定为 000。

DREMR3[15:3]：保留位，固定为 0x0。

DREMR3[31:16]：保留位，固定为 0x0。

DDR2 模式寄存器 3 的位域定义如图 2-129 所示。

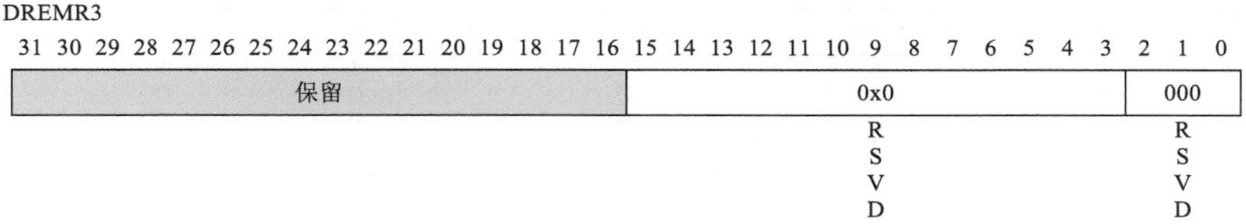

DREMR3

31 30 29 28 27 26 25 24 23 22 21 20 19 18 17 16	15 14 13 12 11 10 9 8 7 6 5 4 3	2 1 0
保留	0x0	000
	R S V D	R S V D

图 2-129 DDR2 模式寄存器 3 的位域定义

46. 主机端口配置寄存器 0(DRHPCR0)

DRHPCR0[7:0]：HPBL，表明内部仲裁在主机端口 0 执行多少个命令后转去执行其他主机端口的命令。因为目前只有 1 个主机端口，所以只使用默认值就可以了，默认值：0x00。

DRHPCR0[31:8]：保留位，固定为 0x0，读时返回 0 值。

主机端口配置寄存器 0 的位域定义如图 2-130 所示。

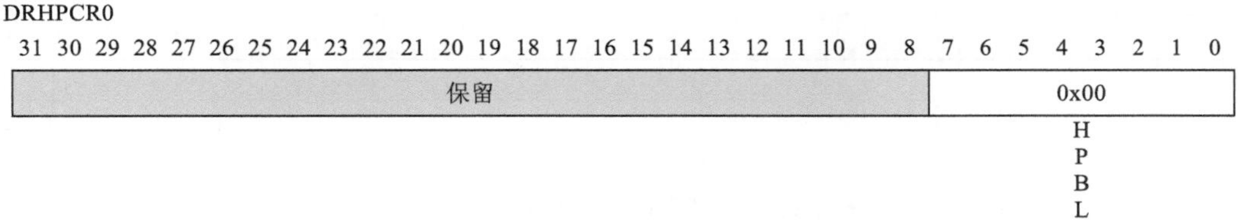

DRHPCR0

31 30 29 28 27 26 25 24 23 22 21 20 19 18 17 16 15 14 13 12 11 10 9 8	7 6 5 4 3 2 1 0
保留	0x00
	H P B L

图 2-130 主机端口配置寄存器 0 的位域定义

47. 权限配置寄存器 0(DRPQCR0)

DRPQCR0[7:0]：TOUT，低权限队列等待被执行的最长时限，以时钟周期数为单位，有效值为 0～255，目前只使用 1 个权限队列，所以只需要使用默认值 0x0。

DRPQCR0[9:8]：TOUTX，增加 TOUT 最长时限的乘法因子，可以增加最长时限，目前只使用默认值 00。

DRPQCR0[11:10]：只使用默认值 00。

DRPQCR0 [19:12]：只使用默认值 0x0。

DRPQCR0[24:20]：只使用默认值 00000。

DRPQCR0[27:25]：只使用默认值 111。

DRPQCR0[28]：只使用默认值 0。

DRPQCR0[31:29]：保留位，固定为 0，读时返回 0 值。

权限配置寄存器的位域定义如图 2-131 所示。

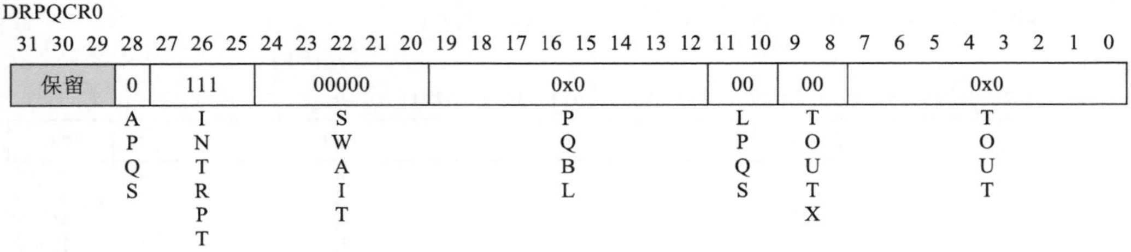

DRPQCR0

31 30 29	28	27 26 25	24 23 22 21 20	19 18 17 16 15 14 13 12	11 10 9	8	7 6 5 4 3 2 1 0
保留	0	111	00000	0x0	00	00	0x0
	A P Q S	I N T R P T	S W A I T	P Q B L	L P Q S	T O U T X	T O U T

图 2-131　权限配置寄存器的位域定义

48. 端口管理寄存器（DRMMGCR）

DRMMGCR[1:0]：设置主机端口 0 的优先级，目前只有 1 个主机端口，所以只使用默认值 00。

DRMMGCR[31:2]：保留位，固定为 0x0，读时返回 0 值。

端口管理寄存器的位域定义如图 2-132 所示。

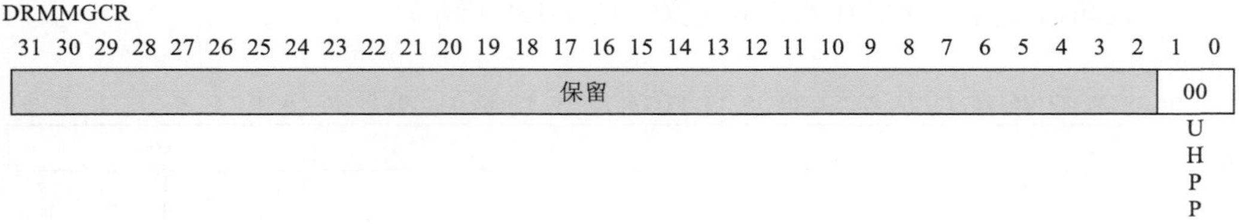

DRMMGCR

31 30 29 28 27 26 25 24 23 22 21 20 19 18 17 16 15 14 13 12 11 10 9 8 7 6 5 4 3 2	1 0
保留	00
	U H P P

图 2-132　端口管理寄存器的位域定义

2.2.10　数据存储器读写冲突标志寄存器

DMA 各个通道之间、访存指令与 DMA 各个通道之间都有可能发生对同一个地址的读写冲突。数据存储器共 24 个 bank，本类型寄存器共 24 个，用于对应记录每个 bank 发生的读写冲突情况。其中，DMRWCFR0～DMRWCFR7 对应记录 block0 的 bank0～bank7 的读写冲突情况；DMRWCFR8～DMRWCFR15 对应记录 block1 的 bank0～bank7 的读写冲突情况；DMRWCFR16～DMRWCFR23 对应记录 block2 的 bank0～bank7 的读写冲突情况。这组寄存器不可用指令访问，仅 JTAG 逻辑可见。

DMRWCFRx[0]：0：对应 bank 无读写冲突；1：对应 bank 有读写冲突。

DMRWCFRx[3:1]：向对应 bank 的读操作通道号。

"000" 表示无读操作;

"001" 表示 CPU 发起读操作;

"010" 表示 Link0 发起读操作;

"011" 表示 Link1 发起读操作;

"100" 表示 Link2 发起读操作;

"101" 表示 Link3 发起读操作;

"110" 表示 DDR2 发起读操作;

"111" 表示 PAR 并口发起读操作。

DMRWCFRx[7:5]: 向对应 bank 的写操作通道号。

"000" 表示无写操作;

"001" 表示 CPU 发起写操作;

"010" 表示 Link0 发起写操作;

"011" 表示 Link1 发起写操作;

"100" 表示 Link2 发起写操作;

"101" 表示 Link3 发起写操作;

"110" 表示 DDR2 发起写操作;

"111" 表示 PAR 并口发起写操作。

DMRWCFRx[23:9]: 对应 bank 的冲突地址。

数据存储器读写冲突标志寄存器的位域定义如图 2-133 所示。

31	30	29	28	27	26	25	24	23 22 21 20 19 18 17 16 15 14 13 12 11 10 9	8	7 6 5	4	3 2 1	0
保留	保留	保留	保留	保留	保留	保留	保留	0	保留	000	保留	000	0
								对应 bank 的冲突地址		发生冲突的写操作通道号		发生冲突的读操作通道号	是否冲突

图 2-133　数据存储器读写冲突标志寄存器的位域定义

第 3 章　中断及异常

BWDSP100 的中断可以用于实现任务同步、故障监测等功能。BWDSP100 含 5 类共 36 种中断，包括 DMA 传输完成中断、外部中断、软件中断、定时器中断及串口中断。每个中断在中断向量表(IVT)中都对应一个向量寄存器，同时在中断标志和中断屏蔽寄存器中都有一位与之对应。

3.1　中断向量表

BWDSP100 的每个中断都有一个中断向量寄存器与之对应，它保存了相应的中断服务程序入口地址。整个中断向量表包含 64 个 32bit 寄存器，其中 28 个保留，如表 3-1 所示。

表 3-1　中断向量表

优先级		中断名	向量寄存器	说明	统一地址映射[①]
高↓低	63	保留		保留	0x007F_0830
	62	保留		保留	0x007F_0831
	61	SWI	SWIR	软件异常	0x007F_0832
	60	HINT	HINTR	高优先级外部中断	0x007F_0833
	59	Timer0H	TIHR0	定时器 0 高优先级中断	0x007F_0834
	58	Timer1H	TIHR1	定时器 1 高优先级中断	0x007F_0835
	57	Timer2H	TIHR2	定时器 2 高优先级中断	0x007F_0836
	56	Timer3H	TIHR3	定时器 3 高优先级中断	0x007F_0837
	55	Timer4H	TIHR4	定时器 4 高优先级中断	0x007F_0838
	54	保留		保留	0x007F_0839
	53	INT0	INTR0	外部中断 0	0x007F_083A
	52	INT1	INTR1	外部中断 1	0x007F_083B
	51	INT2	INTR2	外部中断 2	0x007F_083C
	50	INT3	INTR3	外部中断 3	0x007F_083D
	49	DMA0I	DMAIR0	DMA 中断 0(Link0 接收)	0x007F_083E
	48	DMA1I	DMAIR1	DMA 中断 1(Link1 接收)	0x007F_083F
	47	DMA2I	DMAIR2	DMA 中断 2(Link2 接收)	0x007F_0840
	46	DMA3I	DMAIR3	DMA 中断 3(Link3 接收)	0x007F_0841

续表

优先级		中断名	向量寄存器	说明	统一地址映射①
	45	DMA4I	DMAIR4	DMA 中断 4(Link0 发送)	0x007F_0842
	44	DMA5I	DMAIR5	DMA 中断 5(Link1 发送)	0x007F_0843
	43	DMA6I	DMAIR6	DMA 中断 6(Link2 发送)	0x007F_0844
	42	DMA7I	DMAIR7	DMA 中断 7(Link3 发送)	0x007F_0845
	41	DMA8I	DMAIR8	DMA 中断 8(并口 DMA)	0x007F_0846
	40	DMA9I	DMAIR9	DMA 中断 9(DDR2 口 DMA)	0x007F_0847
	39	保留		保留	0x007F_0848
	38	保留		保留	0x007F_0849
	37	保留		保留	0x007F_084A
	36	保留		保留	0x007F_084B
	35	保留		保留	0x007F_084C
	34	保留		保留	0x007F_084D
	33	保留		保留	0x007F_084E
	32	保留		保留	0x007F_084F
	31	DMA10I	DMAIR10	DMA 中断 10(Link0 接收至 DDR2)	0x007F_0850
	30	DMA11I	DMAIR11	DMA 中断 11(Link1 接收至 DDR2)	0x007F_0851
	29	DMA12I	DMAIR12	DMA 中断 12(Link2 接收至 DDR2)	0x007F_0852
高	28	DMA13I	DMAIR13	DMA 中断 13(Link3 接收至 DDR2)	0x007F_0853
↓	27	DMA14I	DMAIR14	DMA 中断 14(Link0 发送至 DDR2)	0x007F_0854
低	26	DMA15I	DMAIR15	DMA 中断 15(Link1 发送至 DDR2)	0x007F_0855
	25	DMA16I	DMAIR16	DMA 中断 16(Link2 发送至 DDR2)	0x007F_0856
	24	DMA17I	DMAIR17	DMA 中断 17(Link3 发送至 DDR2)	0x007F_0857
	23	保留		保留	0x007F_0858
	22	保留		保留	0x007F_0859
	21	保留		保留	0x007F_085A
	20	保留		保留	0x007F_085B
	19	保留		保留	0x007F_085C
	18	保留		保留	0x007F_085D
	17	保留		保留	0x007F_085E
	16	保留		保留	0x007F_085F
	15	SRI	SRIR	串口接收中断	0x007F_0860
	14	STI	STIR	串口发送中断	0x007F_0861
	13	保留		保留	0x007F_0862
	12	保留		保留	0x007F_0863
	11	保留		保留	0x007F_0864

优先级		中断名	向量寄存器	说明	统一地址映射[①]
高 ↓ 低	10	保留		保留	0x007F_0865
	9	保留		保留	0x007F_0866
	8	保留		保留	0x007F_0867
	7	保留		保留	0x007F_0868
	6	Timer0L	TILR0	定时器 0 低优先级中断	0x007F_0869
	5	Timer1L	TILR1	定时器 1 低优先级中断	0x007F_086A
	4	Timer2L	TILR2	定时器 2 低优先级中断	0x007F_086B
	3	Timer3L	TILR3	定时器 3 低优先级中断	0x007F_086C
	2	Timer4L	TILR4	定时器 4 低优先级中断	0x007F_086D
	1	保留		保留	0x007F_086E
	0	保留		保留	0x007F_086F

注：① "统一地址映射"代表中断向量寄存器在统一地址空间中的地址，而中断向量寄存器中的内容则是对应类型中断的服务子程序入口地址。

3.2　中　断　类　型

BWDSP100 支持多种类型的中断，按照来源可分为内部中断和外部中断两种，按照触发方式可分为软件中断和硬件中断。BWDSP100 软件中断优先级最高，当软件中断发生后，流水中所有处于软件中断指令之后的指令将被中止。

3.3　内　部　中　断

3.3.1　定时器中断

中断向量寄存器如下。

TIHR0：定时器 0 高优先级中断，中断优先级 59，定时器 0 计数完成触发；
TIHR1：定时器 1 高优先级中断，中断优先级 58，定时器 1 计数完成触发；
TIHR2：定时器 2 高优先级中断，中断优先级 57，定时器 2 计数完成触发；
TIHR3：定时器 3 高优先级中断，中断优先级 56，定时器 3 计数完成触发；
TIHR4：定时器 4 高优先级中断，中断优先级 55，定时器 4 计数完成触发；
TILR0：定时器 0 低优先级中断，中断优先级 6，定时器 0 计数完成触发；
TILR1：定时器 1 低优先级中断，中断优先级 5，定时器 1 计数完成触发；
TILR2：定时器 2 低优先级中断，中断优先级 3，定时器 2 计数完成触发；

TILR3：定时器 3 低优先级中断，中断优先级 2，定时器 3 计数完成触发；

TILR4：定时器 4 低优先级中断，中断优先级 1，定时器 4 计数完成触发。

复位后，定时器中断被禁止，中断向量未做初始化。BWDSP100 共 10 个定时器中断，每个定时器对应一高一低两个中断优先级。定时器产生中断时，会同时设置 ILATR 中的两个中断标志（如定时器 0 会同时置位 6 和 59）。定时器中断服务程序执行后仅清除其中的一个标志位。若高优先级和低优先级中断均使能，则高、低优先级中断服务程序会被分别执行。

3.3.2　DMA 中断

中断向量寄存器如下。

DMAIR0：Link0 口接收完成中断，中断优先级 49；

DMAIR1：Link1 口接收完成中断，中断优先级 48；

DMAIR2：Link2 口接收完成中断，中断优先级 47；

DMAIR3：Link3 口接收完成中断，中断优先级 46；

DMAIR4：Link0 口发送完成中断，中断优先级 45；

DMAIR5：Link1 口发送完成中断，中断优先级 44；

DMAIR6：Link2 口发送完成中断，中断优先级 43；

DMAIR7：Link3 口发送完成中断，中断优先级 42；

DMAIR8：并口 DMA 传输完成中断，中断优先级 41；

DMAIR9：DDR2 口 DMA 传输完成中断，中断优先级 40；

DMAIR10：DDR2 至 Link0 口飞越传输完成中断，中断优先级 31；

DMAIR11：DDR2 至 Link1 口飞越传输完成中断，中断优先级 30；

DMAIR12：DDR2 至 Link2 口飞越传输完成中断，中断优先级 29；

DMAIR13：DDR2 至 Link3 口飞越传输完成中断，中断优先级 28；

DMAIR14：Link0 口至 DDR2 飞越传输完成中断，中断优先级 27；

DMAIR15：Link1 口至 DDR2 飞越传输完成中断，中断优先级 26；

DMAIR16：Link2 口至 DDR2 飞越传输完成中断，中断优先级 25；

DMAIR17：Link3 口至 DDR2 飞越传输完成中断，中断优先级 24。

复位后 DMA 中断被禁止，中断向量未做初始化。因引导过程产生的 DMA 中断将不被响应。BWDSP100 共 18 个 DMA 通道，每个 DMA 通道都可以触发一个中断。若 DMA 传输结束，对应的 ILATR 位将被置位。

3.3.3　串口中断

中断向量寄存器如下。

SRIR：串口接收完成中断，中断优先级 15；

STIR：串口发送完成中断，中断优先级 14。

复位后串口中断被禁止，中断向量未做初始化。串口中断包括串口接收和串口发送中断。当串口接收完成，触发串口接收中断；当串口发送完成，触发串口发射中断。

3.3.4　软件中断

中断向量寄存器如下。

SWIR：软件中断，中断优先级 61，strap 指令触发。

复位后软件中断开放，中断向量初始化为 0x0。当执行到 strap 指令时，清除该指令之后已经进入指令流水的全部指令，转到软件中断服务程序执行。

3.4　外　部　中　断

外部中断请求引脚 HINT、INTR0、INTR1、INTR2、INTR3，以上升沿方式触发中断。

中断向量寄存器如下。

HINTR：高优先级外部中断，对应外部中断请求 HINT，中断优先级 60，上升沿触发；

INTR0：外部中断 0，中断优先级 53，上升沿触发；

INTR1：外部中断 1，中断优先级 52，上升沿触发；

INTR2：外部中断 2，中断优先级 51，上升沿触发；

INTR3：外部中断 3，中断优先级 50，上升沿触发。

3.5　中断控制寄存器

中断控制寄存器包括：

中断锁存寄存器 ILATR，包括 ILATRh 和 ILATRl；

中断屏蔽寄存器 IMASKR，包括 IMASKRh 和 IMASKRh；

中断指针屏蔽寄存器 PMASKR，包括 PMASKRh 和 PMASKRl。

中断寄存器详细定义参见 2.2.4 节"中断控制寄存器"。

3.5.1　中断锁存寄存器

ILATR 寄存器是一个长度为 64bit 的寄存器，并通过两个 32bit 寄存器 ILATRh、ILATRl 来访问。它每一位对应一个中断，中断发生时相应位置 1。中断位按中断优先级排列，位 0 对应最低级中断。

用户可以通过写 ILATR 的设置寄存器(ISRl 或 ISRh)来手动触发中断。写入值与原值进行或操作，若写 1，则 ILATR 寄存器中的相应位置位，BWDSP100 将认为一个相应的中断发生。

中断位也可以通过写清除寄存器（ICRh 或 ICRl）来清除。写入值与原值进行与操作，若写 0，则 ILATR 寄存器的相应中断位被清除，而其他中断位维持不变。通过此方法，用户可以在中断执行前将挂起的中断清除。置位和清除操作很敏感，使用时必须遵循以下限制：

① 保留位禁止被置位；

② 不要试图直接写 ILATRl 或 ILATRh；

③ 和所有程序控制寄存器一样，置位和清除只能使用 32bit 单字。

3.5.2　中断屏蔽寄存器

IMASKR 寄存器是一个长度为 64bit 的寄存器，并通过两个 32bit 寄存器 IMASKRl 和 IMASKRh 访问。IMASKR 的屏蔽位[63:0]分别对应不同的中断。当 ILATR 中的中断位置位后，只有当 IMASKR 中对应的中断位也置位时中断才能响应。IMASKR 中的中断位与 ILATR 中的中断锁存位一一对应。

3.5.3　中断指针屏蔽寄存器

PMASKR 寄存器是一个长度为 64bit 的寄存器，并通过两个 32bit 寄存器 PMASKRl 和 PMASKRh 访问。PMASKR 的位排列与 IMASKR 的相同。

PMASKR 可用来跟踪嵌套的硬件中断，屏蔽优先级低于或等于当前正在被响应中断的中断。当 BWDSP100 开始响应某中断时，PMASKR 的相应位被置位。PMASKR 中为 1 的位表示此中断服务程序正在执行或嵌套于其他中断服务程序中。PMASKR 中最高的置 1 位表示当前正在执行此中断的中断服务程序。

例如，PMASKR=0x0030_0000_0000_0000 表示外部中断 0（中断优先级为 53）的中断服务程序正在被服务。此时 BWDSP100 不再响应优先级低于 53 的中断。

3.6　中　断　服　务

根据逻辑关系可以定义虚拟寄存器 PMASKR_R 为 PMASKR 的屏蔽变量（非真实寄存器）。PMASKR_R 所有高于 PMASKR 最高置 1 位的对应位置 1，而其他位清 0。

示例：正常工作时 PMASKR 为 0xF，则 PMASKR_R 等于 0xFF…F0。

BWDSP100 在响应硬件中断时将会按照图 3-1 所示响应过程完成以下操作。

步骤 1　处理器确定是否发生中断。

将 ILATR、IMASKR 以及 PMASKR_R 按位相与，若相与结果不为 0，且全局中断使能位置 1，则 BWDSP100 响应优先级最高的中断。

GCSR[0] & ILATR [N] & IMASKR[N] & PMASKR_R [N]

步骤 2　新中断发生时，如果没有其他硬件中断正在被服务，或者有其他低优先级硬件中断被服务且允许硬件中断嵌套，新中断服务程序的第一条指令被压入流水。

步骤 3　在中断服务程序的第一条指令到达流水的 EX 阶段之前，全局中断使能位（GCSR[0]）被重新检测。若全局中断使能位被清除，则流水中的所有中断服务指令都被中止，BWDSP100 继续顺序执行（就像没发生过该中断一样）。

步骤 4　PC 返回值（中断返回后应该被执行的第一条指令的 PC）保存到专用的中断返回 PC 堆栈中。

步骤 5　当中断服务程序的第一条指令到达流水的 EX 阶段，则 ILATR 中的相应中断标志位被清除，PMASKR 中的对应中断位被置 1。

步骤 6　中断返回，PC 返回值出栈。

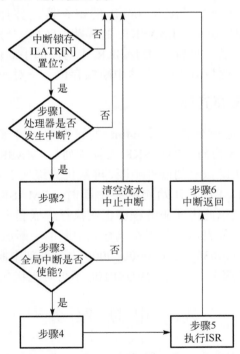

图 3-1　BWDSP 硬件中断响应过程

软件中断仅在软件中断指令（strap）到达流水的 EX 阶段时被触发。若软中断发生时，指令流水中所有位于产生软中断指令之后的全部指令都被中止（含硬件中断服务程序）。但此时硬件中断的中断标志（ILATR）没有被清除，在软件中断服务程序被执行完毕后，仍然可以响应。

3.7　中断返回

BWDSP100 内部有一个专门用于保护中断返回地址的堆栈。堆栈的深度为 64，宽度为 32。中断返回的地址由硬件自动完成压栈保护，当执行到中断返回指令 RETI 时，硬件自动完成 PC 出栈和修改取指 PC 的操作。

3.8　异　常

BWDSP100 内部定义了多种异常类型，硬件错误或程序员不当操作都会触发异常，具体的异常类型如表 3-2 所示。

表 3-2　异常类型

异常码(6 位)	异常类型说明
0x0	没有异常发生
0x1	子程序调用 PC 保护堆栈错误(栈空时出栈)
0x2	子程序调用 PC 保护堆栈错误(栈满时入栈)
0x3	中断响应 PC 保护堆栈错误(栈空时出栈)
0x4	保留
0x5	U 地址发生器访存地址越界
0x6	V 地址发生器访存地址越界
0x7	W 地址发生器访存地址越界
0x8	指令访问数据存储器读写冲突
0x9	指令访问数据存储器写写冲突
0xa	并口 DMA 传输过程中 CFGCE0 设置异常
0xb	并口 DMA 传输过程中 CFGCE1 设置异常
0xc	并口 DMA 传输过程中 CFGCE2 设置异常
0xd	并口 DMA 传输过程中 CFGCE3 设置异常
0xe	并口 DMA 传输过程中 CFGCE4 设置异常
0xf	DMA 的 Link0 口传输控制寄存器设置异常
0x10	DMA 的 Link1 口传输控制寄存器设置异常
0x11	DMA 的 Link2 口传输控制寄存器设置异常
0x12	DMA 的 Link3 口传输控制寄存器设置异常
0x13	DMA 的 Link0 口接收控制寄存器设置异常
0x14	DMA 的 Link1 口接收控制寄存器设置异常
0x15	DMA 的 Link2 口接收控制寄存器设置异常

异常码(6 位)	异常类型说明
0x16	DMA 的 Link3 口接收控制寄存器设置异常
0x17	DMA 的并口控制寄存器设置异常
0x18	DMA 的 DDR2 口控制寄存器设置异常
0x19	DMA 的 DDR2 到 Link0 口飞越传输控制寄存器设置异常
0x1a	DMA 的 DDR2 到 Link1 口飞越传输控制寄存器设置异常
0x1b	DMA 的 DDR2 到 Link2 口飞越传输控制寄存器设置异常
0x1c	DMA 的 DDR2 到 Link3 口飞越传输控制寄存器设置异常
0x1d	DMA 的 Link0 到 DDR2 飞越传输控制寄存器设置异常
0x1e	DMA 的 Link1 到 DDR2 飞越传输控制寄存器设置异常
0x1f	DMA 的 Link2 到 DDR2 飞越传输控制寄存器设置异常
0x20	DMA 的 Link3 到 DDR2 飞越传输控制寄存器设置异常
0x21	DMA 的 Link0 口传输地址异常，DMA_illegal
0x22	DMA 的 Link1 口传输地址异常，DMA_illegal
0x23	DMA 的 Link2 口传输地址异常，DMA_illegal
0x24	DMA 的 Link3 口传输地址异常，DMA_illegal
0x25	DMA 的 Link0 口接收地址异常，DMA_illegal
0x26	DMA 的 Link1 口接收地址异常，DMA_illegal
0x27	DMA 的 Link2 口接收地址异常，DMA_illegal
0x28	DMA 的 Link3 口接收地址异常，DMA_illegal
0x29	DMA 的并口地址异常，DMA_illegal
0x2a	DMA 的 DDR2 口地址异常，DMA_illegal
0x2b	DMA 的 DDR2 到 Link0 口飞越传输地址异常，DMA_illegal
0x2c	DMA 的 DDR2 到 Link1 口飞越传输地址异常，DMA_illegal
0x2d	DMA 的 DDR2 到 Link2 口飞越传输地址异常，DMA_illegal
0x2e	DMA 的 DDR2 到 Link3 口飞越传输地址异常，DMA_illegal
0x2f	DMA 的 Link0 口到 DDR2 飞越传输地址异常，DMA_illegal
0x30	DMA 的 Link1 口到 DDR2 飞越传输地址异常，DMA_illegal
0x31	DMA 的 Link2 口到 DDR2 飞越传输地址异常，DMA_illegal
0x32	DMA 的 Link3 口到 DDR2 飞越传输地址异常，DMA_illegal
0x33	DMA 传输时访问数据存储器读写冲突
0x34	UART 的接收控制寄存器设置异常
0x35	UART 的发送控制寄存器设置异常

异常的处理过程如下。

(1)在流水线上的 AC 和 EX 级检测异常。当检测到异常发生时，并不立即响应，所有异常将在 WB 级统一处理(DSP 停止工作)。

(2)一个执行行的异常码只设置一次。也就是说在本级检测到异常时,如果该执行行的异常码非 0x0,则该异常码不能被更新。例如,某执行行在发生 U 地址发生器访存地址越界(异常码为 0x5)后再次发生 DMA 传输时访问数据存储器读写冲突(异常码为 0x33),但异常码只记录 0x5。

(3)如果一个执行行在某级流水同时发生多个异常,则只记录异常码值较低者。例如,在一级流水上同时出现 U 地址发生器访存地址越界和并口 DMA 传输过程中 CFGCE0 设置异常,则该执行行的异常码将设置为 0x5。

(4)由于异常导致 DSP 停止工作后,异常码及对应执行行的 PC 值可以在诊断模式下获取。

第4章 链 路 口

4.1 综 述

BWDSP100 链路口是一种串行差分传输通道。链路口为不同 BWDSP100 之间、BWDSP100 和其他使用相同协议的器件之间提供了一种点对点的通信方式。

BWDSP100 有 8 个链路口，分为 4 个发送链路口和 4 个接收链路口，每个链路口由 8 对 LVDS（8bits）数据线和 3 对 LVDS 控制线构成。链路口由专用的 DMA 控制器控制。

4.1.1 链路结构

每个链路口有一个缓冲区，如图 4-1 所示。寄存器 Tx 和 Rx 是发送和接收缓冲寄存器。移位寄存器用于并/串及串/并转换。所有的寄存器都是 32bit。

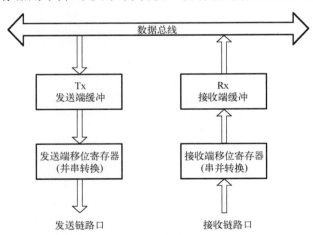

图 4-1 链路口结构

4.1.2 链路 I/O 引脚

链路口 I/O 引脚定义如表 4-1 和表 4-2 所示。BWDSP100 有 4 个发送链路口和 4 个接收链路口，表中信号名称里的 'x' 代表链路口 0、1、2 或 3。

表 4-1　发送链路口 I/O 引脚

信号	类型	定义
LxIRQOUT_P LxIRQOUT_N	差分输出	发送链路 x 请求信号输出
LxACKIN_P LxACKIN_N	差分输入	发送链路 x 应答信号输入
LxCLKOUT_P LxCLKOUT_N	差分输出	发送链路 x 时钟信号输出
LxDATOUT_P[7:0] LxDATOUT_N[7:0]	差分输出	发送链路 x 数据 (7:0) 输出

表 4-2　接收链路口 I/O 引脚

信号	类型	定义
LxIRQIN_P LxIRQIN_N	差分输入	接收链路 x 请求信号输入
LxACKOUT_P LxACKOUT_N	差分输出	接收链路 x 应答信号输出
LxCLKIN_P LxCLKIN_N	差分输入	接收链路 x 时钟信号输入
LxDATIN_P[7:0] LxDATIN_N[7:0]	差分输入	接收链路 x 数据 (7:0) 输入

4.1.3　发送和接收数据

在链路口 DMA 控制器的控制下，数据通过写入 Tx 缓冲进行发送，如果 Tx 缓冲满，则所有写入 Tx 缓冲的数据首先被拷贝到移位寄存器中，然后通过并串转换发送出去。Tx 缓冲中的数据拷贝到移位寄存器后，就可以接收新数据的写入。当接收移位寄存器为空时，接收端才允许接收数据。接收端口收到的数据首先进入接收移位寄存器，规定位宽的数据收齐后，接收端等到 Rx 缓冲空闲时把数据从移位寄存器拷贝到 Rx 缓冲。移位寄存器再次空闲时，才可以继续接收数据。

1. DMA

每个链路口都有一个专用的 DMA 通道，用于发送或接收数据。DMA 通道连接内部存储器和链路口。当 Tx 缓冲为满、发送 DMA 通道使能时且接收端准备好时，链路口发送端开始发送；当 Rx 缓冲空且接收 DMA 通道使能时，链路口接收端接收数据。

在飞越传输 DMA 控制器控制下，发送链路口的缓冲可以直接接收来自 DDR2 DMA 通道数据缓存的数据，接收链路口也可以将接收数据直接写入 DDR2 DMA 通道的数据缓存，从而实现数据飞越传输。

要获得更多有关飞越传输的信息，请参考 10.5 节"飞越传输 DMA"。

2．中断

当链路口完成一次设定长度的 DMA 传输后，链路口发送端和接收端分别产生发送完成中断和接收完成中断。

要获得更多信息，请参考 10.2 节"链路口 DMA"。

3．引导

在多片系统中，链路口可用于从片的程序加载、引导。要获得更多信息，请参考 1.3.4 节中的"从片引导"。

4.2 链路口通信协议

每个链路口通过 8bit 数据线进行通信，另外使用了 2bit 控制线和 1bit 时钟线。时钟是双沿有效，1bit 数据线在时钟的上升沿和下降沿分别发送或接收 1bit 的数据。图 4-2 为 BWDSP100 链路口间的连接示意图。

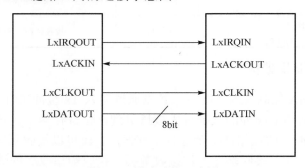

图 4-2　链路连接示意图

4.2.1　链路口传输协议

数据传输长度决定在一次数据传输过程中需要传输的数据量。链路口 DMA 启动一次，设定的最大数据传输长度为 256K×32bit 字，最小数据传输长度为 16×32bit 字，因此 DMA 数据传输长度值应大于等于 0x0000F 且小于等于 0x3FFFF。地址步进间隔设定为 16 位，即地址最大跳变值为 65535，起始地址为 32bit。

DMA 启动脉冲由指令产生，一旦指令发出 DMA 启动命令(将 LTPR[2:1]置为"11")，DMA 发送端控制器首先检查 Link 口接收端是否准备好。Link 口接收端 DMA 在上电复位或上次 DMA 传输结束后，保持接收响应信号 LxACKOUT 为高电平，表示接收停止。当正确配置 Link 口接收端 DMA 控制寄存器并置接收传输使能位（LRPR[3]='1'）有效后，LxACKOUT 拉低，表示准备好进行 DMA 接收工作。

如图 4-3 所示，发端通过 LxIRQOUT 连续发送码形为"110011"的 DMA 发送请求信号，并且随后通过 LxDATOUT[0] 连续送出两个 32bit 控制字给接收端，接收端将收到的 2 个 32bit 控制字按位分别赋值给接收控制寄存器所对应的控制位，之后将 LxACKOUT 拉高表示可以接收正常数据。发送端在发送完控制字之后将 LxIRQOUT 信号拉高，同时将源起始地址送到读总线仲裁电路进行仲裁，一旦取得总线控制权，就将此地址所访问的存储器中数据写入到相应的乒缓存中，然后用起始地址加步进值计算出新地址值，并重复上述操作，直至将深度为 8 的乒缓存填满随后切换至乓缓存，并将 LxIRQOUT 信号拉低，乒缓存中 8 个 32bit 数据（对应 8 个串行输出通道 LxDATOUT[7:0]）开始进行并串转换与发送。接收端接收串行数据，进行串并转换，并将转换后的 32bit 并行数据存入接收乒缓存中。所有的并串/串并转换、发送与接收工作都严格按照 LxIRQOUT/LxIRQIN 信号的下降沿同步。在一次缓存数据（8×32bit 或 8×34bit）发送完毕后，发端将根据读总线仲裁的结果与接收端反馈的响应信号 LxACKIN 来决定是连续发送或暂停发送，即维持 LxIRQOUT 为低（'0'）或拉高（'1'）。重复上述操作直至地址计数长度达到所设定的 DMA 传输长度，Link 口发送工作结束，给出发送结束标志（LTPR[0]置'1'），并触发发送完成中断。

接收端完成一次数据（8×32bit 或 8×34bit）接收并存入缓存后，DMA 控制器开始产生片内数据存储器写地址，地址送到写总线仲裁电路进行仲裁，一旦取得总线控制权，就将从缓存取出的 32bit 数据写入到此地址所访问的内部存储器中，然后用目标起始地址加步进值计算出新地址值，并重复上述操作，直至将深度为 8 的缓存读空并全部写入到内部存储器，随后切换至乓缓存重复上述操作。在一次接收完成时，将根据写总线仲裁的结果来决定是继续接收数据或暂停接收，即维持 LxACKOUT 为高（'1'）或拉低（'0'）。当写地址计数长度达到控制寄存器所设定的传输长度，Link 口接收完全结束，给出接收结束标志（LRPR[0]='1'），并触发接收完成中断。

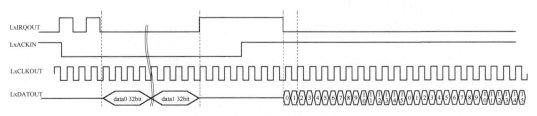

图 4-3　链路口发送传输时序图

4.2.2　并串转换电路

Link 口传输物理层以 LVDS 方式进行，每个发送 Link 口由 8bit LVDS 数据通道构成，这 8 个通道以串行方式传输，8 个通道对应传输 8 个字，即每个字对应串行化到每个 LVDS 数据通道进行传输。

数据输出由一组 8 个并串转换电路构成，即将一个 32bit 的并行数据转变成 1bit 的串行数据发送出去。数据并串转换从 32bit 数据的第 0 位开始，先低后高。链路口信号有：数据传输请求信号（LxIRQOUT/LxIRQIN，1bit）、数据接收应答信号（LxACKIN/LxACKOUT，1bit）、8 个 LVDS 数据通道（LxDATOUT[7:0]/LxDATIN[7:0]，8bit）、随路时钟（LxCLKOUT/LxCLKIN，1bit）。

数据传输字宽为 32bit（或双 16bit）数据，这些数据按照串行数据方式进行传输，为了检验数据在传输过程当中是否存在错误，在校验模式下，每个字可以自动增加一位奇偶校验码，即在原来数据位数的基础上增加一位奇偶校验位，校验工作在链路口收端自动完成。

并串转换电路示意图如图 4-4 所示。其工作方式为：首先将 Tx 数据缓存中的 32bit 数据（或加奇偶校验位后的 34bit 数据）按奇偶位分解成两个 16bit 数据（或 17bit 数据）；分解后的两个数据同时开始并串转换工作，转换输出先低位后高位，在转换输出端使用随路时钟 LxCLKOUT 进行奇偶位数据输出选择，LxCLKOUT 为高电平时选择偶数段串行输出数据，为低时选择奇数段输出数据。如随路时钟为 150MHz，则串口传输数据率可达到 300MHz。

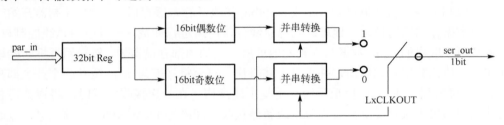

图 4-4　并串转换电路示意图

4.2.3　串并转换电路

每一个 Link 接收端口由 8 个 LVDS 数据通道构成，这 8 个通道分别以串行方式输入 1bit 数据，8 个通道在同一个时间节拍内同时接收 8bit 数据。接收到串行数据之后要进行串并转换，每个通道有一个串并转换电路，即将一串 1bit 的串行数据转变成一个 32bit 的并行数据存入缓存。数据传输方式为先低位后高位。串并转换速率由发送端给定的 LxCLKIN 时钟决定。接收到的串行数据在做串并转换时，需要根据发送端事先发送的控制字中的数据字宽、是否有符号数等信息来确定相应的操作。串并转换电路示意图如图 4-5 所示。

串并转换的过程为：首先将输入的 1bit 串行数据分别利用时钟 LxCLKIN 的上

升沿和下降沿在不同的时刻打入(串并转换)两个 16bit 寄存器中，分别为所需得到数据的奇偶位(上升沿采样奇数位数据，下降沿采样偶数位数据)。根据传输数据字宽设定，在接收完一次完整的串行数据后，将奇偶位并行数据合并成一个完整的 32bit 并行数据(在校验模式下同时进行奇偶校验)，之后将数据存入 Rx 乒乓缓存中。

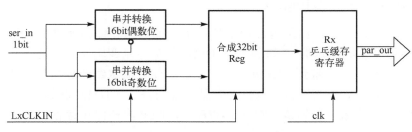

图 4-5　串并转换电路示意图

4.3　错误检测机制

链路口可以自动检测地址非法错误、DMA 参数设置错误，以及奇偶校验错误。

4.3.1　发送端错误检测

可以检测到两种发送端错误。

1．地址非法错误(LTPR[3])

DMA 传输过程中，如果内部地址超过了内部数据存储器允许的地址范围，则引发"DMA 传输地址异常"。该异常由 DMA 传输控制逻辑检测、送出。该异常在流水线的 AC 级捕获，带到 WB 级生效，并且不能被流水线清除信号所清除。该异常的效果是：DMA 控制逻辑一旦检测到某个通道发生"DMA 传输地址异常"，立即停止 DMA 的传输。等到该异常标志到达 WB 级，DSP 内核停止运行。

2．DMA 参数设置错误(LTPR[4])

当 DMA 控制寄存器中的传输长度寄存器设置的值小于 0x0000F 或大于 0x3FFFF 时，链路口 DMA 控制器将给出参数错误标志。参数设置错误情况下如果试图发起 DMA，会引发异常。

4.3.2　接收端错误检测

可以检测到两种接收端错误。

1．奇偶校验错误（LRPR[1]）

在校验模式下，发送端会在每个字的结尾附加一个奇偶校验位。接收端将收到的数据按设定的校验规则进行校验，若校验错误则置位寄存器中的奇偶校验错误标志位。

2．地址非法错误（LRPR[2]）

DMA 传输过程中，如果内部地址超过了内部数据存储器允许的地址范围，则引发"DMA 传输地址异常"。该异常由 DMA 传输控制逻辑检测、送出。该异常在流水线的 AC 级捕获，带到 WB 级生效，并且不能被流水线清除信号所清除。该异常的效果是，DMA 控制逻辑一旦检测到某个通道发生"DMA 传输地址异常"，立即停止 DMA 的传输。等到该异常到达 WB 级，DSP 内核停止运行。

4.4　链路口 DMA 控制寄存器组

控制寄存器组用来配置链路口，并反映各个链路口的错误及状态信息。BWDSP100 针对 4 个发送链路口和 4 个接收链路口共有 8 套控制寄存器，每个链路口分配一套。控制寄存器组是可读/可写的。要获得更多信息，请参考 2.2.3 节"DMA 控制寄存器"。

第5章 并 口

通用并行口承担着外接 SRAM、FLASH、EPROM 等慢速外设以扩展存储空间的任务，同时上电程序加载也需要利用通用并行口完成。它的统一地址空间编址为 0x10000000～0x5FFFFFFF，划分为 5 个独立的外部地址空间 CE0～CE4，每次 DMA 传输只能访问一个外部地址空间。并口管脚定义如表 5-1 所示。

表 5-1 并口管脚定义

信号名称	类型	定义
PAR_ADR 29-0	O	外设地址总线
PAR_DAT 63-0	I/O	外部数据总线
PAR_WE_N	O	外设读写使能，0：写外存，1：读外存
CE0A _N	O	外部地址空间 CE0 的低 32bit 片选使能信号
CE0B _N	O	外部地址空间 CE0 的高 32bit 片选使能信号
CE1A _N	O	外部地址空间 CE1 的低 32bit 片选使能信号
CE1B _N	O	外部地址空间 CE1 的高 32bit 片选使能信号
CE2A _N	O	外部地址空间 CE2 的低 32bit 片选使能信号
CE2B _N	O	外部地址空间 CE2 的高 32bit 片选使能信号
CE3A _N	O	外部地址空间 CE3 的低 32bit 片选使能信号
CE3B _N	O	外部地址空间 CE3 的高 32bit 片选使能信号
CE4A _N	O	外部地址空间 CE4 的低 32bit 片选使能信号
CE4B _N	O	外部地址空间 CE4 的高 32bit 片选使能信号

并口共分 5 个 CE 空间，每个 CE 空间有一个 32bit 的配置寄存器 CFGCE0～CFGCE4，用于配置该 CE 空间接口的并口建立时间 CFGCE[31:28]、窗口时间 CFGCE[25:20]、保持时间 CFGCE[19:16] 和位宽选择 CFGCE[9:8] 等信息。建立时间指并口写使能信号有效之前地址/数据必须保持有效的时间。窗口时间指并口写使能信号持续有效的时间。保持时间指并口写使能撤销后地址/数据仍需保持有效的时间。建立、窗口及保持时间用 DSP 主时钟周期数来衡量。通过配置并口的建立时间、窗口时间和保持时间可以更改并口的传输速率，并口的传输速率=DSP 主时钟频率/(并口建立时间+并口窗口时间+并口保持时间)。并口的最高传输速率为 DSP 主时钟频率的五分之一，此时，建立时间 CFGCE[31:28] 为"0000"（代表 1 个 DSP 主时钟周期），窗口时间 CFGCE[25:20] 为"000010"（代表 3 个 DSP 主时钟周期），保

持时间 CFGCE[19:16]为"0000"（代表 1 个 DSP 主时钟周期）。并口配制寄存器信息详见 2.2.7 节。图 5-1 和图 5-2 分别给出并口读/写操作时的端口时序简图。

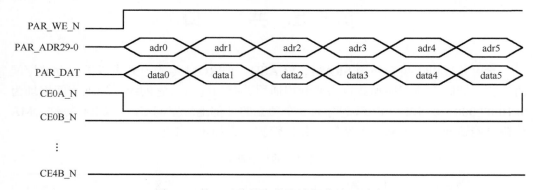

图 5-1　并口对片外存储器读操作端口时序

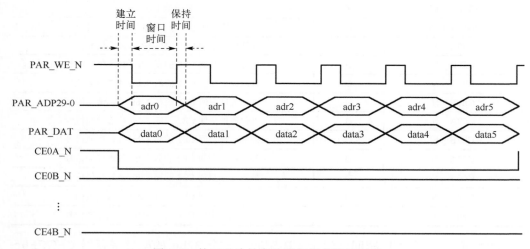

图 5-2　并口对片外存储器写操作端口时序

特别说明，在写并口时，一次并口访问的时序为：地址/数据首先建立，经过"建立时间"规定的周期之后，写使能有效；再经过"窗口时间"规定的周期后，写使能撤销；继而再经过"保持时间"规定的周期后，地址/数据撤销。在读并口时，读地址维持的周期数为"建立时间+窗口时间+保持时间"。

并口提供的外设位宽（CFGCE[9:8]）有 64bit、32bit、16bit 和 8bit 四种选择。DMA控制器中的外部地址起始值和步进值都是按照 32bit 统一地址空间设置的，这样计算出的外部地址值与实际的外部设备物理地址之间会有差异，它们之间的简单对应关系如下所示。

(1)外设为 64bit 时，每个外设物理地址对应相邻两个统一地址空间的地址，统一地址空间的奇地址存储单元对应外设存储单元的高 32bit，统一地址空间的偶地址存储单元对应外设存储单元的低 32bit。实际外设物理地址 ra 与统一地址 ua 的关系是 ra=ua/2；外设起始地址值和步进值需要设置为偶数，外设步进值除以 2 后为外设物理地址步进值，如表 5-2 所示。

表 5-2 并口定义为 64bit，统一地址空间与外设物理地址之间的对应

统一地址空间 ua		外设物理地址 ra
1	0	0
3	2	1
5	4	2
7	6	3
...	...	...

(2)外设为 32bit 时，实际外设物理地址与统一地址空间一一对应。ra=ua。如表 5-3 所示。

表 5-3 并口定义为 32bit，统一地址空间与外设物理地址之间的对应

统一地址空间 ua	外设物理地址 ra
0	0
1	1
2	2
3	3
...	...

(3)外设为 16bit 时，每个统一地址空间地址对应相邻两个外设物理地址，统一地址对应的 32bit 数据的高 16bit 存储在外设奇地址存储单元，低 16bit 存储在外设偶地址存储单元。ra0=ua×2，ra1=ua×2+1；外设步进乘以 2 后为实际物理地址计算步进值，如表 5-4 所示。

表 5-4 并口定义为 16bit，统一地址空间与外设物理地址之间的对应

统一地址空间 ua	外设物理地址 ra
0	0
	1
1	2
	3
2	4
	5
3	6
	7
...	...

(4)外设为 8bit 时，每个统一地址空间对应相邻四个外设物理地址，统一地址对应的 32bit 数据的最高 8bit 存储在外设最高奇地址存储单元，最低 8bit 存储在外设最低偶地址存储单元。ra0=ua×4，ra1=ua×4+1，ra2=ua×4+2，ra3=ua×4+3。外设步进乘以 4 后为实际物理地址计算步进值，如表 5-5 所示。

表 5-5　并口定义为 8bit，统一地址空间与外设物理地址之间的对应

统一地址空间 ua	外设物理地址 ra
0	0
	1
	2
	3
1	4
	5
	6
	7
...	...

BWDSP100 并口 DMA 内部数据通道又分为 64bit 与 32bit 两种情况。在 32bit 通道宽度情况下，一次可以从内部存储器读写 1 个 32bit 数据；在 64bit 通道宽度情况下，一次可以从内部存储器读写 2 个 32bit 数据。

第 6 章　DDR2 接口

6.1　DDR2 控制器介绍

DDR2 控制器负责将内部信号时序转换成 DDR2 SDRAM 能够识别的信号时序，并在上电时自动完成对 DDR2 SDRAM 的初始化操作，是 DDR2 接口的主要功能模块。

6.1.1　典型的 DDR2 SDRAM 接口信号

BWDSP100 的 DDR2 控制器可与大多数满足 JEDEC 标准的 DDR2 SDRAM 进行数据传输，DDR2 控制器的输入/输出信号命令时序关系均满足 DDR2 的 JEDEC 标准。典型的 DDR2 SDRAM 接口信号如图 6-1 所示。

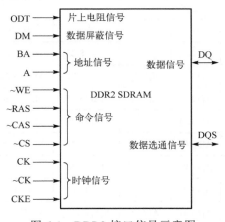

图 6-1　DDR2 接口信号示意图

DDR2 SDRAM 的接口信号主要分成时钟信号、命令信号、地址信号和数据传输信号（数据信号和数据选通信号）四类。其中，数据信号（DQ）和数据选通信号（DQS）为双向信号，在写操作中，这两个信号由 DDR2 控制器发送给 DDR2 SDRAM；在读操作中，这两个信号由 DDR2 SDRAM 发送给 DDR2 控制器。其他信号均由 DDR2 控制器送给 DDR2 SDRAM。

6.1.2　DDR2 SDRAM 地址映射

DDR2 控制器输出 16 位行、列地址复用的地址信号，给激活命令提供行地址，给读写命令提供列地址和自动充电位。DDR2 控制器最多可支持 4 个 rank 的 DDR2 SDRAM 存储模块,每个 rank 的存储模块与控制器之间为 64 位的数据接口,4 个 rank 通过 DDR_CS_N 信号选择。不同型号的 DDR2 SDRAM 其行地址、列地址、区域(bank)地址的位宽各不相同, BWDSP100 内核对 DDR2 SDRAM 的映射地址为 31 位(MA[30:0]),其寻址空间为 32'h8000_0000～32'hFFFF_FFFF,寻址空间的每个地址都对应一个 32 位数据。寻址空间的地址减去 32'h8000_0000 就是映射地址 MA [30:0],例如,寻址空间地址为 32'h8000_0FFF,则对应的 MA [30:0]= 31'h0FFF。31 位映射地址的最低位表示该地址对应的 32 位数据是送给 64 位数据通道的低 32 位还是高 32 位(0 表示送给低 32 位, 1 表示送给高 32 位);31 位映射地址的高 30 位才对应 DDR2 SDRAM 的实际物理地址。DDR2 实际能寻址的空间要根据所使用的 DDR2 SDRAM 类型来确定。DDR2 控制器的地址映射关系如表 6-1。

表 6-1　DDR2 地址映射表

DDR2 SDRAM					系统映射地址 MA [30:1]			
DDR2 类型		地址配置						
容量	I/O	区域	行	列	等级	区域	行	列
256Mbit	×4	BA[1:0]	A[12:0]	A[11] A[9:0]	MA[28:27]	MA[26:25]	MA[24:12]	MA[11:1]
	×8	BA[1:0]	A[12:0]	A[9:0]	MA[27:26]	MA[25:24]	MA[23:11]	MA[10:1]
	×16	BA[1:0]	A[12:0]	A[8:0]	MA[26:25]	MA[24:23]	MA[22:10]	MA [9:1]
512Mbit	×4	BA[1:0]	A[13:0]	A[11] A[9:0]	MA[29:28]	MA[27:26]	MA[25:12]	MA[11:1]
	×8	BA[1:0]	A[13:0]	A[9:0]	MA[28:27]	MA[26:25]	MA[24:11]	MA[10:1]
	×16	BA[1:0]	A[12:0]	A[9:0]	MA[27:26]	MA[25:24]	MA[23:11]	MA[10:1]
1Gbit	×4	BA[2:0]	A[13:0]	A[11] A[9:0]	MA[30:29]	MA[28:26]	MA[25:12]	MA[11:1]
	×8	BA[2:0]	A[13:0]	A[9:0]	MA[29:28]	MA[27:25]	MA[24:11]	MA[10:1]
	×16	BA[2:0]	A[12:0]	A[9:0]	MA[28:27]	MA[26:24]	MA[23:11]	MA[10:1]
2Gbit	×4	BA[2:0]	A[14:0]	A[11] A[9:0]	MA[31:30]	MA[29:27]	MA[26:12]	MA[11:1]
	×8	BA[2:0]	A[14:0]	A[9:0]	MA[30:29]	MA[28:26]	MA[25:11]	MA[10:1]
	×16	BA[2:0]	A[13:0]	A[9:0]	MA[29:28]	MA[27:25]	MA[24:11]	MA[10:1]
4Gbit	×4	BA[2:0]	A[15:0]	A[11] A[9:0]	MA[32:31]	MA[30:28]	MA[27:12]	MA[11:1]
	×8	BA[2:0]	A[15:0]	A[9:0]	MA[31:30]	MA[29:27]	MA[26:11]	MA[10:1]
	×16	BA[2:0]	A[14:0]	A[9:0]	MA[30:29]	MA[28:26]	MA[25:11]	MA[10:1]

　　表中左侧为不同型号 DDR2 的行地址、列地址、区域地址位宽，表中右侧的系统映射地址是指 DDR2 控制器接收的地址，读写操作中，DDR2 控制器会按照上述映射方式将接收的地址分解为行、列、bank 及 rank 地址，选用的 DDR2 SDRAM 不同，映射时使用的地址位宽也不同。

　　例如，使用 256Mbit×16 的 DDR2 SDRAM，存储器的寻址地址最多有 26 位，因此，系统给出的寻址空间最多只能有 27 位，MA [26:25] 用来表示 rank 地址。

　　因为只有 30 位的 BWDSP100 寻址空间与 DDR2 SDRAM 的物理地址对应，从表 6-1 中可知，使用位宽为 4 的 DDR2 SDRAM 时，可寻址的 DDR2 SDRAM 最大容量为 1Gbit；使用位宽为 8 的 DDR2 SDRAM 时，可寻址的 DDR2 SDRAM 最大容量为 2Gbit；使用位宽为 16 的 DDR2 SDRAM 时，可寻址的 DDR2 SDRAM 最大容量为 4Gbit。

6.1.3　DDR2 SDRAM 接口命令

　　DDR2 控制器可以正确产生 DDR2 JEDEC 标准 (JESD79-2D) 规定的操作命令，并确保各操作命令之间正确的时序关系。DDR2 控制器通过 CS、RAS、CAS、WE 等输出信号来产生各种 DDR2 命令。

　　DDR2 操作命令真值表如表 6-2 所示。

表 6-2　DDR2 操作命令真值表

功能	CKE		CS	RAS	CAS	WE	BA0 ～ BAX	AXX ～ A11	A10	A0 ～ A9
	先前的	现在的								
模式寄存器设置 (mode register set)	H	H	L	L	L	L	BA	工作模式码		
刷新 (refresh)	H	H	L	L	L	H	X	X	X	X
进入自刷新 (self refresh entry)	H	L	L	L	L	H	X	X	X	X
退出自刷新 (self refresh exit)	L	H	H	X	X	X	X	X	X	X
			L	H	H	H				
单 bank 预充电 (single bank precharge)	H	H	L	L	H	L	BA	X	L	X
所有 bank 预充电 (precharge all banks)	H	H	L	L	H	L	X	X	H	X
激活 bank (bank activate)	H	H	L	L	H	H	BA	行地址		
写操作 (write)	H	H	L	H	L	L	BA	列	L	列
带预充电的写操作 (write with precharge)	H	H	L	H	L	L	BA	列	H	列

续表

功能	CKE		CS	RAS	CAS	WE	BA0～BAX	AXX～A11	A10	A0～A9
	先前的	现在的								
读操作 (read)	H	H	L	H	L	H	BA	列	L	列
带预充电的读操作 (read with precharge)	H	H	L	H	L	H	BA	列	H	列
空操作 (no operation)	H	X	L	H	H	H	X	X	X	X
器件选择退出 (device deselect)	H	X	H	X	X	X	X	X	X	X
进入节电模式 (power down entry)	H	L	H	X	X	X	X	X	X	X
			L	H	H	H				
退出节电模式 (power down exit)	L	H	H	X	X	X	X	X	X	X
			L	H	H	H				

注：1. BAX 和 AXX 代表 bank 地址和列地址的最高位，不同容量的 DDR2 SDRAM 的 BAX 和 AXX 会不相同。

　　2. "X" 代表 "H" 或 "L"（一定是个确定的逻辑电平）。

　　3. DDR2 SDRAM 的所有命令都由时钟上升沿时的 CS、RAS、CAS、WE 和 CKE 信号的状态联合决定。

6.1.4　DDR2 控制器功能和结构概述

DDR2 SDRAM 在时钟的上升沿和下降沿进行数据传输，其特点是功耗低、存储容量大且工作频率高，适合在高速大批量数据传输中使用。DDR2 SDRAM 虽然具有很多优点，但是其工作时序非常复杂，为方便用户使用，DDR2 SDRAM 需要专门的控制器进行控制。

DDR2 控制器的主要功能有：

系统上电后，自动完成对 DDR2 SDRAM 的初始化操作；

将 DMA 通道的读写命令时序转换为 DDR2 SDRAM 专用的命令时序；

可以对 DDR2 控制器及 DDR2 SDRAM 的工作方式和时序等参数进行配置；

自动发送除读写命令之外的 DDR2 操作命令；

自动执行刷新操作；

完成突发长度为 4 的数据传输；

与 DDR2 SDRAM 存储系统进行宽度为 64 位的数据传输。

控制器与 DDR2 SDRAM 在时钟的上升沿及下降沿进行数据传输。控制器的读写操作采用突发方式，读写开始于寻址地址选定的 DDR2 列地址，然后进行突发长度为 4 的突发读写操作。只要指定起始列地址与突发长度，DDR2 SDRAM 就会依次对起始地址之后相应数量的存储单元进行读写操作，而不需要控制器连续提供列地址。

DDR2 控制器具有数据训练功能，保证高速数据传输中能正确采集到数据。用户在发起正常 DDR2 传输之前，通过配置寄存器 DRCCR 来触发数据训练功能，该功能触发后，DDR2 控制器会通过不断向 DDR2 SDRAM 写入、读取一组内置的数据来寻找最佳的数据采集点，实现对数据的正确采集。在数据训练的过程中，所有的操作都由 DDR2 控制器自动控制完成，不需要用户提供任何命令、数据和地址，当数据训练完成后，DDR2 控制器才开始响应 DSP 的 DDR2 DMA 通道的访问请求。

DDR2 SDRAM 在工作过程中，需要结合使用各种命令来完成一个操作任务，常用的命令有读命令、写命令、预充电命令、激活命令、自动刷新命令等，这些命令的时序控制由 DDR2 控制器完成，用户只需要发送读写命令。

DDR2 控制器按其功能可以分为两大模块：配置功能模块和主机功能模块。配置功能模块主要实现对 DDR2 控制器的设置，在正常工作前，要根据实际使用情况对各个控制寄存器进行正确的设置。主机功能模块主要实现与 DSP 的 DDR2 DMA 通道的交互，完成对 DDR2 SDRAM 的读写操作。

6.1.5　DDR2 控制器的初始化操作

DDR2 SDRAM 必须按照规定的顺序进行启动和初始化，不正确的初始化顺序将导致错误的结果。系统上电后，DDR2 控制器会自动执行对 DDR2 SDRAM 的初始化操作，其启动过程如图 6-2 所示。

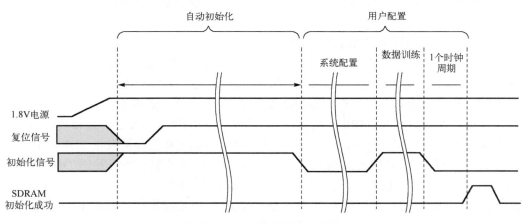

图 6-2　DDR2 控制器启动过程

DDR2 控制器的正常启动过程如下：

（1）复位结束后，DDR2 控制器自动完成初始化操作。

（2）初始化完成后，用户对控制器发出写寄存器命令来设置 SDRAM。

(3) 当 SDRAM 设置结束后，通过配置 DRCCR 寄存器触发数据训练操作。

(4) 等待数据训练过程结束。

(5) 进行正常的 DDR2 SDRAM 读写操作。

DDR2 控制器在复位结束后自动执行的初始化步骤如下：

(1) 在时钟稳定后等待至少 200μs 后执行 NOP 操作，并将 CKE 置为高。

(2) 等待至少 400ns 后执行预充电 (precharge all) 命令。在 400ns 内执行 NOP 命令。

(3) 加载 EMRS 命令到 EMR(2) 上。

(4) 加载 EMRS 命令到 EMR(3) 上。

(5) 加载 EMRS 命令使能 DLL。

(6) 加载模式寄存器 (MR) 设置命令来复位 DLL。

(7) 执行预充电 (precharge all) 命令。

(8) 执行至少两个刷新命令。

(9) 执行 MRS 命令来初始化设备的操作参数。

(10) 在步骤 (6) 执行完至少 200 个时钟周期后，执行 EMR OCD 默认命令。

(11) 执行 EMR OCD 退出命令。

6.1.6　配置功能模块

DDR2 控制器中有很多控制寄存器，这些控制寄存器用来实现对 DDR2 控制器和 DDR2 SDRAM 的工作参数进行设置，使 DDR2 控制器根据不同的使用情况进行正确的操作。

控制寄存器的详细介绍参见 2.2.9 节。

DDR2 控制器的配置端口用来对 48 个控制寄存器进行设置。用户可以通过配置端口对 DDR2 控制器的寄存器进行配置，也可以通过配置端口对 DDR2 存储系统发送 DDR2 操作命令。面向用户的 DDR2 操作命令有 precharge all 命令、SDRAM_NOP 命令、模式寄存器 (DREMR0-3) 配置命令。用户对控制寄存器发送普通读写命令时，写操作命令之间要间隔 2 个时钟周期 (程序员通过 DRDCR 寄存器发送 SDRAM_NOP 命令)，读操作命令之间要间隔 3 个时钟周期。用户通过配置端口发送 DDR2 操作命令时，各 DDR2 操作命令之间要满足 DDR2 的命令时序要求，例如，执行完 precharge all 命令后，要执行 6 个 SDRAM_NOP 命令才能执行其他的 DDR2 操作命令，各模式寄存器的配置之间要间隔 2 个 SDRAM_NOP 命令，各模式寄存器的读操作之间要间隔 3 个 SDRAM_NOP 命令。

所有的控制寄存器在初始化时会恢复默认值，用户要根据使用需要对某些寄存器的参数进行重新设置，首先要通过 DRDCR 寄存器来发送一个 precharge all 命令，然后再配置其他寄存器，用户在使用时必须要重新设置的寄存器有 DRDCR、

DREMR0、DRCCR，其中，DRCCR 寄存器必须最后一个设置，且要把 DRCCR[30] 设置为 1 来触发数据训练操作，保证后续的读写操作顺利进行。

6.1.7　主机功能模块

主机功能模块是 DDR2 控制器的核心模块，负责与 DSP 内核进行信息交互，完成与 DDR2 有关的大部分操作，保证 DDR2 读写操作的正确执行。

主机功能模块主要由初始化模块、自动刷新模块、时序控制模块、DQS 管理模块和主状态机构成，结构图如图 6-3 所示。

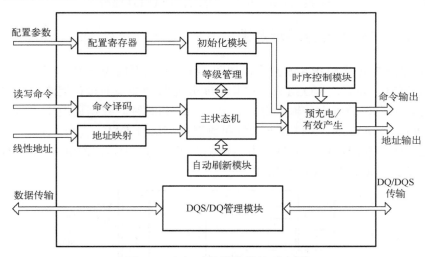

图 6-3　主机功能模块结构示意图

初始化模块负责 DDR2 SDRAM 的初始化操作，初始化过程中会给各控制寄存器设置默认值。初始化过程具有最高的优先权，当初始化操作完成后，DDR2 控制器才能执行其他操作。

DDR2 控制器通过自动刷新模块可以完成自动刷新操作。自动刷新操作的使能和刷新操作的参数可以在控制寄存器 DRDRR 中设置。刷新控制器每隔一定的时钟周期就发送刷新命令，执行刷新命令时，控制器将不响应 DDR2 DMA 通道的读写操作命令，直至刷新操作结束。执行突发长度为 4 的读写操作，最快也要两个时钟周期(写操作)，如果是跨行操作则需要更多的时钟周期。因此，可能出现有刷新请求时命令还未执行完毕的情况，在这种情况下，控制器会将刷新请求向后延迟，等命令操作完成后再执行刷新操作。为了实现这种情况下的正常操作，在设置刷新周期时要留有一定的余量来满足最长的命令执行周期，否则 DDR2 SDRAM 中数据可能会因为没及时刷新而丢失。

DQS/DQ 管理模块主要负责数据及数据触发信号的管理。DDR2 控制器的数据通道为 64 位，数据输入端为 128 位。DQS 管理模块在写操作时发送 DQS 使能信号，在读操作时根据 DQS 信号在时钟的上升沿和下降沿采集数据。

6.2　PHY

PHY 是 DDR2 控制器的物理层接口，按功能设计分为三个部分：延时锁相环（DLL）部分、接口时序转换（ITM）部分、输入输出（I/O）部分。

6.2.1　PHY 的结构与连接示意图

PHY 与控制器及 SDRAM 的接口如图 6-4 所示，框内为 PHY 部分，由 MDLL、MSDLL、ITM、SSTL、I/O 组成。按其功能分为两种类型的接口通道：数据通道和命令通道。命令通道用来传输命令、控制、地址和时钟。数据通道用来传输数据触发信号 DQS_P/DQS_N、8 位数据 DQ 和数据屏蔽信号 DM。一个 PHY 一般有一个命令通道，而其数据通道的个数是由数据位宽确定的，BWDSP100 芯片的 DDR2 接口有 8 个数据通道，共 64 位数据线。

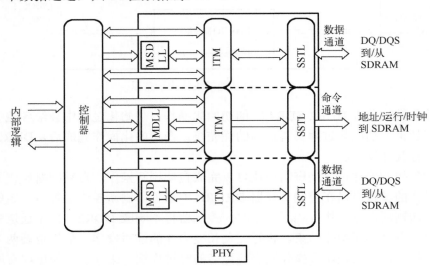

图 6-4　PHY 的结构简图与控制器的连接关系

图 6-5 为 2 个 rank DDR2 存储器与 BWDSP100 的信号连接。

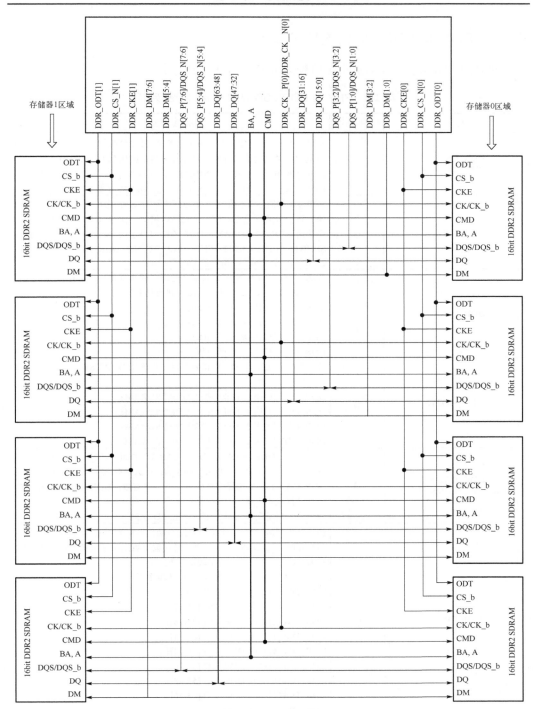

图 6-5　2 个 rank DDR2 存储器与 BWDSP 100 的信号连接

6.2.2　PHY 与 SDRAM 的连接管脚列表

PHY 与 DDR2 SDRAM 的接口管脚介绍如表 6-3 所示。

表 6-3　PHY 与 DDR2 SDRAM 的接口管脚列表

标号	类型	功能简介
DDR_CK_P$_{2-0}$ DDR_CK_N$_{2-0}$	O	时钟信号：DDR_CK_P，DDR_CK_N 是差分时钟输出信号。所有的地址和控制输出信号都和这对差分信号同时送到 DDR2 SDRAM。DDR_CK_P[0]/ DDR_CK_N[0]用于所有 rank 中的 DDR2 SDRAM；DDR_CK_P[2:1]/DDR_CK_N[2:1] 用在 DIMM 存储模块中
DDR_CKE$_{3-0}$	O	SDRAM 的时钟使能信号：置为高电平时驱动 SDRAM 的时钟控制电路。该信号的每一位对应 1 个 rank，例如，DDR_CKE [0] 用于 rank0 中的所有 DDR2 SDRAM，DDR_CKE [1] 用于 rank1 中的所有 DDR2 SDRAM，DDR_CKE[2] 用于 rank2 中所有的 DDR2 SDRAM，DDR_CKE [3]用于 rank3 中所有的 DDR2 SDRAM
DDR_CS_N$_{3-0}$	O	片选信号：当 CS_N 置为高电平时所有的命令都被屏蔽掉。当系统有多个 rank 时，此信号用来对 rank 进行选择。 DDR_CS_N [0]用来选择 rank0； DDR_CS_N [1]用来选择 rank1； DDR_CS_N [2]用来选择 rank2； DDR_CS_N [3]用来选择 rank3
DDR_ODT$_{3-0}$	O	片上终结电阻信号（ODT）置为高时，将使能 DDR2 SDRAM 的内部终结电阻。 DDR_ODT [0]用于 rank0 中的 DDR2 SDRAM； DDR_ODT [1]用于 rank1 中的 DDR2 SDRAM； DDR_ODT [2]用于 rank2 中的 DDR2 SDRAM； DDR_ODT [3]用于 rank3 中的 DDR2 SDRAM
DDR_RAS_N DDR_CAS_N DDR_WE_N	O	输出命令：DDR_RAS_N、DDR_CAS_N、DDR_WE_N 和 DDR_CS_N 一起决定输出的命令。DDR_RAS_N：行选择有效信号，低电平有效；DDR_CAS_N：列选择有效信号，低电平有效；DDR_WE_N：写使能信号，低电平有效。 该组信号用于所有 rank 中的 DDR2 SDRAM
DDR_DM$_{7-0}$	O	输出数据屏蔽信号：DDR_DM 是写操作时用来屏蔽输出数据的信号。写操作时，当 DDR_DM 置为高时，输出数据将被屏蔽掉。DDR_DM 在 DDR_CK_P 信号的两个边沿触发。 DDR_DM 的每一位都对应着 8 位传输数据： DDR_DM [0]对应 DDR_DQ[7:0]； DDR_DM [1]对应 DDR_DQ [15:8]； DDR_DM [2]对应 DDR_DQ [23:16]； DDR_DM [3]对应 DDR_DQ [31:24]； DDR_DM [4]对应 DDR_DQ [39:32]； DDR_DM [5]对应 DDR_DQ [47:40]； DDR_DM [6]对应 DDR_DQ [55:48]； DDR_DM [7]对应 DDR_DQ [63:56]； DDR_DM 用于所有的 rank

续表

标号	类型	功能简介
DDR_BA$_{2\text{-}0}$	O	bank 地址输出：用来决定对哪个 bank 进行激活、读写、预充电操作（对于 256M 和 512M 内存，不用 BA2）。 该信号用于所有 rank 中的 DDR2 SDRAM
DDR_A$_{15\text{-}0}$	O	地址输出：给激活命令提供行地址，给读写命令提供列地址和自动充电位。 该信号用于所有 rank 中的 DDR2 SDRAM
DDR_DQ$_{63\text{-}0}$	I/O	输入/输出数据信号：双向数据线。 该信号用于所有的 rank
DDR_DQS_P$_{7\text{-}0}$ DDR_DQS_N$_{7\text{-}0}$	I/O	数据触发信号：写操作时为输出，读操作时为输入。与读数据是边沿对齐，与写数据是中央对齐。DDR_DQS_P / DDR_DQS_N 的每一对都对应着 8 位传输数据。 DDR_DQS_P [0]/ DDR_DQS_N [0]对应 DDR_DQ [7:0]； DDR_DQS_P [1]/ DDR_DQS_N [1]对应 DDR_DQ [15:8]； DDR_DQS_P [2]/ DDR_DQS_N [2]对应 DDR_DQ [23:16]； DDR_DQS_P [3]/ DDR_DQS_N [3]对应 DDR_DQ [31:24]； DDR_DQS_P [4]/ DDR_DQS_N [4]对应 DDR_DQ [39:32]； DDR_DQS_P [5]/ DDR_DQS_N [5]对应 DDR_DQ [47:40]； DDR_DQS_P [6]/ DDR_DQS_N [6]对应 DDR_DQ [55:48]； DDR_DQS_P [7]/ DDR_DQS_N [7]对应 DDR_DQ [63:56]； DDR_DQS_P / DDR_DQS_N 用于所有的 rank

6.2.3　PHY 的读写时序

在读数据的时候，数据 DDR_DQ 和数据触发信号 DDR_DQS_P/DDR_DQS_N 从 DDR2 SDRAM 以边沿对齐的方式到达 PHY，DDR_DQS_P/DDR_DQS_N 经过 ITM 后被 MSDLL 相移 90 度形成 DQS_P_90/DQS_N_90。DQS_P_90/DQS_N_90 与数据 DDR_DQ 中央对齐，保证最宽裕的建立和保持时间。数据 DDR_DQ 在 ITM 里被 DQS_P_90/DQS_N_90 采样，并完成倍率转换，然后送到控制器。

写数据时，命令和数据在 ITM 里由单倍率转换成双倍率后送到 DDR2 SDRAM，倍率转换由 DLL 产生的时钟控制。

1．读操作时序

PHY 输出端口读操作时序关系如图 6-6 所示。

执行读操作时，将 DDR_CS_N、DDR_CAS_N 置为低，DDR_RAS_N、DR_WE_N 置为高就可以发送突发读操作命令。从读命令开始到第一个数据出现在输出端的时间被定义为读延迟（RL[①]）。在发送了读命令后，PHY 要等待 RL 的时间才能收到

[①] RL、CL、BL、AL、t_{WR}、t_{RFC}、t_{RP} 及 t_{RTW} 等相关时序参数由 DDR2 的 JEDEC 标准定义（可参见 JESD78-2D），在 DDR2 的控制寄存器中可配置。

DDR2 SDRAM 输出的读数据。DDR_DQS_P/DDR_DQS_N 由 DDR2 SDRAM 发送且
与读出数据边沿对齐。

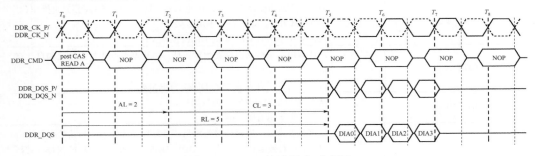

图 6-6　BL=4 的读操作时序图

突发读命令和突发写命令之间最小的时间间隔被定义为 t_{RTW}，发送读命令后，
要至少等待 t_{RTW} 后才能发送写命令。读命令发出后，经过 RL 时间后，由 DDR2 颗
粒同时送出 DDR_DQS_P/DDR_DQS_N 信号及读数据；写命令发出后，经过 WL
时间后，由 PHY 送出 DDR_DQS_P/DDR_DQS_N 信号及写数据，DDR_DQS_
P/DDR_DQS_N 信号的边沿与写数据中央对齐。其时序关系图如图 6-7 所示。

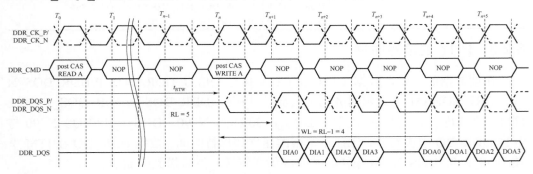

图 6-7　读操作后执行写操作

2. 写操作时序

PHY 输出端口写操作时序关系如图 6-8 所示。

执行写操作时，将 DDR_CS_N、DDR_CAS_N、DDR_WE_N 置为低，保持
DDR_RAS_N 为高就可以开始突发写操作。写延迟（WL）定义为（AL+CL−1），即写
命令发出到与第一个 DDR_DQS_P 信号相关的时钟边沿之间的时钟周期数。
DDR_DQS_P/DDR_DQS_N 信号由 PHY 发送，在第一个 DDR_DQS_P 信号有效之
前，DDR_DQS_P 需保持半个周期低电平。其时序关系如图 6-9 所示。

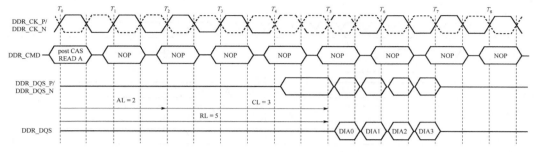

图 6-8　BL=4 的写操作时序图

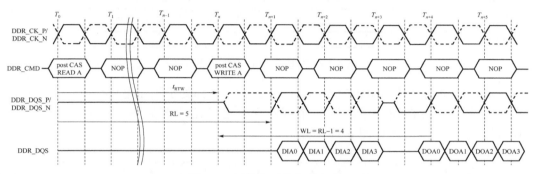

图 6-9　写操作后执行读操作

突发写命令与突发读命令之间的最小间隔为[CL−1+BL/2+t_{WTR}]个时钟周期，即在发送完写命令后，至少要等待[CL−1+BL/2+t_{WTR}]个时钟周期后才能发送读命令。

3. 数据屏蔽信号

PHY 输出的每 1 位数据屏蔽信号 DDR_DM[n]控制 8 位数据信号 DDR_DQ[n×8+7：n×8]。当 DDR_DM 为高时，屏蔽写操作中对应的数据信号，即使数据线上有数据也不写入存储器；当 DDR_DM 为低并且 DDR_DQS_P 有效时，将数据写入存储器。读数据操作中不使用 DDR_DM 信号。

图 6-10 中，在写操作过程中，DDR_DM 有半个周期为高电平，此时对应输出的写数据用阴影标出，表示 DDR2 颗粒不会存储这半个周期中输出的写数据。DDR_DM 为低电平时对应的写数据会存储到 DDR2 颗粒中。

4. 刷新操作

执行刷新操作时，将 DDR_CS_N、DDR_RAS_N、DDR_CAS_N 置为低且 DDR_WE_N 置为高，就会进入刷新模式。在发出刷新命令之前，DDR2 DRAM 的所有 bank 都要预充电并保持至少 t_{RP}（预充电命令到下一个命令的时间间隔）的时间。

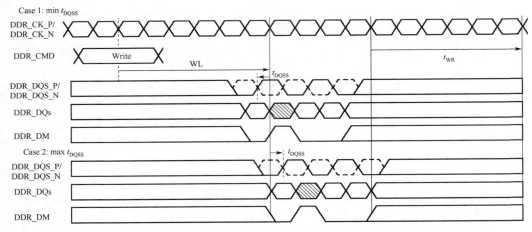

图 6-10　写操作中的数据屏蔽信号

刷新周期完成时，DDR2 SDRAM 的所有 bank 都处于预充电(空闲)状态。刷新命令与下一个激活命令或者下一个刷新命令之间至少要间隔一个刷新周期时间(t_{RFC})。刷新操作时序如图 6-11 所示。

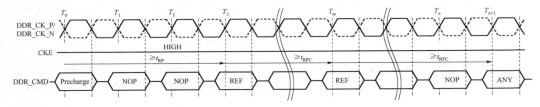

图 6-11　刷新操作时序图

图 6-6~图 6-11 中的时序参数由 DDR2 的 JEDEC 标准定义(可参见 JESD78-2D)，在 DDR2 的控制寄存器中可配置，其中，CL、BL、t_{WR} 可在 DREMR0 中设置，AL 可在 DREMR1 中设置，t_{RFC} 可在 DRDRR 中设置，t_{RP} 可在 DRTPR0 中设置，t_{RTW} 可在 DRTPR1 中设置。

6.3　DDR2 配置举例

配置 DDR2 SDRAM 寄存器时，要遵守一定的配置顺序，有些寄存器是必须配置的且配置的位置有严格要求；有些寄存器是可选择配置的，如果使用默认值，则不用再配置，如果不使用默认值，则要重新配置这些寄存器。配置顺序如下。

(1)配置 DRDCR 寄存器，执行 precharge-all 命令。该命令关闭所有 DDR2 SDRAM 颗粒中打开的行，为后面 DDR2 SDRAM 的配置做准备，必须第一个配置。

DRDCR 寄存器中也包含所用 DDR2 SDRAM 颗粒的信息（容量、位宽、rank 个数等），因此配置 DRDCR 时要将这些信息一起重新配置。

（2）配置 DRDCR 寄存器，执行 6 次 SDRAM-NOP 命令。该命令保证 precharge-all 命令与其他 DDR2 SDRAM 命令的时序间隔，必须在 precharge-all 命令配置之后立即配置，每配置 1 次就执行 1 次 SDRAM-NOP 命令，需要配置 6 次，6 次配置的值都相同。SDRAM-NOP 命令也是通过配置 DRDCR 寄存器来实现的，其中关于 DDR2 SDRAM 颗粒信息的配置内容与配置 precharge-all 命令时相同。

（3）配置 DRDRR 寄存器来确定刷新周期。该寄存器根据所用 DDR2 SDRAM 颗粒的刷新参数进行配置，若默认值不满足所用 DDR2 SDRAM 颗粒的要求，则必须配置该寄存器以保证刷新过程正确执行；若默认值满足所用的 DDR2 SDRAM 颗粒要求，则不用配置该寄存器。

（4）配置 DRTPR0、DRTPR1、DRTPR2 寄存器来确定时序参数。这 3 个寄存器根据所用 DDR2 SDRAM 颗粒的时序参数进行配置，若默认值不满足所用 DDR2 SDRAM 颗粒的要求，则必须配置这 3 个寄存器；若默认值满足所用的 DDR2 SDRAM 颗粒要求，则不用配置这 3 个寄存器。

（5）配置与性能调节相关的寄存器。DDR2 SDRAM 配置寄存器中有一些是与性能调节有关的，如 DRODTCR、DRIOCR 用来调节片上终结电阻的使能与关闭，提高信号质量；DRDQTR0-7、DRDQSTR、DRDQSBTR 等用来微调数据信号采集时间，保证数据采集的正确性；DRDLLGCR、DRDLLCR0-9 用来调节 PHY 中 DLL 的相关参数；DRRSLR0-3、DRRDGR0-3 用来调节布板后各 rank 系统的信号延迟；DRZQCR0-1 用来设置阻抗匹配相关的参数。这些寄存器的默认值一般能较好地满足使用要求，但由于布板引入的多种因素，有时需要用户根据使用情况进行重新配置。

（6）配置 DDR2 SDRAM 模式寄存器 DREMR0、DREMR1、DREMR2、DREMR3。这 4 个模式寄存器中有突发长度、延迟参数的设置，要根据所用 DDR2 SDRAM 颗粒的相关信息决定是否使用默认值。如果默认值不满足使用要求，则要重新配置这些寄存器。每配置 1 个模式寄存器，都要紧跟着配置 DRDCR 寄存器执行 2 次 SDRAM-NOP 命令，来满足模式寄存器配置与其他配置之间的时序间隔要求，DRDCR 中关于 DDR2 颗粒信息的配置内容与配置 precharge-all 命令时相同。

（7）配置 DRCCR 寄存器触发数据训练过程。该寄存器必须最后一个配置。

注意：第（1）、（2）两步必须按顺序最先配置，第（7）步必须最后配置，第（3）～（6）步可以根据实际使用有选择地配置，且没有配置的先后顺序要求。

下面以 Micron 公司 MT47H32M16 型号的 DDR2 SDRAM 颗粒为例，说明使用 1 个 rank 的 DDR2 SDRAM 的参数配置，MT47H32M16 型号的 DDR2 SDRAM 颗粒的容量为 512Mbit，数据位宽为 16bit。

DDR2 SDRAM 控制器与 DDR2 SDRAM 存储系统之间的数据通道为 64 位，因此 1 个 rank 需要 4 片 512Mbit×16 的 DDR2 SDRAM 颗粒与数据通道连接。查表 6-1 可得，一片 512Mbit×16 的 DDR2 SDRAM 颗粒的地址只有 25 位，对 1 个 rank 的 512Mbit×16 的 DDR2 SDRAM 颗粒寻址，需要 26 位地址，DDR2 DMA 有效的寻址空间只能为 32'h8000_0000～32'h83FF_FFFF。

在配置 DDR2 SDRAM 控制寄存器时，大部分的控制寄存器都可以使用初始化后的默认值，但与所使用 DDR2 SDRAM 颗粒有关的参数要根据需要重新配置。

1. 配置 DRDCR 寄存器

DDR2 SDRAM 控制寄存器时，首先要配置的是 DRDCR 寄存器，通过该寄存器发送 precharge-all 命令。因为该寄存器中包含所使用的 DDR2 SDRAM 颗粒的信息，因此，在配置该寄存器时要将所用 DDR2 SDRAM 颗粒的信息重新配置。表 6-4 给出了配置 DRDCR 说明。

表 6-4　DRDCR 配置

DRDCR 配置		
配置位	配置值	配置说明
0	0	选择使用 DDR2 SDRAM 颗粒，该位只能配置为 "0"
2:1	10	选择 DDR2 SDRAM 颗粒数据位宽为 16 位
5:3	001	选择 DDR2 SDRAM 颗粒容量为 512Mbit
8:6	111	选择 DDR2 SDRAM 存储系统的总数据位宽 64 位，此处只能设置为 "111"
9	0	必须设置为 "0"
11:10	00	选择 DDR2 控制器连接 1 个 rank 的 DDR2 SDRAM 存储系统
12	1	表示对所有 rank 的 DDR2 都执行当前的 DDR2 操作命令
24:13	0x0	必须设置为 "0x00"
26:25	00	表示使用[12]设置的值
30:27	0101 或 1111	发送 precharge-all 命令用 "0101"，SDRAM_NOP 命令用 "1111"
31	1	表示发送 DDR2 操作命令

DRDCR[11:0]配置与 DDR2 SDRAM 颗粒信息相关的参数，该段配置值在后面多次配置 DRDCR 的过程中始终保持不变。

DRDCR[31:12]是与发送 DDR2 命令有关的配置内容。如果发送 precharge-all 命令，DRDCR[30:27]= "0101"，表示发送的 DDR2 命令是 precharge-all 命令；如果发送 SDRAM_NOP 操作命令，只要将 DRDCR[30:27]= "1111"，则表示发送的 DDR2 命令是 SDRAM_NOP 操作。

可得，发送 precharge-all 命令时 DRDCR=0xA800_11CC；发送 SDRAM_NOP 命令时 DRDCR=0xF800_11CC。

2. 配置 DRDRR 寄存器

DRDRR 寄存器用来配置自动刷新相关的参数，DRDRR[7:0]配置 t_{RFC}，需要用到 DDR2 SDRAM 颗粒的 t_{RFC} 参数；DRDRR[23:8]配置 t_{RFPRD}，需要用到 DDR2 SDRAM 颗粒的 t_{REFI} 参数和 RFBURST，RFBURST 由 DRDRR[27:24]配置。DRDRR 配置的参数以时钟周期数表示，不同时钟频率下得到的配置值是不同的，本例中配置适用于 180MHz～500MHz 时钟频率范围的参数。

t_{RFC} 的计算如下：$t_{RFC}=t_{RFC}(DDR2)/t_{clock}$，$t_{clock}$ 为时钟周期。

t_{RFPRD} 计算如下：$t_{RFPRD} = \dfrac{t_{REFI}}{t_{clock}} \times (RFBURST + 1) - 200$。

MT47H32M16 型号的 DDR2 SDRAM 颗粒的刷新参数为：$t_{RFC} \geqslant 105ns$。

商业级 DDR2 SDRAM 颗粒的 $t_{REFI} \leqslant 7.8\mu s$。

工业级 DDR2 SDRAM 颗粒的 t_{REFI} 3.9μs。

t_{RFC} 有最小值限制，用 500MHz 频率算出的值可在 500MHz 以下通用，配置的值只能大于计算出的值。

t_{REFI} 有最大值限制，用 180MHz 频率算出的值可在 180MHz 以上通用，配置的值只能小于计算出的值。

用 500MHz 频率得到的 t_{RFC} 值为 53（个周期），为保证有一定余量，取 70 个周期。本例中设置 RFBURST=0，使用工业级 t_{REFI} 值，用 180MHz 频率算出的 t_{RFPRD} 值为 496（个周期），取 490 个周期。

综上所述，适用于 180～500MHz 范围内的 DRDRR=0x1_EA46。

3. 配置 DRTPR0、DRTPR1 寄存器

DRTPR0、DRTPR1、DRTPR2 寄存器配置 DDR2 SDRAM 颗粒工作时的时序参数，根据所用 DDR2 SDRAM 颗粒的对应参数进行配置，可适当留有一定余量。DRTPR2 的默认值适合本例中的 DDR2 SDRAM 颗粒，不用再进行配置，只需要对 DRTPR0、DRTPR1 进行配置。DRTPR0 配置详见表 6-5，DRTPR1 配置详见表 6-6。

表 6-5　DRTPR0 配置

DDR2 SDRAM 颗粒参数	配置位	配置值	配置说明
t_{MRD}：$\geqslant 2$ 周期	1:0	10	设置为 2 个周期
t_{RTP}：$\geqslant 7.5ns$	4:2	101	设置为 5 个周期
t_{WTR}：$\geqslant 10ns$	7:5	101	设置为 5 个周期
t_{RP}：时钟频率>400MHz 时，$t_{RP} \geqslant 13.125ns$； 时钟频率≤400MHz 时，$t_{RP} \geqslant 15ns$	11:8	0111	设置为 7 个周期
t_{RCD}：时钟频率>400MHz，$t_{RCD} \geqslant 13.125ns$； 时钟频率≤400MHz，$t_{RCD} \geqslant 15ns$	15:12	0111	设置为 7 个周期

续表

DDR2 SDRAM 颗粒参数	配置位	配置值	配置说明
t_{RAS}： ≥40ns	20:16	10110	设置为 22 个周期
t_{RRD}： ≥10ns	24:21	0110	设置为 6 个周期
t_{RC}： ≥55ns	30:25	11101	设置为 29 个周期
t_{CCD}： ≥2 周期	31	0	设置为 2 个周期

表 6-6　DRTPR1 配置

DDR2 SDRAM 颗粒参数	配置位	配置值	配置说明
t_{AOND}/t_{AOFD}： 2/2.5	1:0	00	用默认值 2/2.5
t_{RTW}： 无	2	0	用默认值
t_{FAW}： 时钟频率≥400MHz，t_{FAW}≥45ns；时钟频率<400MHz，t_{FAW}≥50ns，设置值只能比计算值大	8:3	011000	取 24 个周期
t_{MOD}： 无	10:9	00	用默认值，只能设置为 00
t_{RTODT}： 无	11	0	用默认值，只能设置为 0
t_{RNKRTR}： 无	13:12	01	用默认值
t_{RNKWTW}： 无	15:14	00	用默认值
保留位	22:16	0x0	用默认值，只能设置为全 0
CL： 533MHz 取 7	26:23	0111	取 7 个周期，CL 参数在 DREMR0 中最大只能设置为 6，不满足要求，要在 DRTPR1 中重新设置
t_{WR}≥15ns	30:27	1000	取 8 个周期，t_{WR} 参数在 DREMR0 中最大只能设置为 6，不满足要求，要在 DRTPR1 中重新设置
XTP： 无	31	1	表示使用 DRTPR1[30:23]中设置的参数

综上所述，DRTPR0=0x3AD6_77B6，该设置值适用于 500MHz 以内的时钟频率。

DRTPR1 的默认值适用于 400MHz 以内的 DDR2 SDRAM 颗粒，如果使用工作时钟为 533MHz 的 DDR2 SDRAM 颗粒，则 DRTPR1 中的参数需要重新设置。

如果不使用工作时钟为 533MHz 的 DDR2 SDRAM 颗粒，DRTPR1 使用默认值，不用重新配置。如果使用工作时钟为 533MHz 的 DDR2 SDRAM 颗粒，DRTPR1=0xC380_10C0。

4. 配置 DRODTCR 寄存器

DDR2 SDRAM 控制寄存器中与性能调节有关的寄存器大多数使用默认值就能适合应用，但由于布板引入的多种因素，有时需要用户根据使用情况对个别寄存器进行重新配置。DRODTCR 寄存器用来控制读写操作时是否使能 ODT 功能。

DRODTCR 默认值是使能写操作时的 ODT 功能，关闭读操作时的 ODT 功能。ODT 功能可以在高频应用时减少信号反射，但会造成信号强度衰减。为防止信号强度衰减过大造成传输错误，建议关闭读操作和写操作中的 ODT 功能。

综上所述，DRODTCR=0x0。

5. 配置 DREMR0 寄存器

DREMR0 寄存器中有 DDR2 SDRAM 颗粒工作时的延迟参数，其配置详细说明如表 6-7 所示，在 500MHz 工作时要选择最大的延迟。

表 6-7　DREMR0 配置

配置位	配置值	配置说明
2:0	010	必须设置为 "010"，表示 DDR2 传输的突发长度为 4
3	0	表示突发方式为顺序突发
6:4	110	选择 CL 参数为 6
7	0	必须为 "0"，选择正常的读写方式
8	0	使用默认值，不复位 DDR2 SDRAM 的 DLL
11:9	101	选择 WR 参数为 6
31:12	0x0	必须设置为 "0x0"

可得 DREMR0=0xA62。

6. 配置 DRCCR 寄存器

DRCCR 寄存器必须最后一个配置，其配置说明详见表 6-8，以此来触发数据训练操作。表 6-8 所示为 DRCCR 配置。

表 6-8　DRCCR 配置

配置位	配置值	配置说明
0	0	必须为 "0"
1	0	必须为 "0"
2	1	必须设置为 "1"，表示 DDR2 控制器可以工作了
3	0	必须为 "0"
4	0	必须为 "0"
12:5	0x0	必须为 "0x0"
13	0	必须为 "0"
14	0	使用默认值，选择第一种 DQS 选通机制
16:15	00	使用默认值，设置 DQS 偏移的界限为 "无限制"
17	1	使用默认值，使能 DQS 偏移补偿使能信号

配置位	配置值	配置说明
26:18	0x0	保留位，必须设置为"0x0"
27	0	使用默认值，不清空 DDR2 控制器中的流水线
28	0	使用默认值，不复位 ITM 模块
29	0	必须设置为"0"
30	1	触发数据训练操作
31	0	使用默认值，不对 DDR2 SDRAM 进行初始化

可得 DRCCR=0x4002_0004。

综上所述，使用 1 个 rank 的 512Mb×16 的 DDR2 SDRAM 存储系统依次执行的配置如下：

①DRDCR=0xA800_11CC（执行 precharge all 操作）；

②DRDCR=0xF800_11CC（执行 6 次 SDRAM_NOP 操作，即配置 6 次相同值）；

③DRDRR=0x1_EA46（配置刷新参数）；

④DRTPR0=0x3AD6_77B6（配置时序参数）；

⑤DRODTCR=0x0（关闭读写操作中的 ODT 功能）；

⑥DREMR0=0xA62（配置 DDR2 模式寄存器）；

⑦DRDCR=0xF800_11CC（执行 2 次 SDRAM_NOP 操作）；

⑧DRCCR=0x4002_0004（配置 DRCCR，并触发数据训练操作）。

第 7 章 UART

7.1 概　述

BWDSP100 的 UART，链路层协议兼容 RS232 标准。UART 可工作于全双工模式，与 DSP 内核采用中断方式通信，收/发缓冲容量分别为一个字(32bit)，当收/发缓冲收满/发空时，会分别触发串口接收中断和串口发送中断。对 BWDSP100 内核来说，一次串口通信即传输一个字。

UART 接口本身的特性：波特率(单位：Hz)——处理器主频的 100 分频～2^{32} 分频；支持可选的奇偶校验(不校验、奇校验、偶校验)；支持 5bit、6bit、7bit、8bit 可配置的传输位宽；支持一个周期或两个周期可配置的结束位宽度。

为确保异步通信帧数据收发同步，通过在帧数据中增加起始位和停止位符号判断一个字符是否传输完毕。每帧数据通常包括起始位(1 位)、数据位(5～8 位)、奇偶校验位(1 位)和停止位(1～2 位)。每帧数据的具体长度根据需要可以通过编程设置(7～12 位)。异步串行通信中数据帧的接收是从寻找起始位开始的，因而起始位是必需的且为 1 比特时间的低电平。数据位可根据需要通过编程实现 5、6、7 或 8 位。奇偶检验位可根据需要选择奇校验、偶校验或不要校验位。停止位代表数据帧的结束，它是 1～2 位的高电平。UART 数据帧格式如图 7-1 所示。

图 7-1　数据帧格式

7.2　UART 接口信号定义

下述接口信号根据 UART 标准定义，其中的"输入""输出"均针对 DSP 主机 BWDSP100 而言，"设备"指支持 UART 通信的外部设备或其他 BWDSP100。

RXD：接收。输入脚，由外部设备控制，串行数据输入。

TXD：发送。输出脚，由 DSP 控制，串行数据输出。

7.3　波　特　率

UART 是异步通信，接收方和发送方没有同步时钟，是依靠各自的本地时钟来发送和采样数据。这就要求发送方与接收方的波特率误差必须控制在一定范围之内，否则会出现误码。

UART 接收器以远高于波特率的采样频率对接收数据（RXD）不断采样，来检测起始位。一旦检测到从 1 到 0 的跳变，UART 分频计数器立刻复位，使之满度翻转的时刻恰好与输入位的边沿对齐。分频计数器把每个接收位的时间分为 N 份，在靠近 $N/2$ 的时间点上，位检测器对 RXD 端采样，确定所接收到的数据位。

UART 的典型波特率最低为 300Hz，较高为 115200Hz，BWDSP100 的典型工作频率为 300MHz。要满足从 300MHz 分频得到 300Hz 的波特率，需要的分频数为：300MHz/300Hz = 1000000。

UART 分频计数器定义为 32 位宽度，波特率最低为 BWDSP100 主频的 2^{32} 分频。波特率最高为 BWDSP100 的 100 分频，当波特率设置低于 100 分频时，按照 100 分频处理。波特率配置寄存器为 SRCR，通过配置该寄存器，可以控制 UART 的波特率。

7.4　发　送　过　程

（1）指令"STDR=Rm"或"STDR=C"表示向 STDR 寄存器写入一个值，在向 STDR 写值的同时，DSP 自动将 UART 发送忙标志（SFR[0]）置位，表明 UART 发送器已经开始工作，不再接受对 STDR 的赋值，如果发送标志有效期间有对 STDR 的赋值，则赋值无效，并且引起 UART 发送错误标志（SFR[4]）置位。

（2）STDR 寄存器更新后，下一个主时钟周期 UART 发送器开始工作。

（3）如果传输位宽设置为 8，将 STDR[7:0]载入 UART 发送寄存器，开始第一帧数据的并串转换与传输，将串行数据通过 TXD 送出（如果传输位宽设置为 7，则将 STDR[6:0]载入 UART 发送寄存器并传输，其他类推）。

（4）第一帧传输完毕（包括数据位、校验位、结束位等），将 STDR [15:8] 载入 UART 发送寄存器，开始第二帧数据的并串转换与传输（如果传输位宽设置为 7，则将 STDR [13:7]载入 UART 发送寄存器并传输，其他类推）。

（5）依此类推，直到第 4 个字节传输完毕，总共传输了 4 个字节数据（如果传输位宽设置为 7，则总共传输了 STDR[27:0]，共 28bit 数据，其他类推）。

（6）全部传输完毕之后，清除发送器 UART 发送忙标志，并送出 UART 发送中断。

UART 发送过程如图 7-2 所示。

7.5　接　收　过　程

（1）复位后，UART 接收器用主频持续采样 RXD 的输入信号，当检测到 RXD 的下降沿，证明数据起始位到达，用 RXD 的下降沿来复位接收器分频计数器，准备接收数据。

（2）在靠近每位数据的中间位置用主时钟采样得到该位数据的值。将采样 RXD 所得到的每个数据位依次移位进入 UART 接收移位寄存器，收满 8bit（或 7bit、6bit、5bit）之后，将其载入接收缓冲 SRDR 的[7:0]位域（或[6:0]、[5:0]、[4:0]），第一帧数据接收完毕。

（3）第一帧数据接收完毕之后，等待第二帧数据的起始位，并开始接收第二帧数据，将第二帧数据存入 SRDR[15:8]（或[13:7]、[11:6]、[9:5]），第三帧、第四帧数据依此类推。

（4）四帧数据全部接收完毕之后，送出串口接收中断，等待主机处理。UART 接收过程如图 7-2 所示。

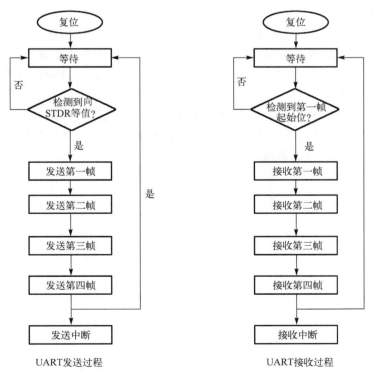

图 7-2　UART 发送与接收

7.6　UART 状态与异常处理

UART 状态定义在 SFR 标志寄存器中，共四种状态。

SFR[1:0]为 0，表明 UART 空闲。此时可以配置 UART 有关的寄存器：STDR、SCFGR、SRCR。即只有 UART 在空闲时，可以任意配置波特率、校验模式、数据位宽、结束位宽度等参数。

SFR[1:0]为 1，表明正在发送。此时不可配置任何 UART 有关的寄存器。如果配置了，则引发 SFR 寄存器中的"配置错误标志"置位，并且配置不能成功，对目标寄存器没有影响。该"配置错误标志"只有合法的发送起始信号才能清除，即每次合法的发送起始信号到来之后，对"配置错误标志"清除一次。

SFR[1:0]为 2，表明正在接收。此时不可配置 SCFGR、SRCR 寄存器，只能配置 STDR 寄存器，即 UART 处于接收状态时，不允许改变波特率、校验模式、数据位宽、结束位宽度等参数，只允许配置 STDR 以启动 UART 发送。如果在接收状态下出现了配置 SCFGR、SRCR 寄存器的情况，则对目标寄存器无影响，并且引发"配置错误标志"置位。

SFR[1:0]为 3，表明正在发送和接收。此时所有的 UART 有关的寄存器都不可配置。如果出现了配置，则对目标寄存器无影响，并且引发"配置错误标志"置位。

另外，"配置错误标志"仅仅是一个标志，置位与否不会对 DSP 的流水线和 UART 的传输造成任何影响。

SFR[8]是校验错误标志，在使能了奇偶校验的情况下，如果传输过程中发现奇偶校验错误，则将该位置位。校验错误会导致本标志置位，但并不影响 UART 传输的进行，也不影响内核流水线和其他指令的执行。

第 8 章 定 时 器

BWDSP100 DSP 内部集成有 5 个 32 位可编程定时器，可用于以下目的：

①事件定时；

②事件计数；

③产生周期脉冲信号；

④处理器间同步。

每个定时器具有三个控制/标志寄存器，为 TCRx、TPRx，TCNTx。其中，TCRx 为定时器控制寄存器，控制定时器的各种工作状态和工作模式；TPRx 为定时器周期计数器，其中的数值代表定时器 x 一轮计数的周期数；TCNTx 是定时器计数器，实时反映定时器 x 的计数数值。定时器采用减计数工作方式，在定时器复位时，将 TPRx 的值加载到 TCNTx，此后每过一个周期，TCNTx 的值减 1，直至 TCNTx 数值递减到 0，表明一轮计数周期完成。在完成一轮计数周期后，自动将 TPRx 的值加载到 TCNTx，开始新一轮递减计数。有关定时器控制寄存器的定义和说明，详见 2.2.5 节。

定时器可以采用内部时钟，也可以使用外部提供的时钟源。每个定时器相互独立，都具有一个输入引脚和一个输出引脚，输入和输出引脚可以用做定时器时钟输入和输出，其中输出引脚和 GPIO 复用，即 GP[4:0]分别复用为定时器 4～定时器 0 的输出引脚。

8.1 复位定时器和使能计数

表 8-1 描述了如何使用定时器控制寄存器（TCRx）的计数保持位（TCRx[4]）和复位启动位（TCRx[5]）使能定时器的基本操作。配置一个定时器可采用如下四个步骤。

（1）如果定时器当前不在保持状态，将定时器置于保持状态（计数保持位置"0"）。

（2）向定时器周期寄存器（TPRx）写入期望的值。

（3）向定时器控制寄存器（TCRx）写入期望的值（不改变 TCRx 中的计数保持位和复位启动位）。

（4）设置 TCRx 中的计数保持位和复位启动位为"1"，启动定时器。

表 8-1 给出了复位定时器和使能计数寄存器的位域定义。

表 8-1　复位定时器和使能计数寄存器

操作	复位启动位	计数保持位	描述
保持定时器	0	0	计数被禁止
保持后启动	0	1	定时器继续保持当前值，计数不复位
保留	1	0	没有定义
启动定时器	1	1	定时器计数器复位到 0，并当使能时开始计数，一旦置位后，复位启动位会自清 "0"

定时器的复位方式有两种，分别为内部复位和外部复位。内部复位是不可屏蔽的，即只要将定时器 x 的复位/启动位（TCRx[5]）置位，定时器 x 就进行复位。外部复位是可屏蔽的，可以通过设置定时器控制寄存器 TCR 的相应位（TCRx[1]）来控制定时器 x 是否接受外部复位。

当使用内部复位时，只需要将定时器控制寄存器的复位启动位（TCR×[5]）置 1，定时器便会复位，且定时器会在完成复位后自动将复位启动位清 0。BWDSP100 处理器设计了一个专门的引脚 TIMER_RST_N，该引脚为 5 个定时器共享，只要某个定时器 x 的复位控制位（TCRx[1]）设置为 1，就表示该定时器接受 TIMER_RST_N 引脚的复位。当某个定时器 x 接受外部复位时，一旦 TIMER_RST_N 引脚出现低电平，该定时器就开始复位。

8.2　定时器计数

在外时钟计数状态下，计数器并不是被输入的时钟驱动进行计数操作。实际上，计数器按 CPU 的时钟速率运行，输入定时器的时钟信号只是作为内部的计数使能信号的一个触发源。由一个边缘检测电路对该时钟进行检测，一旦检测到有效的边沿，就会产生一个内部时钟周期的计数使能脉冲。在计数使能由低变高时，才允许计数器进行计数操作。这样，计数器就像是由输入时钟驱动进行计数。

定时器周期寄存器（TPRx）中设定的值为期望的定时周期，当 TPRx 中设置的值为 N 时，定时器计数器（TCNTx）以 N 为周期进行状态变化：$N–1$、$N–2$、$\cdots$、1、0、$N–1$、$N–2$、$\cdots$、1、0、$N–1$、$\cdots$。

8.3　定时器时钟源选择

定时器输入时钟可分为内时钟和外时钟，两个时钟源如下。

①TCR 中的输入时钟来源（TCR[9]）为 "0"，表示选择内部时钟，即 BWDSP100 的主时钟作为定时器的驱动时钟。

②TCR 中的输入时钟来源（TCR[9]）为 "1"，表示时钟源来自外部引脚，其驱动

时钟仍为内部时钟，内部时钟检测外部时钟的上升沿产生使能信号用于计数。所以该信号被同步以便防止任何因为异步的外部输入产生的不稳定。同时外部时钟的频率最高不能超过内部时钟的二分频。

8.4 定时器脉冲产生

两个基本脉冲产生模式是脉冲模式和时钟模式。用户可以使用定时器控制寄存器（TCR）的定时器状态位（TCR[0]）来选择模式。

脉冲模式用于产生脉冲信号，其脉冲信号的宽度可以通过设定 TCR 的脉冲宽度控制位来实现，最高可设置产生 2^{20} 个时钟周期宽度的脉冲信号。脉冲输出根据 TCNTx 的计数值，在每个计数周期的后段产生，但从脉冲输出引脚输出时，会有 1 个主时钟周期的延时。例如，TCR=0x3010，TPR=10，表明采用内时钟计数，不接受外部复位，输出为脉冲模式。定时器所产生的脉冲信号为图 8-1 所示。

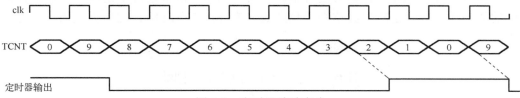

图 8-1 定时器脉冲产生

如果脉冲宽度设置大于 TPR−1，则定时器输出在产生高电平后一直维持为高电平。时钟模式用于产生方波信号，定时器产生的方波信号一个计数周期翻转一次，即方波信号周期为 TPR 的 2 倍。例如，TCR=3011h，TPR=4h，定时器所产生的方波信号如图 8-2 所示。

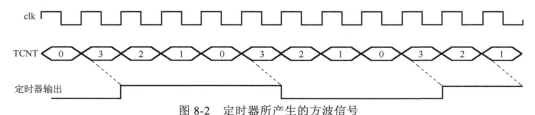

图 8-2 定时器所产生的方波信号

8.5 定时器控制寄存器设置有关事项

（1）当计数器开始计数时，若定时器周期寄存器 TPRx 值为 0，则定时器会自动将周期寄存器值设为 1，输出结果和 TPRx 设为 1 时一致。

（2）当定时器周期寄存器更新时，此时计数器预置小于当前 TCNT 内的值时，计数器在下一个时钟周期将计数器清零并产生输出。在计数器的下一个时钟周期后执行新的计数周期。

(3)当定时器由内时钟模式切换到外时钟模式时，并不影响定时器计数过程，定时器会按照外时钟周期继续计数。时钟切换示意如图 8-3 所示。

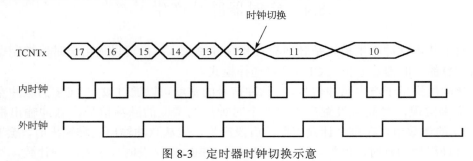

图 8-3　定时器时钟切换示意

(4)定时器计数溢出。如果定时器计数器中初始化的值超过了定时器周期寄存器中的值，在计数时定时器会首先计数到最大值(FFFFFFFFh)，然后恢复为 0，再继续计数。

8.6　定时器的输出引脚

定时器与通用目的输入输出口(GPIO)复用 5 个引脚，分别对应 5 个独立的定时器输出，可以通过设置 GPIO 输出引脚类型寄存器(GPOTR)来实现定时器和通用输入输出口对管脚的复用。GPOTR 定义参见 2.2.6 节。

第 9 章　GPIO

9.1　概　　述

通用目的输入输出（GPIO），可以配置为输入或输出。当配置为输出时，用户可以写一个内部寄存器以控制输出引脚上的驱动状态。当配置为输入引脚时，用户可以通过读 GPVR、GPPR、GPNR 等寄存器的状态检测到输入引脚值及其状态变化。

GPIO 的 GP0～GP4 引脚与定时器输出引脚是复用的，可通过设置 GPOTR 寄存器进行选择。GPIO 受控于一组控制寄存器，该组控制寄存器定义详见 2.2.6 节。

9.2　GPIO 功能说明

GP0～GP7 引脚互相独立，相互不影响，可分别配置为输入或输出状态。GP0～GP4 与定时器的输出口复用，通过设置 GPIO 输出引脚类型寄存器（GPOTR）来进行选择。

GPIO 的引脚 GP0～GP7 可以通过通用 I/O 方向寄存器（GPDR）在通用 I/O 使能寄存器使能的情况下分别配置成输入引脚或输出引脚。当配置成输出引脚时，GP0～GP7 引脚输出的值为通用 I/O 值寄存器（GPVR）设置的值，当 GPVR 更新时，GP0～GP7 引脚输出将在下一个时钟的上升沿反映 GPVR 的变化。当配置成输入引脚时，GP0～GP7 引脚捕获值将反映在通用 I/O 值寄存器（GPVR）上，当 GP0～GP7 引脚捕获值发生变化时，GPVR 寄存器值将在下一个时钟的上升沿反映 GP0～GP7 引脚捕获值发生的变化。

GP0～GP7 引脚配置成输入状态时，当 GP0～GP7 引脚发生上升沿的跳变，若此时通用 I/O 上升沿屏蔽寄存器（GPDMR）使能，则通用 I/O 上升沿寄存器（GPPR）相应位置位。GPIO 通过主时钟同步外部信号，同时检测外部信号跳变。

GP0～GP7 引脚配置成输入状态时，当 GP0～GP7 引脚发生下降沿的跳变，若此时通用 I/O 下降沿屏蔽寄存器（GPNMR）使能，则通用 I/O 下降沿寄存器（GPNR）相应位置位。

第 10 章　DMA

10.1　概　　述

本器件外部数据总线宽度为 256bit，内部共有 3 组双口存储器，对应的有三组输入数据口和三组输出数据口。外部端口数据接口设置如下。

①并行数据口：2 个；每一个数据口位宽为 64bit，其中一个为 DDR2 SDRAM 专用数据口，数据传输速率为 38.4Gbps（主频为 300MHz）；另一个为通用并行数据口，可用于外接 SRAM、FLASH、EPROM 等慢速并口外设，同时上电程序加载也利用此并口完成。

②串行数据口：8 个链路（Link）数据口；其中 4 个为发送 Link 口，另外 4 个为接收 Link 口。每个 Link 口有 8 个数据通道，即 I/O 数据位宽为 8*1bit，最高传输速率为 2.4Gbps（主频为 300MHz）。

BWDSP100 的数据输出端口有 6 个，分别为 2 个 64bits 并行数据口和 4 个 LVDS 高速数据传输口，其中一个并行数据口专门用于外接 DDR2　SDRAM，外部数据输出总线的具体数据通道结构如图 10-1 所示。

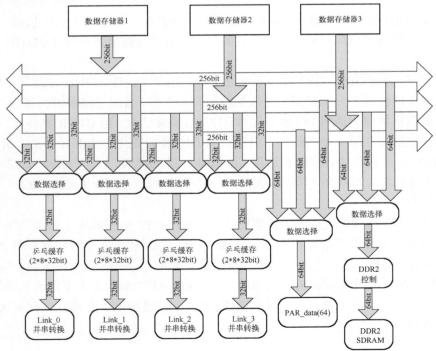

图 10-1　外部数据输出接口功能框图

　　BWDSP100 的数据输入端口有 6 个，分别为 2 个 64bits 并行数据口和 4 个 LVDS
高速数据传输口，数据输入总线的数据通道结构如图 10-2 所示。

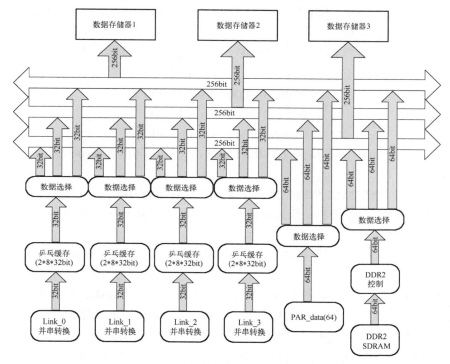

图 10-2　外部数据输入接口功能框图

总线仲裁的基本原则如下。

　　①指令调数优先级最高，不管外部端口如何，一旦指令需要从存储器调用数据，
则其他端口从对应存储器上调数的工作停止，直到指令调数完成之后，其他端口调
数工作恢复进行。

　　②各个端口优先级由系统设定：优先级顺序由高到低依次为 Link0、Link1、
Link2、Link3、DDR2_SDRAM 和通用并口。当各个端口试图同时访问同一数据存
储器 bank 时，存储器按照上述优先级依次响应各个端口的访问请求。

10.2　链路口 DMA

10.2.1　Link 口的发送端 DMA 控制器

　　一个完整的发送 Link 口包含一个专用 DMA 控制器、一组 2*8*32bit 的乒乓数据缓存和 8 个并串转换电路，输出为 8*1bit 串行数据，其结构示意如图 10-3 所示。Link 口发送 DMA 控制器按照 DMA 控制寄存器的配置进行工作，不同的 DMA 控制器有各自独立的 DMA 状态控制寄存器。Link 口发送端 DMA 控制寄存器组（TCB）的控制信号及其意义如下。

①源起始地址寄存器（LTARx[31:0]），可设定的合法起始地址应在 BWDSP100 处理器内部数据地址空间范围内，即统一地址空间地址为以下值：

$$0x0020\_0000\sim0x0023\_FFFF；$$
$$0x0040\_0000\sim0x0043\_FFFF；$$
$$0x0060\_0000\sim0x0063\_FFFF$$

②源地址 X 维步进寄存器（LTSRx[15:0]），可设定的值为 0x0000～0xFFFF，即 1～65535。

③X 维（或一维）DMA 传输长度寄存器（LTCCXRx[17:0]），表示最大可设置传输量为 2^{18} 即（0x3FFFF+1）个数据，而最小传输量值要求必须大于或等于 15（0x000F），即最小传输 16 个数据。

④源地址 Y 维步进寄存器（LTSRx[31:16]），可设定的值为 0x0000～0xFFFF，即 1～65535。

⑤Y 维 DMA 传输长度寄存器（LTCCYRx[17:0]），二维 DMA 传输时总的传输长度等于（LTCCXRx[17:0]+1）×（LTCCYRx[17:0]+1），但大小不能超出 2^{18}。

⑥二维数据传输控制位（LTMRx [10]），设置为"1"有效。

⑦串口数据传输速率控制位（LTMRx[8:7]），"00"～"11"分别代表 1/2、1/4、1/6、1/8 四种不同的主频分频速率，即 Link 口随路时钟速率。

⑧数据字宽（LTMRx[4:2]），表示每次传输数据的位宽，"100"代表两个 16bit 数据分别放置在 32 位数据的高低 16 位中，"111"（default）代表一个完整的 32bit 数据。

⑨奇偶校验使能（LTMRx[5]），设置为"1"表示需要做奇偶校验。

⑩奇偶校验方式（LTMRx[6]），"0"代表偶校验，"1"代表奇校验。

⑪传输数据是否为有符号数（LTMRx[9]），"0"代表有符号数，"1"代表无符号数。

⑫DMA 传输结束寄存器（LTPRx[0]），Link 口发送端传输结束的标志。

⑬DMA 传输启动寄存器（LTPRx[1]），由程序员设置，表示开始 DMA 传输的启动脉冲信号，"1"代表有效。

⑭DMA 传输使能寄存器（LTPRx[2]），表示可以开始 DMA 传输的全局使能信号，"1"代表有效。

⑮DMA 地址非法标志寄存器（LTPRx[3]），"1"代表有效；详细信息可参见 4.3.1 节发送端错误检测。

⑯DMA 参数设置错误标志寄存器（LTPRx[4]），"1"代表有效；详细信息可参见 4.3.1 节发送端错误检测。

Link 口发送端功能框图如图 10-3 所示,数据传输长度决定在一次数据传输过程中需要传输的数据量。DMA 启动一次,合法的最大数据传输长度为 256K*32bit 字,最小数据传输长度为 16*32bit 字,数据传输长度控制字位宽设定为 18 位,地址步进间隔设定为 16 位,即地址最大跳变值为 65535,源起始地址位宽为 32 位。

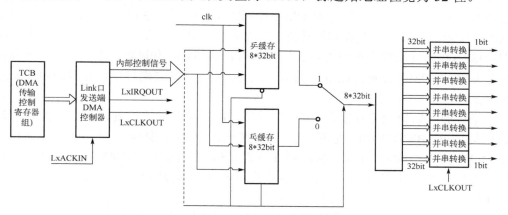

图 10-3　Link 口发送端功能框图

DMA 数据缓存为一组乒乓结构的 16*32bit 数据寄存器,当一组数据寄存器进行数据传输时,另一组数据寄存器接收从存储器读总线传送来的数据,当一组数据传输结束时,检查另一组数据寄存器的数据是否就绪,当数据寄存器准备完毕的同时,检查 Link 口接收端是否准备好(LxACKIN 信号是否有效),一旦都准备完毕,则内部数据缓存发生乒乓交换,下一组数据传输开始进行。Link 口 DMA 控制器内部结构图如图 10-4 所示,具体过程请参见 4.2 节链路口通信协议。

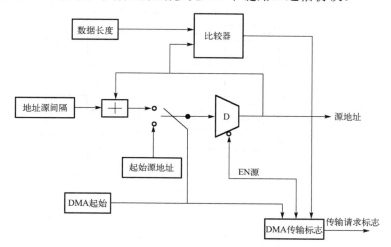

图 10-4　Link 口 DMA 控制器内部结构图

10.2.2　Link 口的接收端 DMA 控制器

　　一个完整的接收 Link 口包括一个专用 DMA 控制器、一组 2*8*32bit 的乒乓数据缓存和 8 个串并转换电路，输出为 8*1bit 串行数据，其结构示意如图 10-5 所示。Link 口接收端 DMA 控制器按照 DMA 控制寄存器的配置进行工作，Link 口接收端 DMA 控制寄存器中的接收起始地址、收端地址步进、奇偶校验模式等参数由收端 BWDSP100 通过配置指令配置；其他参数由收端 DMA 控制器自动配置，配置参数来自 Link 口 DMA 传输开始阶段发端传送的控制字。接收端控制寄存器的内容及意义如下。

　　①目的起始地址寄存器(LRARx[31:0])，由程序员直接设置，可设定的合法起始地址应在 BWDSP100 处理器内部数据地址空间范围内，即 0x0020_0000～0x0023_FFFF；0x0040_0000～0x0043_FFFF、0x0060_0000～0x0063_FFFF 范围之内，另外在程序加载阶段允许 Link 口接收端 DMA 访问地址范围为 0x0000_0000～0x0001_FFFF 的程序存储器空间。

　　②目的地址步进寄存器(LRSRx[15:0])，由程序员直接设置，可设定的值为 0x0000～0xFFFF，即 0～65535。

　　③DMA 传输结束寄存器(LRPRx[0])，Link 口接收端传输结束的标志。

　　④奇偶校验错误标志寄存器(LRPRx[1])，"1"代表有效；详细信息可参见 4.3.2 节接收端错误检测。

　　⑤DMA 地址非法标志寄存器(LRPRx[2])，"1"代表有效；详细信息可参见 4.3.2 节接收端错误检测。

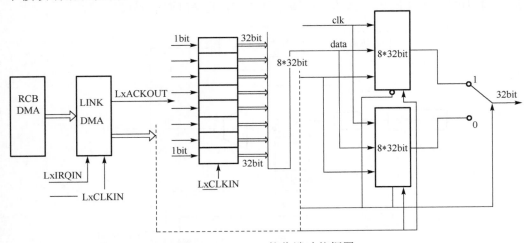

图 10-5　Link 口接收端功能框图

⑥DMA 接收使能寄存器(LRPRx[3])，由程序员直接设置，表示程序员已配置好控制寄存器，可以开始 DMA 接收的全局使能信号，"1"代表有效。

⑦奇偶校验使能(LRMRx[3])，由程序员设置，必须与相连的 Link 发送端口设置一致，"1"表示需要做奇偶校验。

⑧奇偶校验方式(LRMRx[4])，由程序员设置，必须与相连的 Link 发送端口设置一致，"0"代表偶校验，"1"代表奇校验。

如图 10-5 所示，Link 口的数据接收过程为：8 路接收到的串行数据先进行串并转换成为 8 路 32bit 并行数据，串并转换后的数据寄存到一个 2*8*32bit 的乒乓缓存内，然后串行接收端口启动 DMA 控制器，并按照 DMA 计算的片内存储器地址顺序将缓存数据写入到相应的存储器中，同时判断是否继续响应发送端口的传输请求并送出 LxACKOUT 应答信号。具体过程请参见 4.2 节链路口通信协议。

10.3　DDR2 的 DMA

DDR2 的 DMA 控制器并不直接与器件外部端口连接，而是通过接口电路与 DDR2 控制器(controller)交互，内部存储器读出的数据首先存储在接口电路内的一组乒乓缓存中，再由 DDR2 控制器传送到 DDR2 SDRAM 中，或者由 DDR2 控制器从 DDR2 SDRAM 中取回写入到片内乒乓缓存，再根据 DMA 产生的相应地址写入片内存储器中。其结构示意如图 10-6 所示。DDR2 的外部地址空间(CE5) 为 0x8000_0000～0xFFFF_FFFF。

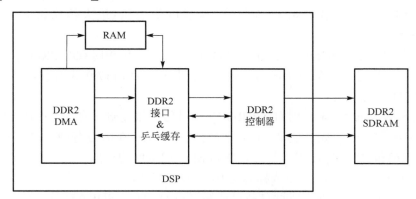

图 10-6　DDR2 DMA 与外设结构示意图

DMA 控制器需要程序员对相应的 DDR2 DMA 控制寄存器(DCB)进行正确的配置才能启动数据传输工作，DDR2 DMA 控制寄存器组(DCB)的详细控制信号及其意义如下。

(1)片内起始地址寄存器(DOAR[31:0])，可设定的合法起始地址应在 BWDSP100

处理器内部数据地址空间范围内，即 0x0020_0000～0x0023_FFFF、0x0040_0000～0x0043_FFFF、0x0060_0000～0x0063_FFFF 范围之内。

（2）片内地址 X 维步进寄存器（DOSR[15:0]）。

（3）片内地址 Y 维步进寄存器（DOSR[31:16]）。

（4）片外起始地址寄存器（DFAR[31:0]），可设定的合法起始地址应在 BWDSP100 处理器外部地址空间 CE5 范围内，即 0x8000_0000～0xFFFF_FFFF。

（5）片外地址步进寄存器（DMCR[15:0]）。

（6）DMA 传输 X 维长度寄存器（DDXR[17:0]）。

（7）DMA 传输 Y 维长度寄存器（DDYR[17:0]）。

（8）收发模式选择寄存器（DMCR[16]），"0"：接收；"1"：发送。

（9）32/64bit 数据格式寄存器（DMCR[17]），"0"：32bit；"1"：64bit。

（10）二维数据传输控制寄存器（DMCR[18]），"1"有效。

（11）DMA 启动传输寄存器（DPR[1]），DDR2 DMA 传输启动标志。

（12）DMA 传输结束寄存器（DPR[0]），DDR2 DMA 传输结束标志。

（13）DMA 全局使能寄存器（DPR[2]），DDR2 DMA 传输使能信号。

（14）DMA 地址非法标志寄存器（DPR[3]），"1"代表有效；当 DDR2 的 DMA 通道传输中发现内部地址超过了内部数据存储器允许的合法地址范围时，或外部地址超出 CE5 空间定义的合法地址范围时，则引发该非法地址标志。

（15）DMA 参数设置错误标志寄存器（DPR[4]），"1"代表有效；如果有违反如下三条规则之设置，硬件将自动设置该非法地址标志。

①二维 DMA 传输时，X 维与 Y 维长度值之积（最大传输长度）不得大于"0x3FFFF"。

②当内部数据为 64bit 时（DMCR[17]=1）且做一维传输时（DMCR[18]=0），X 维的传输长度、步进、内部起始应为偶数（实际设置 DDXR[17:0]为奇数，DOSR[15:0]和 DOAR[31:0]为偶数）。

③当内部数据为 64bit 时（DMCR[17]=1）且做二维传输时（DMCR[18]=1），传输长度、步进、内部起始应为偶数（实际设置 DDXR[17:0]为奇数，DOSR[15:0]、DOSR[31:16]和 DOAR[31:0]为偶数，DDYR[17:0]奇偶均可）。

（16）DDR2 控制器配置完成标志寄存器（DPR[5]）。

DDR2 的 DMA 可以完成读（接收）或写（发送）DDR2 SDRAM 的功能，由控制寄存器相应控制位设置决定，控制寄存器设置在一次 DMA 传输没有结束前不能更改。下面我们分别讨论 DDR2 的读写操作过程。

当控制寄存器 DMCR [16]被设定为"0"时，表示为接收模式，即从 DDR2 SDRAM 读取数据并写回到片内存储器。当控制寄存器组 DCB 设置完毕，并启动 DMA 后（DPR[1]=1），首先检查 DDR2 接口电路中的地址乒乓缓存是否准备好，如果准备好，则 DMA 连续计算出 8 个片外存储器地址写入到地址乒乓缓存中，之后 DDR2 控制器读出缓存中地址送给 DDR2 SDRAM 并从 DDR2 SDRAM 读取数据写回到数据乒乓缓存，当数据缓存写满后，DMA 开始内部存储器地址计数，并将此地址送至写总线仲裁电路以判断是否能获得总线控制权，如果能够占用对应存储器 bank 地址，就将数据缓存中的数据读出并写入到相应内部存储器中，如此操作直至将缓存中 8 个数据全部读出，翻转乒乓交换波信号指向另一组缓存，继续片外存储器地址的计算并写入地址缓存，重复上述操作过程，直到片内地址计数达到事先设定 DMA 传输长度，DDR2 的读操作结束，给出 DMA 结束标志。需要注意的是，DDR2 DMA 支持片内 RAM 二维寻址方式，当只做一维寻址时 DMA 传输长度由 DMA 传输 X 维长度寄存器的值决定，步进也存在片内地址 X 维步进寄存器中，Y 维无效；而当做二维寻址时，整个 DMA 传输长度等于 X 维长度与 Y 维长度之积，此时先计算 X 维片内地址，当 X 维地址计数到 X 维传输长度值时，将片内起始地址加上 Y 维地址步进值作为下一行的 X 维地址计算起始，如此循环直至计算到 X 维长度和 Y 维长度的最大值，DMA 地址运算结束。另外当做 64bit 数据传输时，DMA 地址实际计数长度是所设定长度 DDXR[17:0] 的 1/2，这是由于 64bit 传输时，一次地址运算实际对应两个 32bit 的数据地址，而我们设定的传输长度值和步进值都是按照 32bit 同一地址空间定义的。这里就要求对片内起始地址、步进值、传输长度值的设置都需要是偶数。

当控制寄存器 DMCR[16] 被设定为 "1" 时，表示为发送模式，即从片内存储器读数据并写入到 DDR2 SDRAM 中去。当控制寄存器组 DCB 设置完毕，首先检查 DDR2 接口电路中的地址乒乓缓存是否准备好，如果准备好，发出 DMA 启动信号 DMA_START，开始计算片内存储器读地址与片外 SDRAM 的写地址，并将片内地址送至读总线仲裁电路进行判断，如果可以取得总线控制权，就可以从片内存储器读出所需要的数据连同相应片外地址一起送至 DDR2 接口电路内的地址乒乓缓存和数据乒乓缓存，连续计算地址与读数直至将乒缓存填满，此时如果乓缓存已经准备好（内部地址和数据为空），则翻转缓存交换波信号，指向乓缓存，开始下一组地址计算与读数操作，并写入到乓缓存中，同时 DDR2 控制器从乒缓存读取地址与数据送出给片外 DDR2 SDRAM。如此重复操作直到片内地址计数达到事先设定 DMA 传输长度，DDR2 的写操作结束，给出 DMA 结束标志。

10.4　并口 DMA

通用并行口的统一地址空间编址为 0x1000_0000～0x5FFF_FFFF，划分为 5 个独立的外部地址空间 CE0～CE4，每次 DMA 传输只能访问一个外部地址空间。通用并口的 DMA 与 DDR2 的 DMA 作用类似，是外设存储器与片内存储器的传输桥梁。并口 DMA 控制器分别产生内部地址与外部地址，以及相应的控制信号，帮助完成内存与外存之间的数据交换任务。通用并口的 DMA 电路由 DMA 控制寄存器组、DMA 控制逻辑、一个 64bit 输入数据寄存器和一个 64bit 输出数据寄存器构成，其结构如图 10-7 所示。

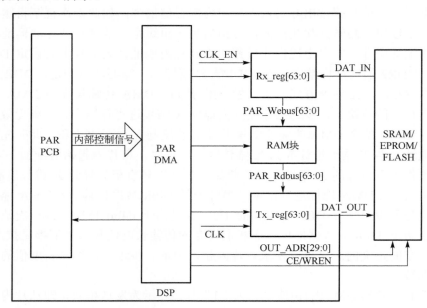

图 10-7　通用并口 DMA 与外设电路示意图

　　DMA 控制器需要程序员对相应的并口 DMA 控制寄存器(PCB)进行正确的配置才能启动数据传输工作，DMA 控制寄存器组(PCB)的控制信号定义如下。

　　片内起始地址寄存器(POAR[31:0])，可设定的合法起始地址应在 BWDSP100 处理器内部数据地址空间范围内，即 0x0020_0000～0x0023_FFFF、0x0040_0000～0x0043_FFFF、0x0060_0000～0x0063_FFFF 范围之内；另外在程序加载阶段还允许并口 DMA 访问地址范围为 0x0000_0000～0x0001_FFFF 的程序存储器空间。

　　片内地址 X 维步进寄存器(POSR[15:0])。

　　片内地址 Y 维步进寄存器(POSR[31:16])。

　　片外起始地址寄存器(PFAR[31:0])，可设定的合法起始地址应在 BWDSP100 处理器外部地址空间 CE0～CE4 范围内，即 0x1000_0000～0x5FFF_FFFF。

　　片外地址步进寄存器(PMCR[15:0])。

　　DMA 传输 X 维长度寄存器(PDXR[17:0])。

　　DMA 传输 Y 维长度寄存器(PDYR[17:0])。

　　收发模式选择寄存器(PMCR[16])，"0"：接收；"1"：发送。

32/64bit 数据格式寄存器(PMCR[17])，"0"：32bit；"1"：64bit。

二维数据传输控制寄存器(PMCR[18])，"1"：有效。

DMA 启动传输寄存器(PPR[1])，并口 DMA 传输启动标志。

DMA 传输结束寄存器(PPR[0])，并口 DMA 传输结束标志。

DMA 全局使能寄存器(PPR[2])，并口 DMA 传输使能信号。

DMA 地址非法标志寄存器(PPR[4])，"1"：有效；当并口 DMA 传输中发现内部地址计算超出了内部数据存储器允许的合法地址范围时，或外部地址计算超出了 CE0～CE4 空间定义的合法地址范围时，则引发该非法地址标志。

DMA 参数设置错误标志寄存器(PPR[5])，"1"：有效；如果有违反如下四条规则之设置，则引发该非法地址标志。

(1)二维 DMA 传输时，X 维与 Y 维长度值之积(最大传输长度)不得大于"0x3FFFF"。

(2)当内部数据为 64bit 时(PMCR[17]= "1")且做一维传输时(PMCR[18]= "0")，X 维的传输长度、步进、内部起始应为偶数(实际设置 PDXR[17:0]为奇数，POSR[15:0]和 POAR[31:0]为偶数)。

(3)当内部数据为 64bit 时(PMCR[17]="1")且做二维传输时(PMCR[18]="1")，传输长度、步进、内部起始应为偶数(实际设置 PDXR[17:0]为奇数，POSR[15:0]、POSR[31:16]和 POAR[31:0]为偶数，PDYR[17:0]奇偶均可)。

(4)当外设位宽为 64bit 时(CFGCE[9:8] = "00")，外部起始地址和外部地址步进也必须是偶数(PFAR[31:0]和 PMCR[15:0])；传输数据的总长度也必须是偶数，此时若内部为 64bit 时(PMCR[17]="1")，约束遵守(2)和(3)；若内部为 32bit 时(PMCR[17]="0")，则当做一维传输时(PMCR[18]="0")，X 维传输长度应为偶数(控制寄存器实际设置时 PDXR[17:0]值为奇数)，当做二维传输时(PMCR[18]="1")，实际最大传输长度应为偶数，即控制寄存器实际设置时 PDXR[17:0]和 PDYR[17:0]必须有一个为奇数。

注：传输长度寄存器设置值均为实际需要的传输长度值减 1。

通用并口 DMA 数据传输过程与 DDR2 DMA 类似，也分为接收或发送模式，只有当一次 DMA 传输结束后才能改变工作模式。并口 DMA 直接访问外设存储器，其外设与内存之间有两个 64bit 的寄存器做输入/输出缓冲隔离，一方面是因为内外访问速率不同，另一方面是对不同的内部字宽与外设位宽数据进行组合。并口 DMA 由指令启动，当 DMA 为接收模式时，首先根据外设位宽、外设速率等条件计算出片外读地址，并从相应外设地址空间读出数据存入片内接收寄存器中，同时 DMA 控制器计算出片内存储器写地址送到写总线仲裁电路进行仲裁判断，如果没有取得总线访问权，则 DMA 控制器就处于等待状态，一旦取得总线访问权，就将接收寄存器中的数据送到地址对应的片内存储器，同时开始下一次的数据传输工作。当

DMA 为发送模式时，DMA 首先计算出片内读地址并送到读总线仲裁电路进行仲裁判断，当获得总线访问权后从地址对应的片内存储器中读出相应数据并存入发送寄存器，同时 DMA 计算出片外写地址，并将寄存器中的数据写入片外存储器中。依次循环执行，直到 DMA 数据传输结束为止。通用并口的二维传输方式与 DDR2 的相同。当内部数据为 64bit 位宽时，片内起始地址、步进值和传输长度值需要设置为偶数。

　　通用并口 DMA 传输与 DDR2 端口 DMA 的不同之处在于其外设位宽的多样性，其外设位宽选择有 64bit、32bit、16bit 和 8bit 四种，而内部数据又分为 64bit 与 32bit 两种情况，这样外设与内存字宽有可能不匹配，共有 8 种情况的传输字宽组合，详细说明参见第 5 章 "并口"。

10.5　飞越传输 DMA

　　DDR2 与 Link 口之间的 DMA 传输为一种飞越传输方式，飞越传输在程序员设置好相应的 DMA 控制寄存器之后自动进行，并且传输的数据无须存入片内存储器，数据存取直接在 DDR2 和 Link 口电路各自的乒乓缓存中进行。按照传输方向的不同将飞越传输分成两种模式，一种通过 DDR2 DMA 控制器从片外 DDR2 SDRAM 中读取数据并通过本片 Link 发送口送出，如图 10-8 所示；另一种则相反，本片 Link 接收端收取链路口外设发送来的数据，然后直接通过 DDR2 DMA 控制器写入片外 DDR2 SDRAM，如图 10-9 所示。

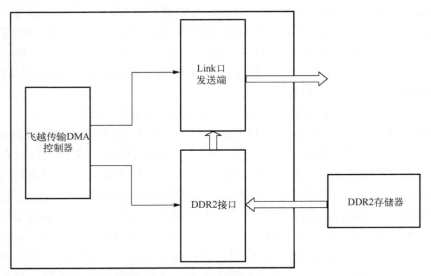

图 10-8　DDR2 与 Link 口之间飞越传输示意图一

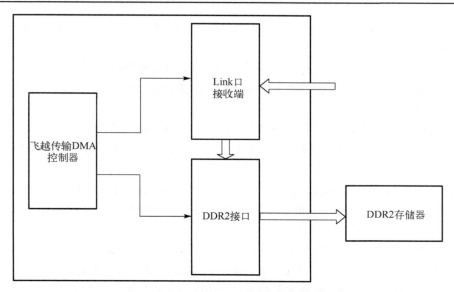

图 10-9　DDR2 与 Link 口之间飞越传输示意图二

飞越传输由专门的控制寄存器组来配置 DMA 的启动以及提供控制信号，针对飞越传输功能，BWDSP100 设置了 FDGCR 及分别对应 4 个 Link 发送端、4 个 Link 接收端的共计 9 组 DMA 飞越传输控制寄存器。

FDGCR 是一个飞越传输全局控制寄存器，其含义如下：

①链式飞越传输使能寄存器（FDGCR[7]），"1"表示做链式飞越传输（FDGCR[3] 必须同时有效）；

②链式飞越传输的链长度寄存器（FDGCR[5:4]），表示链式飞越传输需要启动 DMA 的个数，BWDSP100 最长可硬件自动启动 4 次 DMA 飞越传输；

③飞越传输使能寄存器（FDGCR[3]），"1"代表有效，表示做飞越传输；

④飞越传输 Link 端口寄存器（FDGCR[2:1]），表示当前启动的飞越传输所指向的 Link 端口号；当作链式飞越传输时在每一次飞越传输结束后硬件自动更新；

⑤飞越传输模式寄存器（FDGCR[0]），表示当前飞越传输的方式，"0"表示由 DDR2 至发送 Link 口的传输方式，"1"表示由接收 Link 口至 DDR2 的传输方式。

10.5.1　飞越传输模式一

DDR2 与 Link 口之间飞越传输模式一如图 10-8 所示。当 FDGCR[0]为"0"时执行从 DDR2 端口至 Link 发送端口的飞越传输模式，此时程序员根据 Link 发送端口号（FDGCR[2:1]）来设置对应飞越传输控制寄存器组。

①飞越传输 DDR2 端口外存起始地址寄存器（DLDARx[31:0]），可设定的合法起

始地址应在 BWDSP100 处理器外部地址空间 CE5 范围内，即 0x8000_0000～0xFFFF_FFFF。

②飞越传输 DDR2 端口外存地址步进寄存器（DLDSRx[15:0]）。

③飞越传输 DDR2 端口传输长度寄存器（DLDDRx [27:0]），代表本次飞越传输需要传送的数据量。

④飞越传输 DDR2 端口传输结束标志寄存器（DLDPRx[0]），本次飞越传输过程中 DDR2 端口已读完要求传输长度的外存数据，将产生此标志，"1"：有效，并不代表整个飞越传输过程结束。

⑤飞越传输 DDR2 端口 DMA 启动传输寄存器（DLDPRx[1]），本次飞越传输 DDR2 端口 DMA 启动信号，也是本次飞越传输总的启动信号，由程序员设置，"1"：有效。

⑥飞越传输 DDR2 端口 DMA 全局使能寄存器（DLDPRx[2]），"1"：有效。

⑦飞越传输 DDR2 端口 DMA 地址非法标志寄存器（DLDPRx[3]），"1"：有效；当 DDR2 的 DMA 通道传输中发现外部地址超出 CE5 空间定义的合法地址范围时，则设置该标志。

⑧链式飞越传输下次 Link 端口号寄存器（DLLMRx[1:0]），表示链式飞越传输过程中完成当前 Link 口通道飞越传输后下一次将要指向的 Link 端口号。

⑨飞越传输 Link 发送端口传输数据位宽寄存器（DLLMRx[4:2]），表示 Link 口每次传输数据的位宽，飞越传输时只能设置为"111"（default），表示一个完整的 32bit 数据。

⑩飞越传输 Link 发送端口奇偶校验使能寄存器（DLLMRx[5]），设置为"1"表示需要做奇偶校验。

⑪飞越传输 Link 发送端口奇偶校验模式寄存器（DLLMRx[6]），"0"：偶校验；"1"：奇校验。

⑫飞越传输 Link 发送端口传输速率寄存器（DLLMRx[8:7]），"00"～"11"：分别代表 1/2、1/4、1/6、1/8 四种不同的主频分频速率，即 Link 口随路时钟速率。

⑬飞越传输 Link 发送端口传输数据符号位控制寄存器（DLLMRx[9]），"0"：有符号数；"1"：无符号数。

⑭飞越传输 Link 发送端口 DMA 传输结束寄存器（DLLPRx[0]），本次飞越传输过程中 Link 口发送端传输结束的标志，同时也代表整个飞越传输过程结束，"1"：有效。

⑮飞越传输 Link 发送端口 DMA 传输启动寄存器（DLLPRx[1]），当 DLDPRx[1] 有效置位后飞越传输 DDR2 端口 DMA 首先启动，随后当条件满足时将自动设置该位为"1"，表示开始启动对应 Link 口的 DMA 传输。

⑯飞越传输 Link 发送端口 DMA 传输使能寄存器（DLLPRx[2]），当 DLDPRx[1] 有效置位后飞越传输 DDR2 端口 DMA 首先启动，随后当条件满足时将自动设置该

位为"1"，表示可以启动对应 Link 口的 DMA 传输。

完成飞越传输控制寄存器的设置后，将寄存器 DLDPRx[1]置"1"启动此次飞越传输，传输首先通过 DDR2 的 DMA 控制器计算片外地址并从 DDR2 SDRAM 读取 8 个 32bit 数据存入 DDR2 接口电路内的乒乓缓存中，之后 DDR2 的 DMA 控制器自动置位寄存器 DLLPRx[2]和 DLLPRx[1]信号，从而启动 Link 发送端的 DMA 控制器工作，从 DDR2 的乒乓缓存中读取数据存入 Link 发送端的乒乓缓存，通过并串转换电路发送出去，由于 DDR2 的 DMA 控制器先启动，在读取完程序员所设定传输长度的数据后会返回结束标志将寄存器 DLDPRx[0]标志置"1"，表示 DDR2DMA 的工作结束，若程序员设定的片外地址不正确时还会返回置位寄存器 DLDPRx[3] 标志。当 Link 发送端将所有数据发送完毕后置位寄存器 DLLPRx[0]标志位，表示此次飞越传输过程执行结束。

10.5.2　飞越传输模式二

DDR2 与 Link 口之间飞越传输模式二如图 10-9 所示。当 FDGCR[0]为"1"时执行从 Link 接收端口至 DDR2 端口的飞越传输模式，此时根据需要建立飞越传输连接的 Link 接收端口号值(FDGCR[2:1])来设置对应端口飞越传输控制寄存器组中寄存器控制信号。

①飞越传输 DDR2 端口外存起始地址寄存器(LDDARx[31:0])，可设定的合法起始地址应在 BWDSP100 处理器外部地址空间 CE5 范围内，即 0x8000_0000～0xFFFF_FFFF。

②飞越传输 DDR2 端口外存地址步进寄存器(LDDSRx[15:0])。

③飞越传输 DDR2 端口传输长度寄存器(LDDDRx[27:0])，代表本次飞越传输需要传送的数据量。

④飞越传输 DDR2 端口传输长度寄存器(LDDDRx[31:30])，表示链式飞越传输过程中完成当前 Link 口接收通道飞越传输后下一次将要指向的 Link 接收端口号。

⑤飞越传输 DDR2 端口传输结束标志寄存器(LDDPRx[0])，本次飞越传输过程中 DDR2 端口已写完要求传输长度的外存数据，将产生此标志，"1"：有效，同时也代表整个飞越传输过程结束。

⑥飞越传输 DDR2 端口 DMA 启动传输寄存器(LDDPRx[1])，本次飞越传输 DDR2 端口 DMA 启动信号，当飞越传输开始后，对应 Link 接收端口 DMA 首先启动，随后当条件满足时将自动设置该位为"1"，表示开始启动 DDR2 端口的 DMA 传输。

⑦飞越传输 DDR2 端口 DMA 全局使能寄存器(LDDPRx[2])，当飞越传输开始后，对应 Link 接收端口 DMA 首先启动，随后当条件满足时将自动设置该位为"1"，

表示可以启动 DDR2 端口的 DMA 传输。

⑧飞越传输 DDR2 端口 DMA 地址非法标志寄存器(LDDPRx[3]),"1":有效,当 DDR2 的 DMA 通道传输中发现外部地址超出 CE5 空间定义的合法地址范围时,则引发该标志。

⑨飞越传输 Link 接收端口传输数据位宽寄存器(LDLMRx[2:0]),表示 Link 口每次接收数据的位宽,由相连 Link 发送端传送过来的 32bit 控制字进行设置,飞越传输时只能是"111"(default),表示一个完整的 32bit 数据。

⑩飞越传输 Link 接收端口奇偶校验使能寄存器(LDLMRx[3]),由程序员设置,必须与相连的 Link 发送端口设置一致,"1"表示需要做奇偶校验。

⑪飞越传输 Link 接收端口奇偶校验模式寄存器(LDLMRx[4]),由程序员设置,必须与相连的 Link 发送端口设置一致,"0":偶校验;"1":奇校验。

⑫飞越传输 Link 接收端口传输速率寄存器(LDLMRx[6:5]),由相连 Link 发送端传送过来的 32bit 控制字进行设置,"00"~"11"分别代表 1/2、1/4、1/6、1/8 四种不同的主频分频速率,即 Link 口随路时钟速率。

⑬飞越传输 Link 接收端口传输数据符号位控制寄存器(LDLMRx[7]),由相连 Link 发送端传送过来的 32bit 控制字进行设置,"0":有符号数;"1":无符号数。

⑭飞越传输 Link 接收端口 DMA 传输结束寄存器(LDLPRx[0]),本次飞越传输过程中 Link 口接收端传输结束的标志,并不代表整个飞越传输过程结束,"1":有效。

⑮飞越传输 Link 接收端口奇偶校验错误标志寄存器(LDLPRx[1])。

⑯飞越传输 Link 接收端口 DMA 传输使能寄存器(LDLPRx[2]),由程序员设置,"1"表示可以启动对应 Link 口的 DMA 传输。

Link 接收端口检测输入信号状态以决定是否启动 DMA 传输,传输开始后首先将 Link 口接收的数据经过串并转换后存入 Link 接收端的乒乓缓存,存满 8 个之后 Link 接收端 DMA 控制器自动置位寄存器 LDDPRx[1]和 LDDPRx[2],从而启动 DDR2 的 DMA 控制器工作,将 Link 口缓存中的数据写入 DDR2 的乒乓缓存中去,同时计算出 DDR2 片外地址并将数据最终写入片外 DDR2 SDRAM。Link 口在接收完设定传输长度的数据后会返回结束标志将 LDLPRx[0]寄存器置"1",表示 Link 口的 DMA 工作结束,同时还会返回奇偶校验标志去置位 LDLPRx[1]寄存器,当所有要求传输的数据都写入片外 DDR2 SDRAM 后设置寄存器 LDDPRx[0]为"1",表示此次飞越传输过程执行结束。

当寄存器 FDGCR[7]和 FDGCR[3]同时设置为"1"时,表示做链式飞越传输。所谓链式飞越传输指的是在当前飞越传输结束后,飞越传输 DMA 控制器将指向的 Link 端口号(FDGCR[2:1])自动更新,并启动下一次的飞越传输。寄存器 FDGCR[5:4]的值表示链式飞越传输需要启动 DMA 的次数,即链的长度,由指令预设,每结束一次飞越传输将 FDGCR[5:4]的值减 1，直至等于 0 时表示最后一次飞越传输。链的长度最大为 4，即 FDGCR[5:4]值设置为"11"。

10.6 DMA 总线仲裁

对于每一个存储器 bank 来说，由于其读写地址各只有一个，当多个数据端口都需要在同一个存储器中读/写数据时，就存在总线仲裁问题。总线仲裁形式可以有多种，但仲裁的基本原则是尽量提高存储器的吞吐工作效率。每个内部存储器块(block)总线字宽为 256bit，它是由 8 个 32bit 存储器 bank 构成的，每一个存储器 bank 的读写均单独安排一个数据总线仲裁电路，可以有效地增加数据读写效率。BWDSP100含 24 个数据存储器 bank，共设置了 24*2 个独立的读/写总线仲裁电路。总线仲裁电路的框图如图 10-10 所示。

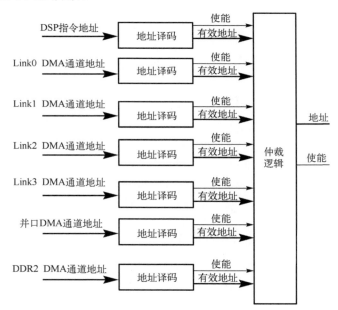

图 10-10　总线仲裁电路示意图

每一个总线仲裁电路的输入为 6 个外部端口 DMA 送来的地址值和对应的总线请求信号，以及一组指令送来的 DSP 地址信号和相应的请求信号。各个端口送来的地址首先进行译码处理，确定是否为该存储器 bank 所对应的地址，如果是该存储器所对应的地址，则将同一时刻送来的请求信号一起送到总线仲裁电路中。

总线仲裁内部电路是一个多路选择器，根据各个输入请求信号的优先级来确定究竟输出哪一组地址。具体工作方式如下。

如果 DSP 指令的输入地址有效，其优先级最高，则下一个时钟节拍仲裁电路输出内核指令提供的地址。如果存储器当前正在进行的是一个外部端口的数据传送，则暂停该端口数据传输工作，等待 DSP 指令取数操作结束后，再恢复进行上一次未结束的数据传输。

当 DSP 指令输入地址无效时，各个 Link 口 DMA 通道及并行数据口 DMA 通道根据优先级争夺总线占用权。

第11章 调 试 功 能

11.1 概　　述

BWDSP100的调试系统采用在线调试技术实现，在线调试技术不需要对被调试系统增加其他的设备，而且能保持被调试系统完全自主地正常工作，可以实时获得目标处理器状态。

BWDSP100调试系统基于JTAG标准协议(IEEE-1149.1-2001)来实现，这样可以通过管脚复用最大限度地减少对芯片管脚的占用。

调试系统由三部分组成：软件调试环境、在线仿真器、DSP芯片内部的调试逻辑，如图11-1所示。

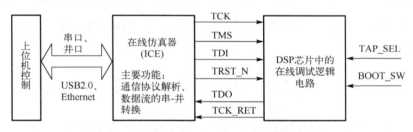

图11-1　BWDSP100的调试系统结构

TCK、TMS、TDI、TDO、TRST_N是标准的JTAG信号，其他额外增加的信号提供必要的辅助功能，用于更好地实现DSP芯片的在线调试。

上位机主要通过DSP集成开发环境(IDE)里的调试功能软件对目标DSP进行各种调试操作：包括DSP强制启动/停止、单步调试、断点调试、观察点调试等。每次调试操作的信息通过串口、以太网口或USB口发送给ICE。

ICE连接IDE和目标DSP芯片，负责标准通信协议(如串口、以太网或USB通信协议)与JTAG调试电路协议之间的相互转换。DSP芯片内部的调试逻辑电路采用了标准的JTAG协议来实现。

11.2　DSP调试系统的JTAG引脚

表11-1描述了在线调试系统的ICE所使用的DSP引脚。

表 11-1　在线调试系统的 I/O 引脚

信号	端口类型	描述
TRST_N	输入 （异步）	Test Reset（JTAG 信号）。 用来对 DSP 芯片内部的在线调试逻辑进行复位。该信号低电平有效，在系统上电之后必须有效，从而保证在线调试逻辑不影响 DSP 的正常工作
TCK	输入	Test Clock（JTAG 信号）。 提供一个与 DSP 内部主时钟异步的时钟信号，用于驱动在线调试逻辑的所有 JTAG 操作
TDI	输入	Test Data Input（JTAG 信号）。 串行数据输入端口
TMS	输入	Test Mode Select（JTAG 信号）。 串行输入信号，用于控制在线调试逻辑的状态
TDO	输出	Test Data Output（JTAG 信号）。 串行数据输出端口
TCK_RET	输出	Test Clock Return（辅助信号）。 TDO 信号的随路时钟输出端口

在线调试系统的辅助功能 I/O 还包括 TAP_SEL 和 BOOT_SW，该 I/O 用于选择 BWDSP100 的工作模式。

11.3　DSP 的功能模式

DSP 芯片有 3 种功能模式：用户模式、调试模式和诊断模式。

（1）用户模式下，所有的指令都可以正常执行，程序员可以访问 DSP 的所有状态寄存器、控制寄存器、片内存储资源和片外存储资源。用户模式需要将 TAP_SEL 功能引脚外接电平置为逻辑"1"，将 BOOT_SW 功能引脚外接电平置为逻辑"1"。在用户模式下，如果不进行模式切换（即 BOOT_SW 始终为"1"），DSP 是可以强行进入调试模式的，但需要特别注意，在强行进入调试模式之前，要等待所有被调试的 DSP 芯片自行 BOOT 结束，否则未 BOOT 结束的 DSP 会工作异常。例如，如果需要调试 4 片 DSP（DSP0～DSP3），但只自动加载 DSP0 和 DSP1，在维持 BOOT_SW 为"1"就进入调试模式的情况下，即使通过 JTAG 加载 DSP2 和 DSP3，DSP2 和 DSP3 也会工作异常。

（2）调试模式下，除了可以访问上述资源外，程序员还能获取 3 类状态信息：指令发射级之前的流水线寄存器的内容、每级流水线对应的 PC 值，以及执行宏中所有运算部件的使用情况。调试模式的启动流程如下。

第一步：目标板系统上电，将所有级联在一条 JTAG 链路上的 DSP 芯片的 TAP_SEL 引脚置为逻辑"1"，BOOT_SW 引脚置为逻辑"0"；

第二步：将 ICE 系统上电，并将 ICE 系统与上位机及目标板连接；

第三步：在上位机中启动调试 IDE 界面，进入调试模式。

(3)诊断模式仅用于 DSP 芯片在用户模式下进入异常状态时，查看异常发生的原因。诊断模式中，调试逻辑不可访问 DDR2，其余可访问的资源与调试模式下相同，但是这些可访问资源均处于只读状态。诊断模式的启动流程如下。

第一步：将目标板中所有级联在一条 JTAG 链路上的 DSP 芯片的 TAP_SEL 引脚置为逻辑"1"，BOOT_SW 引脚置为逻辑"0"；

第二步：将 ICE 系统上电，并将 ICE 系统与上位机及目标板连接；

第三步：在上位机中启动调试 IDE 界面，进入诊断模式。

11.4　DSP 在线调试资源

11.4.1　硬件断点

在线调试逻辑电路为用户提供了丰富的硬件断点资源，可以同时设置 32 个断点。当 DSP 程序运行过程中碰到硬件断点时，会自动中止程序运行，并停留在当前状态，程序员可以访问当前时刻 DSP 的所有可见地址空间的资源，并对其中可写的资源进行修改。

11.4.2　观察点

在线调试逻辑为用户提供了 16 个观察点资源，这些观察点对 DSP 的数据存储器、通用寄存器、地址发生器的 U/V/W 寄存器写操作所访问的地址敏感。当用户定义的写操作(即观察点所指定的地址)发生时，会自动中止 DSP 运行，方便程序员观察当前 DSP 的状态。

11.4.3　单步调试

在线调试功能为用户提供了 2 种单步调试功能：周期单步和指令单步。

周期单步是指 DSP 运行所设定的时钟周期个数之后自动停止运行。周期单步的步长可调，最小为 1，最大为 $2^{16}-1$。

指令单步是指 DSP 处理完设定的指令个数之后自动停止运行。指令单步的步长可调，最小为 1，最大为 $2^{16}-1$。启动了指令单步调试功能后，如果在 100 个 DSP 处理器主时钟周期内还没有执行完 1 条指令，则自动结束当前的指令单步功能。

11.5　DSP 在线调试逻辑的级联与并发调试

在多 DSP 级联的系统里，每个 DSP 芯片中的在线调试逻辑需要被串联在同一条 JTAG 链上，构成一个级联结构，这样我们就可以将最多 8 个 DSP 当作一个分组，在分组内实现同步调试功能，即同一时刻分组内的所有 DSP 的在线调试逻辑都执行相同的调试操作。同步调试功能对于在多片 DSP 之间开发具有同步功能的应用程序很有帮助。

图 11-2 是 JTAG 链路的级联结构，该结构中采用并行的 TMS、TCK 输入，串行的 TDI 输入，只需要采用前面所描述的 TDI、TMS 输入策略，既可以实现对链路中单个芯片的调试，也可以实现链路中多个芯片的并发同步调试。

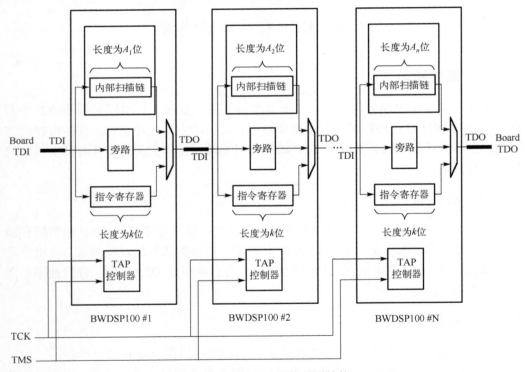

图 11-2　JTAG 链路的级联结构

11.6　DSP 在线调试逻辑的接口电路与 JTAG 信号同步

在线调试逻辑电路和 DSP 内核位于同一个时钟域，因此从芯片外部 ICE 产生的

JTAG 信号需要与 DSP 主时钟进行同步后才能被在线调试逻辑使用。在线调试逻辑
的同步接口电路如图 11-3 所示。

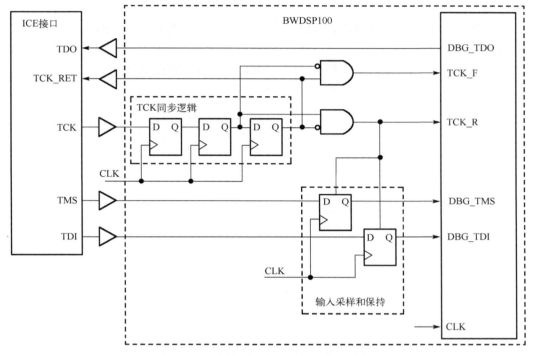

图 11-3　在线调试逻辑的同步接口电路

为了将 ICE 提供的片外 JTAG 时钟信号 TCK 与 DSP 内核时钟进行同步，采用
了 2 级同步器的设计。经过同步后的 TCK 时钟信号 TCK_RET 除了被在线调试逻辑
使用外，还反馈给 ICE，用于对 TDO 信号同步进行采样，如图 11-4 所示。

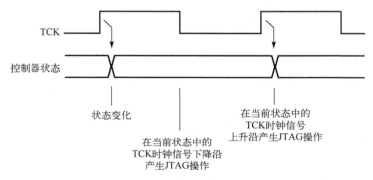

图 11-4　在线调试逻辑的时序动作

TCK_RET 信号并不直接被在线调试逻辑使用，而是在该信号的上升沿以及下

降沿分别产生一个 DSP 主时钟宽度的使能信号 TCK_R 和 TCK_F，提供给在线调试逻辑使用。如图 11-3 所示，根据 IEEE 1149.1-2001 协议，在线调试逻辑采用如下的时序规范：

TAP 控制器的状态转换以及 TMS、TDI 信号的采样都在 TCK_RET 信号的上升沿动作；

其他所有测试逻辑的动作都在 TCK_RET 信号的下降沿动作。

第 12 章　ECS 使用

ECS 是配套 BWDSP100 开发的集成开发环境，采用图形界面接口，提供环境配置、源文件编辑、程序调试、跟踪和分析等，可以帮助用户在软件环境下完成编辑、编译、链接、调试和数据分选等工作。仿真器能够对 BWDSP100 实现全仿真，允许查看和修改存储器、寄存器和处理器堆栈。IEEE 1149.1 JTAG 测试访问端口，可在仿真时监视和控制目标板上的 DSP 处理器。另外，软件开发工具还集成了内容丰富的 DSP 算法库等。

12.1　主　要　菜　单

ECS 菜单项很丰富，不仅包括文件菜单、工程管理菜单、编译菜单和调试菜单等一般开发环境所必需的菜单项，而且还包括性能统计、图绘制等特色的菜单项。本节详细介绍 ECS 的菜单项。

12.1.1　文件菜单

(1) 用户直接点击 ECS 后缀为.wks 的文件就可以直接打开 ECS，如图 12-1。

(2) Switch Workspace（切换工作空间）：该功能既能新打开工作空间，也能切换工作空间，一键多用，方便用户使用。

(3) Recent Workspace（最近打开的工作空间）：便于用户寻找最近修改过的某个工作空间。

(4) 最近打开的文件列表：图 12-2 中 Print Setup…菜单项下面，显示的是最近打开过的文件。

文件菜单主要功能如下。

①新建：

新建文件；

新建工程；

新建工作空间。

②打开：

打开文件；

打开工作空间。

③保存文件：

另存为；

保存所有文件。

④切换工作空间。

⑤最近工作空间。

⑥打印设置。

⑦最近打开的文件。

⑧退出。

文件菜单窗口如图 12-2 所示。

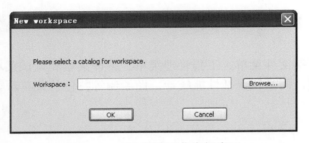

图 12-1　ECS 新建工作空间窗口　　　　　图 12-2　ECS 文件菜单

12.1.2　编辑菜单

(1)具有常用的撤销、重复、复制、粘贴等功能。

(2)丰富的标签功能，方便用户调试程序。

(3)较丰富的显示模式如显示列数，方便用户定位到行。

编辑菜单主要功能如下：

①撤销；

②重复；

③剪切；

④复制；

⑤粘贴；

⑥查找；

⑦替换；

⑧选择所有文本；

⑨设置标签；

⑩下一个标签；

⑪前一个标签；

⑫清除所有标签；

⑬显示行数；

⑭标签指向指定行数。

编辑菜单窗口如图 12-3 所示。

点击编辑菜单中的 Find…菜单项，将弹出一个文本查找对话框，在对话框最上面的文本框里填上自己想要查找的字符串，然后点击"查找下一个"按钮就可以了，下面设置里面是"区分大小写"等设置内容，对话框如图 12-4 所示。

图 12-3　ECS 编辑菜单　　　　　　　　　图 12-4　ECS 查找对话框

点击编辑菜单中的 Replace…菜单项，将弹出一个文本替换对话框，在对话框最上面的文本框里填上自己想要查找的字符串和替换的字符串，然后点击替换按钮就可以了，其中，"全部替换"是替换所有符合要求的字符串，设置里面是"区分大小写"等设置内容，对话框如图 12-5 所示。

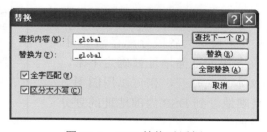

图 12-5　ECS 替换对话框

12.1.3　视图菜单

(1)具有全屏显示功能。

(2)较丰富的调试手段如寄存器窗口、内存窗口、流水线窗口等,其中,内存窗口提供了导入导出功能,并提供了丰富的导入导出数据格式,如16进制、8进制等,功能使用指南详见12.4节开发步骤。

(3)较丰富的输出窗口,方便用户查看调试输出信息。

视图菜单主要功能如下:

①全屏显示;

②工程管理视图;

③调试查看窗口;

④输出窗口视图;

⑤状态栏显示。

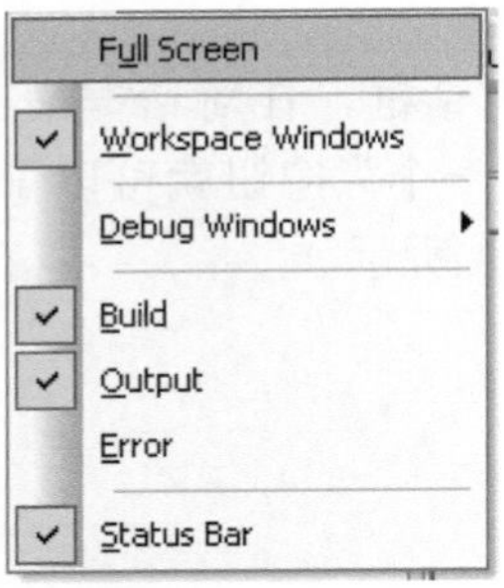

图 12-6　ECS 视图菜单

视图菜单窗口如图 12-6 所示。

12.1.4　工程管理菜单

(1)常用的有编译开始、编译终止、群编译功能。

(2)较丰富的工程设置窗口,设置选项包括 C 编译器设置、汇编器设置、链接器设置。

(3)自动生成链接描述文件,不需要用户自己写,以及设置活动工程、添加文件到工程等功能。

工程管理菜单主要功能如下:

①编译工程(Build Project);

②清除工程中间文件;

③编译终止;

④群编译(Batch Build);

⑤设置活动工程;

⑥添加文件到工程;

⑦创建链接描述文件;

⑧工程设置。

其中,链接描述文件主要是为各段分配存储空间,如代码段和数据段,使各段的存储地址被确定下来。链接描述文件可以用文本方式打开,也可以用图形方式打开,用户可以很直观地看到 DSP 内部地址的划分以及各段分配的地址空间。

工程管理菜单窗口如图 12-7 所示。

图 12-7　ECS 工程管理菜单

12.1.5　寄存器管理菜单

（1）提供一个全部寄存器选择窗口，供用户自己选择，方便简单，一次既可以选择一个组，也可选择多个或其中一个。

（2）用户自定义寄存器组，一次配置，自动保存，用户无须重复配置。

（3）把常用的寄存器组提出来放在菜单项上，便于用户快速查看寄存器。

寄存器管理菜单主要功能如下：

①寄存器选择；

②常用寄存器组。

ECS 可以查看的主要寄存器如下所示：

①全局控制状态寄存器；

②时钟周期计数低位寄存器；

③时钟周期计数高位寄存器；

④取指一级的 PC；

⑤取指二级的 PC；

⑥执行级的 PC；

⑦Macro 内的执行单元控制寄存器和标志寄存器；

⑧DMA 控制寄存器与标志寄存器；

⑨中断控制寄存器和标志寄存器；

⑩差分链路口控制寄存器与标志寄存器；

⑪定时器控制寄存器；

⑫通用 I/O 控制寄存器；

⑬并口控制寄存器；

⑭JTAG 控制寄存器；

⑮零开销循环寄存器；

⑯通用寄存器堆；

⑰累加寄存器；

⑱乘法累加寄存器；

⑲U 地址寄存器；

⑳V 地址寄存器；

㉑W 地址寄存器；

㉒软件异常向量寄存器；

㉓硬件中断向量寄存器。

寄存器管理菜单窗口如图 12-8 所示。

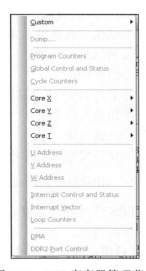

图 12-8　ECS 寄存器管理菜单

12.1.6　内存管理菜单

（1）较丰富的内存查看窗口，用户可以输入任何一个有效的地址或标签，内存查看窗口自动切换到输入地址处。

（2）提供用户程序中的全局标签及对应地址，方便用户调试使用。

（3）提供了导入导出功能，并提供了丰富的导入导出数据格式，如 16 进制、8进制等，功能使用指南详见 12.4 节开发步骤。

图 12-9　ECS 内存管理菜单

（4）提供较丰富的二维和三维绘图功能。

内存管理菜单主要功能如下：

①内存数据查看；

②导入；

③导出；

④内存绘图。

内存管理菜单窗口如图 12-9 所示。

12.1.7　调试模式设置菜单

（1）简单实用的调试模式选择窗口，调试模式分为 Simulator 模式和 Emulator模式。其中，Emulator 调试模式分为两种：一是调试模式，二是诊断模式；通信方式也分为两种：一是串口方式，二是网口方式。

（2）在 Emulator 调试模式中提供了较为丰富的调试管理功能，如组管理、多片状态显示管理、加载文件设置等。

（3）另外还提供了外设设置窗口，包括外存 CE0～CE4，以及 DDR2 等设置窗口。

调试模式选择菜单主要功能如下：

①调试模式选择；

②组管理；

③多片 DSP 状态显示；

④加载文件设置；

⑤外设设置。

图 12-10　ECS 调试模式选择菜单

调试模式选择菜单窗口如图 12-10 所示，外设窗口如图 12-11 所示。

1．MP（Multi Process）组选择窗口

ECS 有两种调试模式，一种是 Simulator 软件仿真调试；一种是 Emulator 的 JTAG硬件仿真调试。

（1）用户选择调试模式。

（2）点击 Session 菜单，选择 Select Session，弹出一个选择调试模式对话框，如图 12-12 所示，该对话框可以选择调试模式，一种是软件模拟器，一种是硬件仿真器。

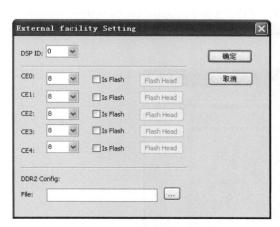

图 12-11　ECS 外设设置窗口

图 12-12　ECS 调试模式选择窗口

当用户选择 JTAG 仿真调试时，IDE 需通过发包来检测 JTAG 仿真器和目标板是否连接，并获得挂在 JTAG 链上的 DSP 芯片数目。

（3）用户选择聚焦组。

用户进行程序调试前，须设置聚焦组信息。IDE 须提供一个组选择窗口 Group Name，当前组记录了要调试的多个 DSP 芯片，窗口布局如图 12-13 所示。

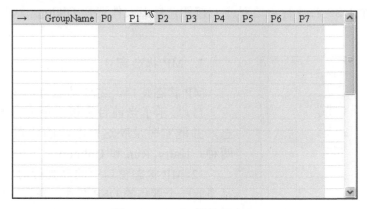

图 12-13　ECS 组选择窗口

IDE 自动检测到 JTAG 链上有 n 个 DSP 芯片，并且 JTAG 链将它们自动编号为 $0,1,\cdots,n-1$。图中动态地列出了 n 列，分别对应每个芯片。用户可在图中创建组，并选择 DSP 芯片。用户选中图中一个组为当前聚焦组。所有的多片调试，都对聚焦组内的 DSP 芯片有效。在调试过程中，用户通过选择不同的高亮行可随时改变当前聚焦组。

2. MP 加载文件设置窗口

在多片调试前，用户要建立 MP 工程，编译成功后，用户还须在 IDE 中设置一个窗口信息，以确定每个 DSP 芯片要加载的可执行文件名（包含路径），窗口布局如图 12-14 所示。

图 12-14　ECS 加载文件选择窗口

单击每个 DSP 芯片行右边对应的按钮，弹出文件选择 Dialog，选择相应的可执行文件。

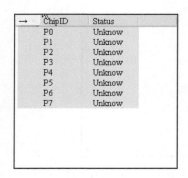

图 12-15　ECS DSP 状态显示窗口

3. MP 状态窗口

MP 状态窗口，主要功能有两个。

（1）显示了当前目标板上所有 DSP 运行的状态，并能实时反映这些芯片的状态。状态主要有两种：Halt、Run 和 Unknow。

（2）MP 状态窗口中的高亮行对应的 DSP 芯片是当前一个聚焦的 DSP 芯片。在调试过程中，用户通过选择不同的高亮行可改变当前聚焦 DSP 芯片。

窗口布局如图 12-15 所示。

4. MP JTAG 仿真调试

以上信息设置完毕，开始进行 JTAG 仿真调试。JTAG 仿真调试命令被分为两组，一组叫单片调试，是针对当前一个聚焦的 DSP 芯片，通过 MP 状态窗口来设置。另一组叫多片调试，是针对当前聚焦组中多个 DSP 芯片。界面上有进入和退出调试按钮 Debug、Stop。

（1）单片调试。

单片调试的主要命令如表 12-1 所示（针对 MP 状态窗口中设置的聚焦 DSP 片）。

表 12-1　单片调试的主要命令

命令	说明
Reload	重新加载
Run	运行
Pause	暂停
StepCycle	走一个周期单步
StepNCycle	走多个周期单步（用户自己设置）
StepIntr	走一个指令单步
StepNIntr	走多个指令单步（用户自己设置）
Reset	复位
Set/Clear Breakpoint	设置/清除断点
Set/Clear Watchpoint	设置/清除观察点

另外单片调试的命令还有读写内存、寄存器、外存等。

（2）多片调试。

多片调试的主要命令如表 12-2 所示（针对 MP 组选者窗口中设置的聚焦 DSP 片）。

表 12-2　多片调试的主要命令

命令	说明
MultReload	多片重新加载
MultRun	多片运行
MultPause	多片暂停
MultStepCycle	多片走一个周期单步
MultStepNCycle	多片走多个周期单步（用户自己设置）
MultReset	多片复位

12.1.8　调试菜单

（1）编译正确后自动进入调试模式。

（2）提供了丰富的调试手段。

（3）提供简洁方便使用的断点、观察点设置窗口，用户可以看到自己已经设置的断点和观察点。

调试菜单主要功能如下：

①加载；

②重新加载；

③周期单步；

④指令单步；

⑤走若干个周期单步（用户自己设置）；

⑥运行；

⑦暂停；

⑧结束；

⑨C 语言单步；

⑩Emulator 多片调试。

调试菜单窗口如图 12-16 所示。其中，Set Cycle：每走一个周期单步就在界面有一个高亮，指在当前运行所在的指令行；Run：只在遇到断点或用户暂停或遇到其他使程序停下来的操作才在界面上加一个高亮，指在当前程序运行停止的指令行。

图 12-16　ECS 调试菜单

12.1.9　设置菜单

设置菜单窗口如图 12-17 所示，设置菜单主要功能如下：

①断点设置；

②观察点设置；

③虚拟中断源设置；

④ABI 自检设置窗口；

⑤属性。

常用功能如下。

图 12-17　ECS 设置菜单

（1）设置断点窗口，提供已设断点显示功能，用户添加删除断点，并提供用户程序里面的标签和对应地址，方便用户设置断点，如图 12-18 所示。

（2）设置观察点窗口，提供已设观察点显示功能，用户添加删除观察点，在观察点窗口把所有能设置观察点的寄存器全部以树的形式显示出来，方便用户使用，如图 12-19 所示。

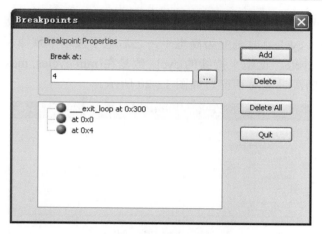

图 12-18　ECS 断点设置窗口

图 12-19　ECS 观察点设置窗口

（3）设置虚拟中断源。

当基于软件模拟器进行调试时，可以引入虚拟中断信号，该窗口用于虚拟中断信号源参数的设置。注意该窗口内的设置仅对当前工程有效。

因为定时器的高、低优先级中断由相同的中断信号触发，所以在中断名下拉列表中，对于每个定时器，只给出了一个中断信号名。

虚拟中断信号的波形产生以 DSP 时钟周期(cycle)为单位,初始为低电平,在偏离时钟周期(offset cycles)时刻变为高电平,之后电平按以下规律周期性变化:高电平总是持续一个 cycle,低电平持续的 cycle 数是在[min cycles, max cycles]间的一个随机数。虚拟中断源设置对话窗口如图 12-20 所示。

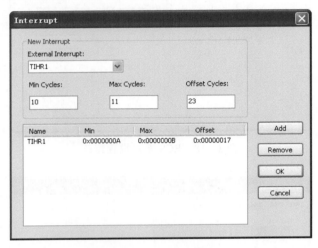

图 12-20　设置虚拟中断源

(4) ABI 自检设置窗口。

当基于软件模拟器进行调试时,该窗口用于 ABI 合法性检查设置。注意该窗口内的设置对工作场景内的所有项目均适用。ABI 自检设置窗口如图 12-21。

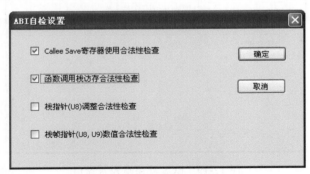

图 12-21　ABI 自检设置窗口

①Callee Save 寄存器使用合法性检查。

检查内容:在所有配对使用的(子程序)调用 call 和调用后返回 ret 指令处检查 Callee Save 寄存器是否完全相同。

②函数调用栈访存合法性检查。

检查内容：若有向[0x600000, U8]区域的读、写操作，则认为非法。其中，U8 为栈指针，0x600000 为栈所在内存块的低地址边界。

③栈指针（U8）调整合法性检查。

检查内容：只要栈指针 U8 的值发生变化，软件模拟器就自动向[U8–31, U8]地址空间写入干扰数据。若程序在这种干扰下运行出现问题，则说明该程序对栈指针（U8）的调整不合法。

④栈帧指针（U8, U9）数值合法性检查。

检查内容：若 U8、U9 的值不位于栈空间地址范围[0x600000, 0x60FFFF]内，且 U8、U9 不为 0，则认为非法。

12.1.10　工具菜单

（1）提供了地址计算器，很大程度上节省了用户计算时间，用户只要在计算器上填入相应的参数，点击计算，地址就在右边窗口显示出来。

（2）FLASH 烧写窗口包括四个标签设置页，一是字宽设置以及 FLASH 字头设置，二是加载文件设置，三是映像文件生成以及加载，四是 FLASH 填充以及清空。

工具菜单主要功能如下：

①地址计算器；

②产生加载文件；

③FLASH 烧写；

④通信检查。

工具菜单窗口如图 12-22 所示，FLASH 烧写窗口如图 12-23 所示。

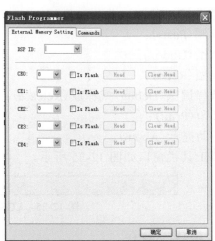

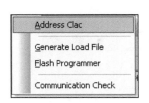

图 12-22　ECS 设置菜单　　　　　图 12-23　ECS FLASH 烧写窗口

12.1.11 帮助菜单

提供 BWDSP100 软件用户手册，用户点击 Index，程序自动打开 BWDSP100 软件用户手册 chm 版本，方便用户查看。

图 12-24 ECS 帮助菜单

帮助菜单主要功能如下：
①BWDSP100 软件用户手册；
②ECS 介绍。
帮助菜单窗口如图 12-24 所示。

12.2 主要工具栏

Windows 版 ECS 工具栏很丰富，主要包括文件工具栏、编辑工具栏、工程工具栏、编译工具栏和调试工具栏等。本节下面将详细介绍 Windows 版 ECS 的工具栏。

12.2.1 文件工具栏

文件工具栏主要功能如下：
①新建文件（New File）；
②打开文件（Open File）；
③保存文件（Save）；
④保存所有文件（Save All）；
⑤剪切（Cut）；
⑥拷贝（Copy）；
⑦复制（Paste）；
⑧撤销（Undo）；
⑨重做（Redo）；
⑩选择调试（Debug）或释放（Release）；
⑪打印（Print）；
⑫帮助提示（About）。
文件工具栏窗口如图 12-25 所示。

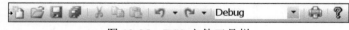

图 12-25 ECS 文件工具栏

12.2.2 编辑工具栏

编辑工具栏主要功能如下：

①设置标签(Toggle Bookmark);

②下一个标签(Next Bookmark);

③前一个标签(Previous Bookmark);

④清除所有标签(Clear All Bookmarks);

⑤查找(Find);

⑥增加缩进(Increase Indent);

⑦减少缩进(Decrease Indent)。

编辑工具栏窗口如图 12-26 所示。

图 12-26　ECS 编辑工具栏

12.2.3　工程工具栏

工程工具栏主要功能如下:

①新建工作空间(New WorkSpace);

②切换工作空间(Switch WorkSpace);

③新建工程(New Project)。

工程工具栏窗口如图 12-27 所示。

图 12-27　ECS 工程工具栏

12.2.4　编译工具栏

编译工具栏主要功能如下:

①编译工程(Build);

②编译某一个文件(Batch Build);

③停止编译(Stop Build);

④设置或清除断点(Insert/Remove a Breakpoint);

⑤清除所有断点(Remove All Breakpoints)。

编译工具栏窗口如图 12-28 所示。

图 12-28　ECS 编译工具栏

12.2.5　调试工具栏

调试工具栏主要功能如下：

①装载（Load）；

②重新装载（Reload）；

③周期单步（Step Cycle）；

④指令单步（Step Instruction）；

⑤周期多步（Step Ncycle）；

⑥C 模式逐语句（C Debug Stepinto）；

⑦C 模式逐过程（C Debug Stepover）；

⑧C 模式单步跳出（C Debug Stepout）；

⑨周期单步运行（Run to）；

⑩正常运行（Run Free）；

⑪暂停（Pause）；

⑫停止调试（Stop Debug）。

其中，Run to：每走一个周期单步就在界面有一个高亮，指在当前运行所在的指令行。Run free：只在遇到断点或用户暂停或遇到其他使程序停下来的操作才在界面上加一个高亮，指在当前程序运行停止的指令行。

调试工具栏窗口如图 12-29 所示。

图 12-29　ECS 文件工具栏

12.3　主　要　窗　口

Windows 版 ECS 窗口很丰富，不仅包括功能强大的主窗口、工程管理窗口、编辑窗口、输入输出窗口、寄存器窗口、内存窗口和设置窗口等一般开发环境所必需的窗口外，还包括性能统计等特色的窗口。本节下面将详细介绍 Windows 版 ECS 的窗口。

12.3.1　主窗口

ECS 是一种功能强大和方便的集成开发环境。ECS 可以通过可视化的图形界面和用户进行交互，程序开发人员可以在此界面中进行高效的文件、工程管理，灵活地在编辑、调试等不同工作模式间进行切换，实现高效率的程序开发。调试器能够将性能统计信息以图形化的方式显示出来，使程序员能够迅速发现程序的瓶颈所在和需要进一步优化的程序块。

集成环境包括一个基于代数语法的易于使用的汇编器，一个链接器，一个加载器，一个精确到时钟周期、指令级的模拟器，一个 C 编译器（在开发中），一个包括 DSP 和数学函数的 C 运行库。这些工具最重要的特点是 C 代码的高有效性，编译器能有效地将 C 代码转换为 DSP 的汇编代码，提高了 DSP 软件的开发效率。

Windows 版 ECS 目前最新的版本集成了两大部分：集成的开发环境和调试器，其主界面如图 12-30 所示。

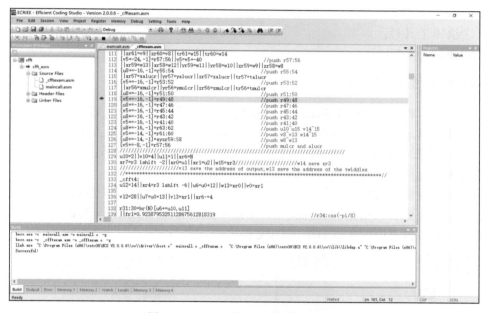

图 12-30　ECS 集成开发与调试界面

主要菜单如下：

①文件菜单；

②编辑菜单；

③调试模式选择菜单；

④视图菜单；

⑤工程管理菜单；

⑥寄存器管理菜单；

⑦内存管理菜单；

⑧编译菜单；

⑨调试菜单；

⑩参数设置菜单；

⑪帮助菜单。

主要工具栏如下：

①文件工具栏；

②编辑工具栏；

③视图工具栏；

④工程管理工具栏；

⑤寄存器管理工具栏；

⑥内存管理工具栏；

⑦编译工具栏；

⑧调试工具栏。

12.3.2　工程管理窗口

在一个工作空间（WorkSpace）中可以建立多个工程，每个工程对应多片调试中的一片处理器，在每个工程中可以建立多个源文件，包括 C、汇编以及链接描述文件，并可以随时添加、删除、修改选定的文件，利用集成开发环境，可以对整个工程进行编译链接。工程管理窗口如图 12-31 所示。

工程管理窗口按照树的方式显示了文件夹和文件，用户可以建立自己的文件夹并把文件添加到自己指定的文件夹中，使整个工程看起来很清晰、整洁，如图 12-32 所示。点击右键可以添加或删除文件/文件夹。

图 12-31　ECS 工程管理窗口

图 12-32　ECS 工程管理窗口

12.3.3　编辑窗口

编辑器能够自动识别关键字、注释等，并以不同的颜色显示出来，支持其他标准的编辑操作，以及工具链中的各种参数。

12.3.4　输入输出窗口

1.　编译输出

编译输出窗口输出工程编译输出的信息，包括警告和错误信息，图 12-33 所示为编译结果正确。如果编译不正确，会显示编译的错误具体在程序的什么位置。

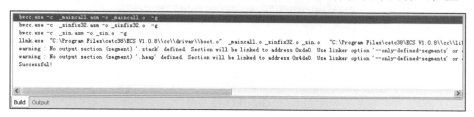

图 12-33　编译输出窗口

2.　标准正确输出

标准正确输出窗口输出 C 语言标准正确输出信息，包括 I/O 重定向输出，图 12-34 窗口所示为输出变量 res 的值。

图 12-34　标准正确窗口

3.　标准错误输出

标准错误输出窗口输出 C 语言标准错误输出信息，图 12-35 窗口所示为错误输出显示 U 地址发生器访问地址越界，用户可依据提示信息进行查询。

图 12-35　标准错误输出

4．I/O 输入输出

在 ECS 中 I/O 输入输出只支持 scanf/printf 两个函数，采用其他方式直接写进标准输出的在界面上不能响应。

I/O 输入窗口提供 C 语言的标准输入接口，窗口如图 12-36 所示，可以依据程序在 Input 窗口输入对应格式的输入参数值。

图 12-36　I/O 输入窗口

12.3.5　寄存器窗口

寄存器窗口的主要功能是读写寄存器的值并以窗口的方式显示出来，以及修改寄存器的值，然后写回。能够查看的寄存器如下：

①全局控制状态寄存器；

②时钟周期计数低位寄存器；

③时钟周期计数高位寄存器；

④取指一级的 PC；

⑤取指二级的 PC；

⑥执行级的 PC；

⑦Macro 内的执行单元控制寄存器和标志寄存器；

⑧DMA 控制寄存器与标志寄存器；

⑨中断控制寄存器和标志寄存器；

⑩差分链路口控制寄存器与标志寄存器；

⑪定时器控制寄存器；

⑫通用 I/O 控制寄存器；

⑬并口控制寄存器；

⑭JTAG 控制寄存器；

⑮零开销循环寄存器；

⑯通用寄存器堆；

⑰累加寄存器；

⑱乘法累加寄存器；

⑲U 地址寄存器；

⑳V 地址寄存器；

㉑W 地址寄存器；

㉒软件异常向量寄存器；

㉓硬件中断向量寄存器。

上面列举了在集成开发环境 ECS 中所能查看的寄存器，图 12-37 显示了选择查看寄存器的窗口，左边窗口列出了所有能查看的寄存器，右边窗口是选择查看的寄存器。

寄存器选择过后，点击左下角的 OK 按钮，就出现了图 12-38 的显示界面，左边是寄存器的名称，右边是寄存器的值(绿色)，如果显示红色，则表示值在一个指令单步或周期单步后发生了变化。

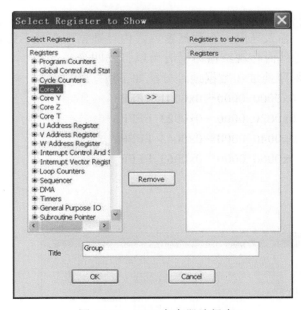

图 12-37　ECS 寄存器选择窗口

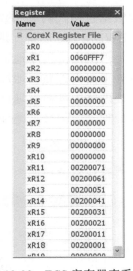

图 12-38　ECS 寄存器查看窗口

寄存器值的显示方式可以通过点击右键来确定，目前有以下几种数据类型供用户选择：

①十六进制；

②32 位浮点；

③32 位有符号定点；

④32 位无符号定点；

⑤双 16 位有符号定点；

⑥双 16 位无符号定点。

右键点击的菜单如图 12-39 所示。

✓	Hex
	Oct
	Bin
	Unsigned int
	Signed int
	Float 32
	Packed 16 unsigned int
	Packed 16 signed int

图 12-39 ECS 寄存器右键点击菜单

12.3.6 内存窗口

内存窗口包括内存观察窗口，导入导出内存数据窗口，内存数据图形显示等，内存数据包括代码段和数据段，另外内存观察窗口同时可以打开四个。

BWDSP100 的统一地址空间程序地址和数据地址分配如下所示：

处理器内部程序地址空间 0：0x0000_0000～0x0001_FFFF

处理器内部数据地址空间 1：0x0020_0000～0x0023_FFFF

处理器内部数据地址空间 2：0x0040_0000～0x0043_FFFF

处理器内部数据地址空间 3：0x0060_0000～0x0063_FFFF

1. 内存观察窗口

内存观察窗口如图 12-40 所示。

Memory 1									×
Address	0	1	2	3	4	5	6	7	8
[00000000]	80280001	80280041	80280081	802800C1	80280101	80280141	80280181	802801C1	80260000
[00000009]	80260001	8026000D	060003C0	85030800	060003D1	85030900	060003E1	85030A00	060003F1
[00000012]	85030B00	06000401	85030C00	06000411	85030D00	06000421	85030E00	06000431	85030F00
[0000001B]	06000441	85031000	85030C00	85031100	06000461	85031200	06000471	85031300	06000481
[00000024]	85031400	06000491	85031500	060004A1	85031600	060004B1	85031700	060004C1	85031800
[0000002D]	060004D1	85031900	060004E1	85031A00	060004F1	85031B00	06000501	85031C00	06000511
[00000036]	85031D00	06000521	85031E00	06000531	85031F00	06000541	85032000	06000551	85032100
[0000003F]	06000561	85032200	06000571	85032300	06000581	85032400	06000591	85032A00	060005A1
[00000048]	85032B00	060005B1	85032500	060005C1	85032600	060005D1	85032700	060005E1	85032800
[00000051]	060005F1	85032900	0660FFFF	85E00800	0660FFFF	85E00900	06610000	85E00000	0E010000
[0000005A]	0C001000	00080000	00080000	00080000	80080000	00440340	00080000	00080000	
[00000063]	00080000	00080000	00080000	00080000	00080000	00080000	00080000	00080000	
[0000006C]	00080000	00080000	00080000	00080000	804401C0	0BE3F900	00149800	8A153000	80147100
[00000075]	0F000000	0DC3F800	801488EE	06200000	05E00700	06200001	05E00000	80146900	0F000000
[0000007E]	0D80A700	0BE12000	801456F8	80146010	0F000000	0DC12500	00145900	8A14A280	8BE11600
[00000087]	001475F8	8A140280	80145020	0F000001	0DC11700	80147900	8BE10500	801467F8	80147030
[00000090]	0F000002	0DC10600	8BE0F700	801456F8	80146040	0F000003	0DC0F500	80145900	
[00000099]	8BE0E600	801475F8	80145050	0F000004	0DC0E700	80147900	8BE0D500	801467F8	80147060
[000000A2]	0F000005	0DC0D600	80146900	0BE0C700	80147070	801456F8	8BE0B700	0F000006	0DC0C500
[000000AB]	80145900	801465F8	80145900	0F000007	8DC0B600	801455F8	80141500	0BE01100	00080000
[000000B4]	00080000	00080000	00080000	00080000	00080000	00080000	00080000	00080000	

Build | Output | Error | Watch | Call Stack | Locals | **Memory 1**

图 12-40 ECS 内存观察窗口

　　内存观察窗口右键菜单非常丰富，其内存数据类型选择包括十六进制、32 位浮点、32 位有符号定点、32 位无符号定点、双 16 位有符号定点、双 16 位无符号定点；Goto 到指定的地址；导入数据到内存；从内存导出数据到文件。右键菜单如图 12-41 所示。

　　2. 内存数据导入导出窗口

　　内存数据导入导出窗口如图 12-42 所示。

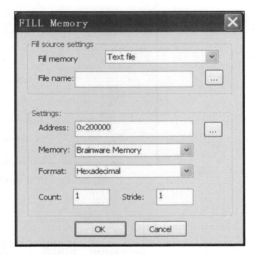

图 12-41　ECS 内存观察窗口右键菜单　　　　图 12-42　ECS 内存数据导入导出窗口

　　其中，File name 是要保存的文件名字，Address 是开始读的地址，Count 表示连续读多少个地址，Stride 表示取数的步伐。

　　3. 内存绘图窗口

　　内存绘图设置窗口如图 12-43 所示。

　　图中右上边的 Plot 设置里面有两个参数：①Type：选择图形的类型有二维和三维两种，②Title：设置图形的标题。下面的 Data Setting 里面有四个参数，第一个是选择数据组的名字，第二个是选择哪种类型芯片的内存，第三个是选择立体图数据的间距，第四个是选择数据的类型。

　　最下面的 Address 设置里面有四个参数，Start Addr 表示选择画图的开始地址；Stride 表示步距，如为 1，就表示从开始地址连续地取数据，如为 2，就表示间隔一个地取数据，以此类推；Count 表示取地址的个数；End Addr 表示选择画图的结束地址。下面是内存绘图的效果图，如图 12-44 所示。

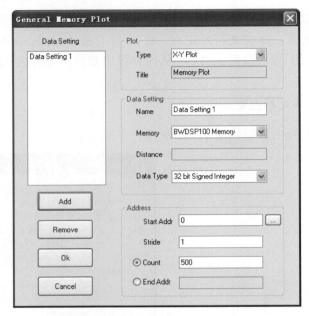

图 12-43　ECS 内存绘图设置窗口

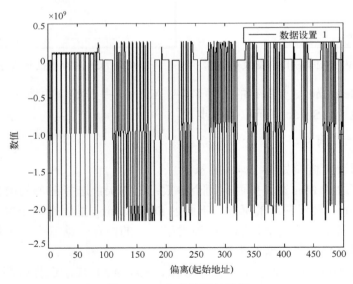

图 12-44　内存绘图效果图

12.3.7　设置窗口

设置窗口主要对软件工具链参数进行设置，如 C 编译器、汇编器、链接器等，具体进行设置的工具链如下：

①C 编译器；

②汇编器（Lasm）；

③链接器（Link）。

设置窗口如图 12-45 所示。

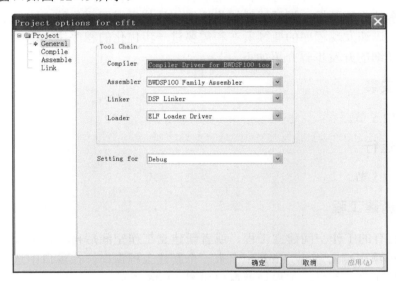

图 12-45　设置窗口

12.3.8　性能统计窗口

调试器能够随机采样目标处理器并将采样结果数据以图形化的方式显示出来。通过跟踪、时间统计，程序员能够迅速发现 DSP 程序中什么地方最耗时间以及发现程序的瓶颈和需要进一步优化的程序块。也可以用调试产生中断、I/O 输出、I/O 输入等来仿真真实的应用环境。在程序运行过程中能够查看寄存器、存储器中数值的变化。性能统计模块主要功能如下：

①统计每个执行宏中各运算单元的瞬间使用率；

②统计每个执行宏中各运算单元的总使用率。

以图形化方式直观显示统计数据的运算单元如下：

①ALU（算术逻辑单元）；

②MUL（乘法器）；

③SHF（移位器）；

④SPU（特定单元）。

12.4　开　发　步　骤

ECS 可以通过可视化的图形界面和用户进行交互，程序开发人员可以在此界面中进行高效的文件、工程管理，灵活地在编辑、调试等不同工作模式间进行切换，实现高效率的程序开发。调试器能够将性能统计信息以图形化的方式显示出来，使程序员能够迅速发现程序的瓶颈所在和需要进一步优化的程序块。

ECS 详细的开发步骤介绍如下。

12.4.1　安装

详见 12.5 节。

12.4.2　运行

详见 12.5 节。

12.4.3　新建工程

可在已有的工作空间建立工程，或者新建立工作空间后再新建工程，方法是在 Project 菜单项中点击 New Project 出来一个新建工程窗口，在窗口中选择新建工程放置目录和新建工程名，工程管理窗口如图 12-46 所示。

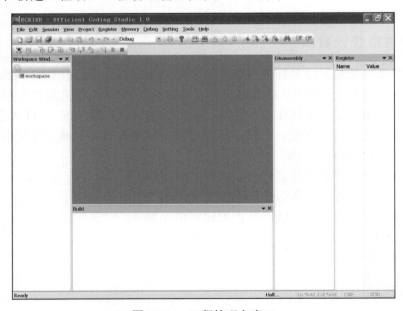

图 12-46　工程管理主窗口

图 12-47 中列出了新建工程的一些参数设置，包括工作空间的选择、工程的名字、处理器、工具链的选择，工具链包括汇编器、链接器等，设置过后点击确定按钮即可。

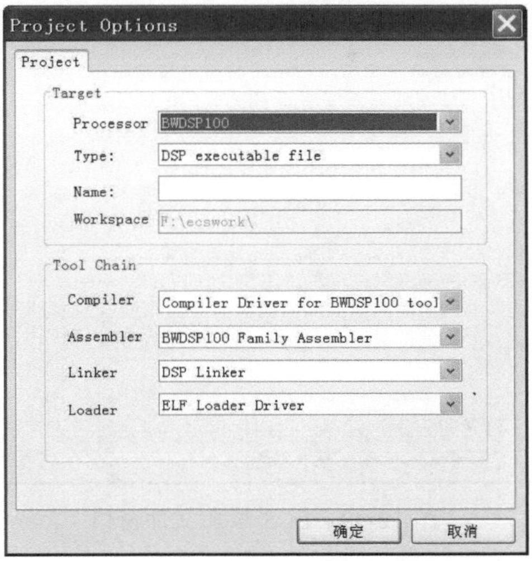

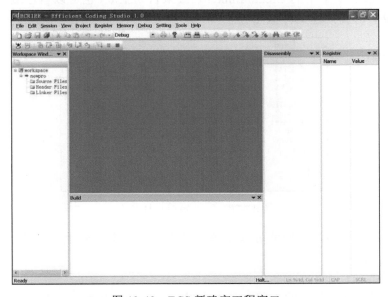

图 12-47　新建工程窗口

图 12-48 显示了一个空工程的界面，在此基础上用户就可以开始写程序了，可以新建程序到工程，也可以添加已有程序文件到工程。

图 12-48　ECS 新建空工程窗口

　　下面将 example 文件中的 demo 工程中的文件加载到上面新建的工程中，先选中 Project 菜单中的 Add File to Project 得到下面界面，如图 12-49 所示。

图 12-49　ECS 添加文件窗口

　　在图中选中 demo1.asm，demo2.asm，main.asm 三个文件，然后点击确认就把文件加载到新建工程了。

　　在新建工程和加载源文件后，我们还需要向工程中加入链接命令文件，该文件可以通过 Project 菜单中的 Create Linker File 来自动生成，也可以自己编写。图 12-50 是自动生成的链接描述文件截图。

```
 1  MEMORY
 2  {
 3  PROG1    : origin = 0x000000, length = 0x20000, bytes=4
 4  DATA0    : origin = 0x200000, length = 0x40000, bytes=4
 5  DATA1    : origin = 0x400000, length = 0x40000, bytes=4
 6  DATA2    : origin = 0x600000, length = 0x40000, bytes=4
 7  }
 8  SECTIONS
 9  {
10  .text: > PROG1
11  .data: > DATA0
12  .bss: > DATA1
13  }
14
15
```

图 12-50　ECS 链接描述文件

　　完成上述工作后，我们就可以编译自己的程序生成可执行文件了。

12.4.4　编译

　　经过上述操作，我们的工程就基本完成，剩下的工作就是编译调试。点击 Build

菜单项中的 Build 就开始编译了，在 ECS 最下面的窗口中输出了一些编译信息，右边是反汇编窗口，如图 12-51 所示。

图 12-51　ECS 编译主窗口

在图中我们可以看到 Build 菜单项中的四个选项 Build，Build Stop，Run，Run Stop。当我们看到图中 Output 中输出 Build Finished 时，编译就成功了。如果有错误，可以根据输出的错误信息来修改源程序，然后再编译。

12.4.5　调试

通过上述的工作后，我们就可以对程序进行调试了，当我们发现程序没有按照我们的要求输出数据，或没有完成预先设想的任务时，可以选择调试来发现问题出现在哪里。

在调试器中我们提供了控制寄存器和状态寄存器观察窗口、流水线寄存器观察窗口、内存观察窗口、读写内存窗口、内存数据图形等观察窗口来辅助程序员调试程序，具体窗口如下所示。

下述步骤说明了如何显示某一段存储器内容。

（1）点击 Session 菜单，选择 Select Session，弹出一个选择调试模式对话框，如图 12-52 所示，该对话框可以选择调试模式，一种是软件模拟器，一种是硬件仿真器。

图 12-52　ECS 调试模式选择窗口

（2）单击 Register 菜单，选择 Custom…，弹出一个 Select Register 对话框，如图 12-53 所示。

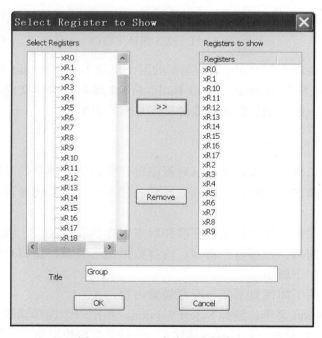

图 12-53　ECS 寄存器选择窗口

（3）选择了需要查看的寄存器后，点击 OK 按钮，就出现了下图的界面，如图 12-54 所示。

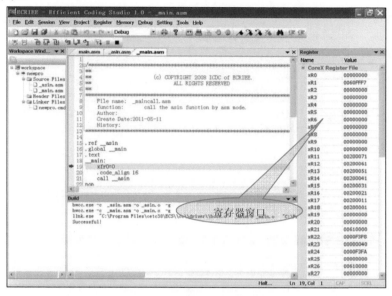

图 12-54 ECS 寄存器观察窗口

（4）单击 View 菜单，选择 Debug Windows→Pipeline Register View，弹出流水线对话框，如图 12-55 所示。

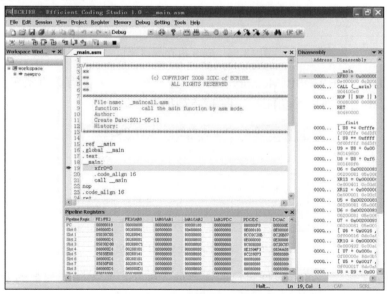

图 12-55 ECS 流水线观察窗口

（5）单击 Memory 菜单，选择 BWDSP Memory，弹出一个内存观察窗口，如图 12-56 所示。

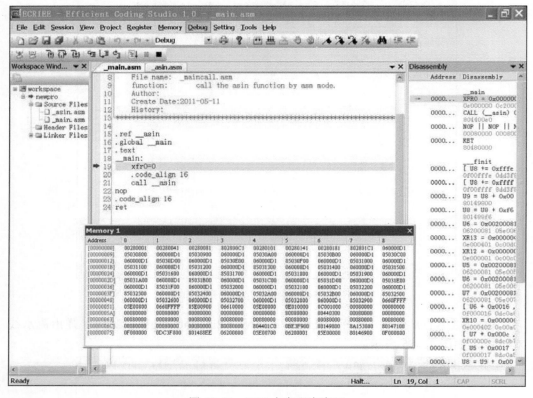

图 12-56　ECS 内存观察窗口

（6）右键单击 BWDSP Memory 窗口，弹出一个菜单，有数据类型显示选择和 Goto 到自己指定的地址等功能，如图 12-57 所示。

图 12-57　ECS 内存观察窗口右键菜单

（7）内存观察窗口可以根据自己的需要放大缩小，数据随着列数的变化而变化，满足用户调试当中要求的显示列数，效果如图 12-58 所示。

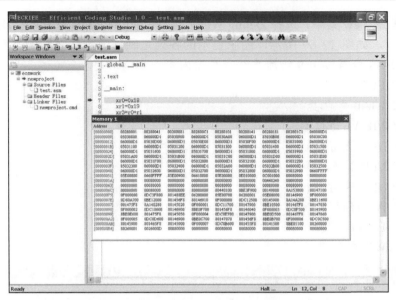

图 12-58　ECS 内存观察窗口

（8）单击 Debug 菜单，我们可以看到 Debug、Debug Stop、Step Cycle、Step Over、Run to、Run Free、Break、Reset、Breakpoint，选择 Debug Start，调试就开始了，在界面上有一行黄线指定了程序开始的代码，图 12-59 是一个在调试过程中截取的操作界面。

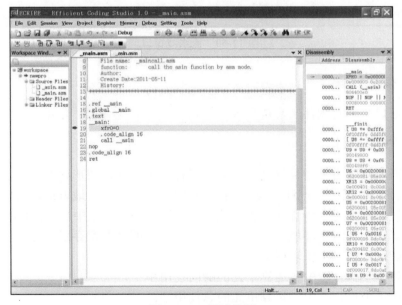

图 12-59　调试界面

（9）单击 View 菜单，选择 Debug Windows→Pipeline Register View，会弹出一个流水线窗口，如图 12-60 所示，图中显示的各列是硬件流水线之间的寄存器结果，可以通过 ECS 查看以下 9 级流水线寄存器内容：

①FE1/FE2 寄存器；

②FE2/IBA0 寄存器；

③IBA0/IBA1 寄存器；

④IBA1/IBA2 寄存器；

⑤IBA2/PDC 寄存器；

⑥PDC /DC 寄存器；

⑦DC /AC 寄存器；

⑧AC /EX 寄存器；

⑨EX /WB 寄存器。

Pipeline Registers									
Pipeline Regis	FE1/FE2	FE2/IAB0	IAB0/IAB1	IAB1/IAB2	IAB2/PDC	PDC/DC	DC/AC	AC/EX	EX/WB
PC	00000110	00000100	000000F0	000000E0	000000EC	000000EA	000000E8	000000E4	000000E0
Slot 0	16000003	0C001000	0E600000	00000000	0E000441	0E000441	0E000441	0E000000	0E000007
Slot 1	94001000	8BE41110	8C200080	00000000	8C684040	8C603040	8C642040	0C003080	0C001000
Slot 2	26000004	0E000001	88342080	00000000	00000000	00000000	00000000	0E000000	0E000000
Slot 3	24000000	0C002000	89E41010	00000000	00000000	00000000	00000000	8C004080	8C002080
Slot 4	26000005	8BE42210	8AF810FC	00000000	00000000	00000000	00000000	00000000	00000000
Slot 5	A4001000	EB840012	06004000	00000000	00000000	00000000	00000000	00000000	00000000
Slot 6	06000003	0E000002	85E40000	00000000	00000000	00000000	00000000	00000000	00000000
Slot 7	05E40100	8C001000	0E000002	00000000	00000000	00000000	00000000	00000000	00000000
Slot 8	06000001	06400000	0C001000	00000000	00000000	00000000	00000000	00000000	00000000
Slot 9	85E40200	05E40000	8BE41108	00000000	00000000	00000000	00000000	00000000	00000000
Slot 10	BBB40012	0E000000	0E000001	00000000	00000000	00000000	00000000	00000000	00000000
Slot 11	0E600000	0C000000	0C002000	00000000	00000000	00000000	00000000	00000000	00000000
Slot 12	8C000000	0E000001	8BE42208	00000000	00000000	00000000	00000000	00000000	00000000
Slot 13	8BE40008	8C001000	06020000	00000000	00000000	00000000	00000000	00000000	00000000
Slot 14	0E000001	16000002	85E80000	06000001	00000000	00000000	00000000	00000000	00000000
Slot 15	0C03D000	14000000	0E000002	85000C00	00000000	00000000	00000000	00000000	00000000

图 12-60　流水线窗口

12.4.6　参数设置

设置窗口主要对软件工具链参数进行设置，如 C 编译器、汇编器、链接器等。

12.4.7　性能统计

调试器能够随机采样目标处理器并将采样结果数据以图形化的方式显示出来。通过跟踪、时间统计，程序员能够迅速发现 DSP 程序中什么地方最耗时间以及发现程序的瓶颈和需要进一步优化的程序块。也可以用调试产生中断、I/O 输出、I/O 输入等来仿真真实的应用环境。在程序运行过程中能够查看寄存器、存储器中数值的变化。性能统计模块主要功能如下：

①统计每个执行宏中各运算单元的瞬间使用率；

②统计每个执行宏中各运算单元的总使用率；

③以图形化方式直观显示统计数据。

12.5　应用程序编写举例

(1) 新建工作空间 Workspace，单击 File→New→New Workspace，如图 12-61 所示。

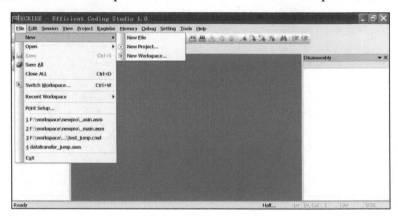

图 12-61　新建一个工作空间

(2) 选定工作空间保存目录，如图 12-62 所示。

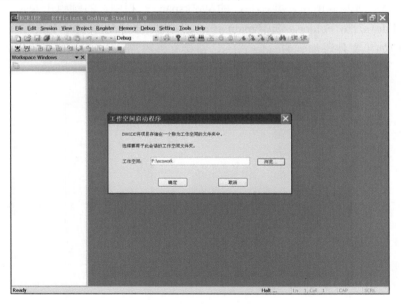

图 12-62　选择工作空间保存目录

(3) 新建一个工程，File→New→New Project，在 Name 一栏填写工程名称，如 test，其他选项采用默认方式，具体如图 12-63 所示。

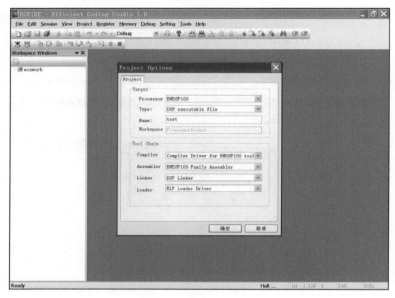

图 12-63　新建一个工程

（4）新建一个汇编文件，步骤：File→New→New File，在文件名里面填写名称 main.asm，如图 12-64 所示，并在左边的 Workspace 一栏中，右键点击 test→Source Files 出现 Add File(s) to Folder，选中 main.asm 文件将其添加到 Source Files 下，如图 12-65 所示。其他如头文件添加到 Header Files，链接文件添加到 Linker Files 的步骤与此类似。

图 12-64　设定的文件名称

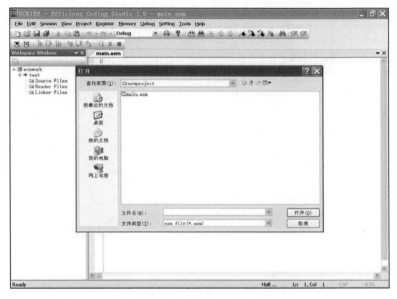

图 12-65　向工程中添加文件

（5）编写代码。

①主函数文件的编写，在 main.asm 文件里面编写如下代码，代码中标识须是全英文，如图 12-66 所示。

```
.ref ___called
.global___main
.text
___main:
xr2=0x4000||u0=xr2
xr3 =0||u1=xr3
xr4 =1||u2=xr3
xztR1:0=[U0+=U1,U2]
//call sub_function
.code_align 16
call___called
///return
.code_align 16
ret
.data
.include "data.inc"
.section data1,"aw",@progbits
```

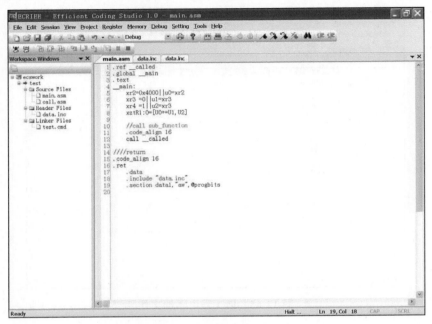

图 12-66　编写代码 main.asm

②被调用函数文件的编写，在 call.asm 里面添加如下代码：

```
.global____called
.text
____called:
xr0=0x28665717
 xr1=0x30506955
.code_align 16
ret
```

③数据文件的编写，data.inc 为数据初始化文件，可在其中添加数据，如：

```
.float 1
.float 1
.float 1
.float 1
.float 1
```

说明：

.text：属于段配置，在写汇编代码时，需加在程序的前面；

.global：将函数 main 定义为全局变量，如果被其他外部函数引用时前面需用

global 将函数定义为全局变量；

.ref：引用其他文件中定义的函数；

____main：是主函数的入口；

____called：是子函数的入口；

.include：在汇编源程序文件中包含其他头文件；

.section：程序员自定义的段，可以像默认的代码和数据段一样使用；

ret：函数返回时须使用。

（6）生成 Link 文件，步骤为：Project→Creat Linker File，集成开发环境会自动生成一个 test.cmd 文件。该文件可由用户修改或设定，在新建一个工作空间及工程时需要手动生成。

（7）编译，步骤为 Project→Build Project，如图 12-67 所示。

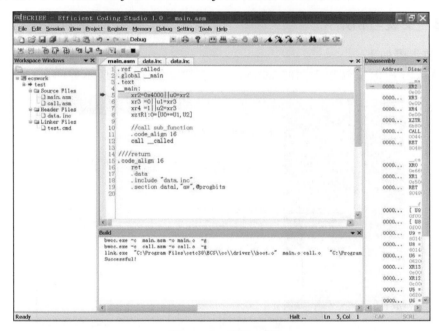

图 12-67　编译工程

12.6　运 行 环 境

12.6.1　硬件设备

ECS 所要求的硬设备的最小配置如下所示：

①CPU 达到 P4 及以上；

②内存至少 512M。

12.6.2　支持软件

ECS Linux 版所适用的软件平台，如下所示：

①Redhat Linux 企业版 3.0 版本；

②Redhat Linux 企业版 4.0 版本或以上版本。

ECS Windows 版所适用的软件平台，如下所示：

①Windows 2000 操作系统；

②Windows 2003 操作系统；

③Windows XP 操作系统。

12.6.3　安装与初始化

安装步骤如下。

(1)点击 ECS 安装包下面的 setup.exe，得到如图 12-68 所示界面。

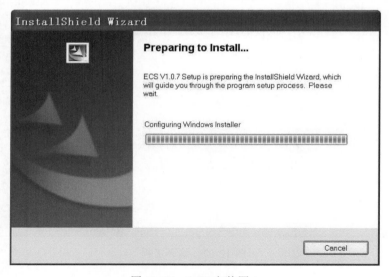

图 12-68　ECS 安装图 1

(2)图 12-68 所示的界面运行结束后，将显示图 12-69，填写用户信息，包括 User Name 和 Company Name。完成后点击 Next，进行安装。

(3)如果中途退出安装，点击图 12-70 中 Cancel 按钮即可。

(4)在安装过程结束后，将出现下面的安装完成图，点击 Finish 即可，如图 12-71 所示。

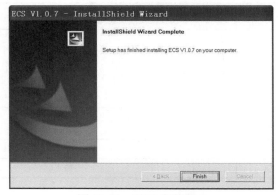

图 12-69　ECS 安装图 2

图 12-70　ECS 安装图 3

图 12-71　ECS 安装图 4

　　经过上面的安装步骤，ECS 就安装完毕了，点击程序菜单里面的 cetc38，然后出现 ECS，再点击 ECS，程序就开始运行了。

第 13 章　BWDSP100 封装与引脚定义

13.1　处理器封装信息

13.1.1　产品命名信息

BWDSP100 处理器产品命名信息说明分别如图 13-1 和表 13-1 所示。

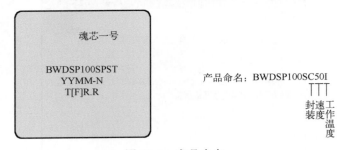

图 13-1　产品命名

表 13-1　信息说明

T	工作温度	C:0～70℃
		I:−40～85℃
S	速度	30：300MHz
		35：350MHz
		40：400MHz
		45：450MHz
		50：500MHz
P	封装	C：陶瓷
		P：塑封
YYMM-N	序列号	如 1012-1101
T[F]R.R	硅版本	如 1.0

13.1.2　封装信息

BWDSP100 外形尺寸和引脚排列底视图分别如图 13-2 和图 13-3 所示。采用 FC-CBGA 729 封装，引脚间距 1.0 毫米。下图中单位为毫米。

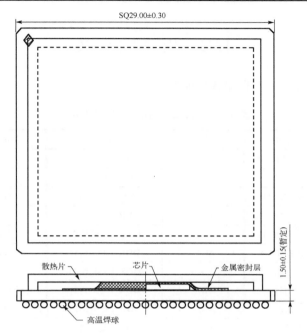

图 13-2 外形尺寸

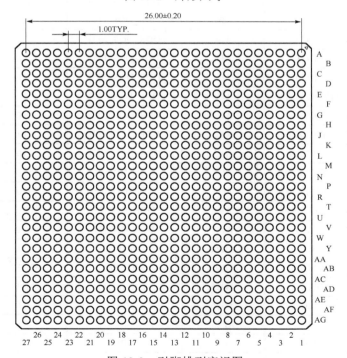

图 13-3 引脚排列底视图

13.2　引　脚　定　义

BWDSP100 的封装引脚配置说明如表 13-2 所示。

表 13-2　BWDSP100 封装引脚定义

管脚号	管脚名称	管脚号	管脚名称	管脚号	管脚名称
AE24	PLL_BYPASS	Y3	DDR_DQ[61]	T7	VDD1.1
AG24	CLKIN	Y2	DDR_DQ[62]	W7	VDD1.1
Y21	CLKINRAT[0]	Y1	DDR_DQ[63]	G8	VDD1.1
AD27	CLKINRAT[1]	AG22	DDR_DQS_P[0]	J8	VDD1.1
AE27	CLKINRAT[2]	AG21	DDR_DQS_N[0]	L8	VDD1.1
AC23	EXCEPTION	AC20	DDR_DQS_P[1]	N8	VDD1.1
AC26	ID[0]	AB20	DDR_DQS_N[1]	R8	VDD1.1
AC25	ID[1]	AE17	DDR_DQS_P[2]	U8	VDD1.1
AD26	ID[2]	AE18	DDR_DQS_N[2]	W8	VDD1.1
AD23	RESET_N	AC17	DDR_DQS_P[3]	H9	VDD1.1
AA22	INT3	AC16	DDR_DQS_N[3]	K9	VDD1.1
AC27	INT2	AB7	DDR_DQS_P[4]	M9	VDD1.1
AE26	INT1	AB6	DDR_DQS_N[4]	P9	VDD1.1
AF27	INT0	AE4	DDR_DQS_P[5]	T9	VDD1.1
AG27	HINT	AE3	DDR_DQS_N[5]	V9	VDD1.1
AE25	TIMER_RST_N	AC1	DDR_DQS_P[6]	Y9	VDD1.1
F19	T0CLKIN	AC2	DDR_DQS_N[6]	G10	VDD1.1
F18	T1CLKIN	AA2	DDR_DQS_P[7]	J10	VDD1.1
F17	T2CLKIN	AA3	DDR_DQS_N[7]	L10	VDD1.1
E18	T3CLKIN	AD9	DDR_ODT[0]	N10	VDD1.1
E17	T4CLKIN	AG6	DDR_ODT[1]	R10	VDD1.1
V21	BOOT_SW	AE8	DDR_ODT[2]	U10	VDD1.1
AG25	RXD	AG3	DDR_ODT[3]	W10	VDD1.1
AC22	TXD	AD24	TAP_SEL	H11	VDD1.1
F16	GPIO[0]	AB22	ATE_EN	K11	VDD1.1
E16	GPIO[1]	AD25	TCK_RET	M11	VDD1.1
F15	GPIO[2]	AG26	TCK	P11	VDD1.1
E15	GPIO[3]	AF25	TMS	T11	VDD1.1
F14	GPIO[4]	AF26	TDI	V11	VDD1.1
E14	GPIO[5]	AE23	TRSTN	Y11	VDD1.1

续表

管脚号	管脚名称	管脚号	管脚名称	管脚号	管脚名称
F10	GPIO[6]	AC24	TDO	J12	VDD1.1
E10	GPIO[7]	AF5	PHY_DLL_DTO[0]	L12	VDD1.1
D27	CE0A_N	AB9	PHY_DLL_DTO[1]	N12	VDD1.1
D26	CE0B_N	AB10	PHY_DLL_ATO	R12	VDD1.1
E20	CE1A_N	AD10	PHY_ZQ	U12	VDD1.1
E19	CE1B_N	B27	L0ACKOUT_P	W12	VDD1.1
F21	CE2A_N	C27	L0ACKOUT_N	H13	VDD1.1
F20	CE2B_N	B26	L0IRQIN_P	K13	VDD1.1
J24	CE3A_N	C26	L0IRQIN_N	M13	VDD1.1
J23	CE3B_N	D20	L0CLKIN_P	P13	VDD1.1
E22	CE4A_N	C20	L0CLKIN_N	T13	VDD1.1
E21	CE4B_N	C24	L0DATIN_P[0]	V13	VDD1.1
AB24	PAR_OE_N	D24	L0DATIN_N[0]	Y13	VDD1.1
AB23	PAR_WE_N	D23	L0DATIN_P[1]	J14	VDD1.1
Y27	PAR_ADDR[0]	C23	L0DATIN_N[1]	L14	VDD1.1
W27	PAR_ADDR[1]	D22	L0DATIN_P[2]	N14	VDD1.1
Y25	PAR_ADDR[2]	C22	L0DATIN_N[2]	R14	VDD1.1
T22	PAR_ADDR[3]	D19	L0DATIN_P[3]	U14	VDD1.1
W23	PAR_ADDR[4]	C19	L0DATIN_N[3]	W14	VDD1.1
V26	PAR_ADDR[5]	D18	L0DATIN_P[4]	H15	VDD1.1
U24	PAR_ADDR[6]	C18	L0DATIN_N[4]	K15	VDD1.1
W26	PAR_ADDR[7]	D17	L0DATIN_P[5]	M15	VDD1.1
V24	PAR_ADDR[8]	C17	L0DATIN_N[5]	P15	VDD1.1
V27	PAR_ADDR[9]	C15	L0DATIN_P[6]	T15	VDD1.1
P23	PAR_ADDR[10]	D15	L0DATIN_N[6]	V15	VDD1.1
P25	PAR_ADDR[11]	C14	L0DATIN_P[7]	Y15	VDD1.1
N27	PAR_ADDR[12]	D14	L0DATIN_N[7]	G16	VDD1.1
P22	PAR_ADDR[13]	B24	L0ACKIN_P	J16	VDD1.1
P24	PAR_ADDR[14]	A24	L0ACKIN_N	L16	VDD1.1
N22	PAR_ADDR[15]	B23	L0IRQOUT_P	N16	VDD1.1
N26	PAR_ADDR[16]	A23	L0IRQOUT_N	R16	VDD1.1
M27	PAR_ADDR[17]	A19	L0CLKOUT_P	U16	VDD1.1
N23	PAR_ADDR[18]	B19	L0CLKOUT_N	W16	VDD1.1
M26	PAR_ADDR[19]	A22	L0DATOUT_P[0]	H17	VDD1.1
J25	PAR_ADDR[20]	B22	L0DATOUT_N[0]	K17	VDD1.1

管脚号	管脚名称	管脚号	管脚名称	管脚号	管脚名称
L22	PAR_ADDR[21]	A21	L0DATOUT_P[1]	M17	VDD1.1
K24	PAR_ADDR[22]	B21	L0DATOUT_N[1]	P17	VDD1.1
K22	PAR_ADDR[23]	A20	L0DATOUT_P[2]	T17	VDD1.1
K23	PAR_ADDR[24]	B20	L0DATOUT_N[2]	V17	VDD1.1
H27	PAR_ADDR[25]	A18	L0DATOUT_P[3]	Y17	VDD1.1
J22	PAR_ADDR[26]	B18	L0DATOUT_N[3]	G18	VDD1.1
H24	PAR_ADDR[27]	A17	L0DATOUT_P[4]	J18	VDD1.1
H26	PAR_ADDR[28]	B17	L0DATOUT_N[4]	L18	VDD1.1
H23	PAR_ADDR[29]	B16	L0DATOUT_P[5]	N18	VDD1.1
AB25	PAR_DATA[0]	A16	L0DATOUT_N[5]	R18	VDD1.1
AB26	PAR_DATA[1]	B15	L0DATOUT_P[6]	U18	VDD1.1
AA24	PAR_DATA[2]	A15	L0DATOUT_N[6]	W18	VDD1.1
AB27	PAR_DATA[3]	B14	L0DATOUT_P[7]	H19	VDD1.1
V22	PAR_DATA[4]	A14	L0DATOUT_N[7]	K19	VDD1.1
AA26	PAR_DATA[5]	E12	L1ACKOUT_P	M19	VDD1.1
Y22	PAR_DATA[6]	F12	L1ACKOUT_N	P19	VDD1.1
Y24	PAR_DATA[7]	F11	L1IRQIN_P	T19	VDD1.1
AA27	PAR_DATA[8]	E11	L1IRQIN_N	V19	VDD1.1
V23	PAR_DATA[9]	C9	L1CLKIN_P	Y19	VDD1.1
AA25	PAR_DATA[10]	D9	L1CLKIN_N	G20	VDD1.1
U22	PAR_DATA[11]	D13	L1DATIN_P[0]	J20	VDD1.1
W22	PAR_DATA[12]	C13	L1DATIN_N[0]	L20	VDD1.1
Y26	PAR_DATA[13]	D12	L1DATIN_P[1]	N20	VDD1.1
U23	PAR_DATA[14]	C12	L1DATIN_N[1]	R20	VDD1.1
W24	PAR_DATA[15]	C10	L1DATIN_P[2]	U20	VDD1.1
T23	PAR_DATA[16]	D10	L1DATIN_N[2]	W20	VDD1.1
U25	PAR_DATA[17]	D7	L1DATIN_P[3]	H21	VDD1.1
U26	PAR_DATA[18]	C7	L1DATIN_N[3]	K21	VDD1.1
U27	PAR_DATA[19]	C6	L1DATIN_P[4]	M21	VDD1.1
T25	PAR_DATA[20]	D6	L1DATIN_N[4]	A25	VDD1.1
T27	PAR_DATA[21]	C5	L1DATIN_P[5]	B25	VDD1.1
T24	PAR_DATA[22]	D5	L1DATIN_N[5]	AD17	VDDA2.5
T26	PAR_DATA[23]	C4	L1DATIN_P[6]	C21	VDDPST3.3
R26	PAR_DATA[24]	D4	L1DATIN_N[6]	D21	VDDPST3.3
R24	PAR_DATA[25]	D3	L1DATIN_P[7]	P21	VDDPST3.3

续表

管脚号	管脚名称	管脚号	管脚名称	管脚号	管脚名称
R27	PAR_DATA[26]	C3	L1DATIN_N[7]	T21	VDDPST3.3
R22	PAR_DATA[27]	A13	L1ACKIN_P	G23	VDDPST3.3
R25	PAR_DATA[28]	B13	L1ACKIN_N	Y23	VDDPST3.3
P26	PAR_DATA[29]	A12	L1IRQOUT_P	AA23	VDDPST3.3
R23	PAR_DATA[30]	B12	L1IRQOUT_N	F24	VDDPST3.3
P27	PAR_DATA[31]	A8	L1CLKOUT_P	G24	VDDPST3.3
L27	PAR_DATA[32]	B8	L1CLKOUT_N	AD15	VSSA
N25	PAR_DATA[33]	A11	L1DATOUT_P[0]	AD7	VSS
N24	PAR_DATA[34]	B11	L1DATOUT_N[0]	AA12	VSS
L26	PAR_DATA[35]	B10	L1DATOUT_P[1]	A1	VSS
M22	PAR_DATA[36]	A10	L1DATOUT_N[1]	AG1	VSS
M25	PAR_DATA[37]	B9	L1DATOUT_P[2]	A2	VSS
K27	PAR_DATA[38]	A9	L1DATOUT_N[2]	W2	VSS
M24	PAR_DATA[39]	B7	L1DATOUT_P[3]	AG2	VSS
J27	PAR_DATA[40]	A7	L1DATOUT_N[3]	K4	VSS
M23	PAR_DATA[41]	B6	L1DATOUT_P[4]	W4	VSS
K26	PAR_DATA[42]	A6	L1DATOUT_N[4]	AB4	VSS
K25	PAR_DATA[43]	B5	L1DATOUT_P[5]	K5	VSS
L23	PAR_DATA[44]	A5	L1DATOUT_N[5]	M5	VSS
J26	PAR_DATA[45]	A4	L1DATOUT_P[6]	N5	VSS
L25	PAR_DATA[46]	B4	L1DATOUT_N[6]	U5	VSS
L24	PAR_DATA[47]	A3	L1DATOUT_P[7]	E6	VSS
H25	PAR_DATA[48]	B3	L1DATOUT_N[7]	W6	VSS
H22	PAR_DATA[49]	F8	L2ACKOUT_P	G7	VSS
G27	PAR_DATA[50]	E8	L2ACKOUT_N	V7	VSS
G26	PAR_DATA[51]	M6	L2IRQIN_P	C8	VSS
F27	PAR_DATA[52]	M7	L2IRQIN_N	D8	VSS
G25	PAR_DATA[53]	J5	L2CLKIN_P	H8	VSS
F26	PAR_DATA[54]	J6	L2CLKIN_N	K8	VSS
G22	PAR_DATA[55]	L6	L2DATIN_P[0]	M8	VSS
F23	PAR_DATA[56]	L7	L2DATIN_N[0]	P8	VSS
F25	PAR_DATA[57]	L4	L2DATIN_P[1]	T8	VSS
E25	PAR_DATA[58]	L5	L2DATIN_N[1]	V8	VSS
E27	PAR_DATA[59]	K6	L2DATIN_P[2]	Y8	VSS
E26	PAR_DATA[60]	K7	L2DATIN_N[2]	G9	VSS

管脚号	管脚名称	管脚号	管脚名称	管脚号	管脚名称
E23	PAR_DATA[61]	J7	L2DATIN_P[3]	J9	VSS
F22	PAR_DATA[62]	H7	L2DATIN_N[3]	L9	VSS
E24	PAR_DATA[63]	H6	L2DATIN_P[4]	N9	VSS
AA11	DDR_CK_P[0]	H5	L2DATIN_N[4]	R9	VSS
AA10	DDR_CK_N[0]	G5	L2DATIN_P[5]	U9	VSS
AB12	DDR_CK_P[1]	G6	L2DATIN_N[5]	W9	VSS
AB11	DDR_CK_N[1]	F5	L2DATIN_P[6]	H10	VSS
AC9	DDR_CK_P[2]	F6	L2DATIN_N[6]	K10	VSS
AC8	DDR_CK_N[2]	E7	L2DATIN_P[7]	M10	VSS
AF8	DDR_CKE[0]	F7	L2DATIN_N[7]	P10	VSS
AE9	DDR_CKE[1]	B2	L2ACKIN_P	T10	VSS
AG5	DDR_CKE[2]	B1	L2ACKIN_N	V10	VSS
AG4	DDR_CKE[3]	J4	L2IRQOUT_P	Y10	VSS
AG7	DDR_CS_N[0]	J3	L2IRQOUT_N	AC10	VSS
AF7	DDR_CS_N[1]	J1	L2CLKOUT_P	C11	VSS
AF6	DDR_CS_N[2]	J2	L2CLKOUT_N	D11	VSS
AE7	DDR_CS_N[3]	H4	L2DATOUT_P[0]	G11	VSS
AG8	DDR_RAS_N	H3	L2DATOUT_N[0]	J11	VSS
AD8	DDR_CAS_N	G4	L2DATOUT_P[1]	L11	VSS
AF9	DDR_WE_N	G3	L2DATOUT_N[1]	N11	VSS
AE11	DDR_BA[0]	E4	L2DATOUT_P[2]	R11	VSS
AE10	DDR_BA[1]	E3	L2DATOUT_N[2]	U11	VSS
AD11	DDR_BA[2]	H1	L2DATOUT_P[3]	W11	VSS
AG14	DDR_A[0]	H2	L2DATOUT_N[3]	H12	VSS
AG13	DDR_A[1]	G1	L2DATOUT_P[4]	K12	VSS
AF13	DDR_A[2]	G2	L2DATOUT_N[4]	M12	VSS
AE14	DDR_A[3]	F2	L2DATOUT_P[5]	P12	VSS
AG12	DDR_A[4]	F1	L2DATOUT_N[5]	T12	VSS
AG11	DDR_A[5]	E2	L2DATOUT_P[6]	V12	VSS
AD14	DDR_A[6]	E1	L2DATOUT_N[6]	Y12	VSS
AD13	DDR_A[7]	D2	L2DATOUT_P[7]	J13	VSS
AG10	DDR_A[8]	D1	L2DATOUT_N[7]	L13	VSS
AF11	DDR_A[9]	V6	L3ACKOUT_P	N13	VSS
AC12	DDR_A[10]	V5	L3ACKOUT_N	R13	VSS
AF12	DDR_A[11]	U7	L3IRQIN_P	U13	VSS

续表

管脚号	管脚名称	管脚号	管脚名称	管脚号	管脚名称
AG9	DDR_A[12]	U6	L3IRQIN_N	W13	VSS
AF10	DDR_A[13]	R5	L3CLKIN_P	AB13	VSS
AC11	DDR_A[14]	R4	L3CLKIN_N	AC13	VSS
AD12	DDR_A[15]	T6	L3DATIN_P[0]	H14	VSS
AG20	DDR_DM[0]	T5	L3DATIN_N[0]	K14	VSS
AB19	DDR_DM[1]	T4	L3DATIN_P[1]	M14	VSS
AF16	DDR_DM[2]	T3	L3DATIN_N[1]	P14	VSS
AC15	DDR_DM[3]	R7	L3DATIN_P[2]	T14	VSS
AB8	DDR_DM[4]	R6	L3DATIN_N[2]	V14	VSS
AE5	DDR_DM[5]	P5	L3DATIN_P[3]	Y14	VSS
AC3	DDR_DM[6]	P6	L3DATIN_N[3]	AC14	VSS
AA4	DDR_DM[7]	P3	L3DATIN_P[4]	G15	VSS
AG23	DDR_DQ[0]	P4	L3DATIN_N[4]	J15	VSS
AF23	DDR_DQ[1]	N6	L3DATIN_P[5]	L15	VSS
AE22	DDR_DQ[2]	N7	L3DATIN_N[5]	N15	VSS
AD22	DDR_DQ[3]	N3	L3DATIN_P[6]	R15	VSS
AE21	DDR_DQ[4]	N4	L3DATIN_N[6]	U15	VSS
AE20	DDR_DQ[5]	M3	L3DATIN_P[7]	W15	VSS
AG19	DDR_DQ[6]	M4	L3DATIN_N[7]	AB15	VSS
AE19	DDR_DQ[7]	V3	L3ACKIN_P	C16	VSS
AC21	DDR_DQ[8]	V4	L3ACKIN_N	D16	VSS
AD21	DDR_DQ[9]	U3	L3IRQOUT_P	H16	VSS
AD20	DDR_DQ[10]	U4	L3IRQOUT_N	K16	VSS
AB21	DDR_DQ[11]	R2	L3CLKOUT_P	M16	VSS
AA21	DDR_DQ[12]	R1	L3CLKOUT_N	P16	VSS
AA19	DDR_DQ[13]	V1	L3DATOUT_P[0]	T16	VSS
AA20	DDR_DQ[14]	V2	L3DATOUT_N[0]	V16	VSS
AA18	DDR_DQ[15]	U1	L3DATOUT_P[1]	Y16	VSS
AD19	DDR_DQ[16]	U2	L3DATOUT_N[1]	AB16	VSS
AG18	DDR_DQ[17]	T1	L3DATOUT_P[2]	G17	VSS
AD18	DDR_DQ[18]	T2	L3DATOUT_N[2]	J17	VSS
AG16	DDR_DQ[19]	P2	L3DATOUT_P[3]	L17	VSS
AG15	DDR_DQ[20]	P1	L3DATOUT_N[3]	N17	VSS
AE16	DDR_DQ[21]	N2	L3DATOUT_P[4]	R17	VSS
AD16	DDR_DQ[22]	N1	L3DATOUT_N[4]	U17	VSS

续表

管脚号	管脚名称	管脚号	管脚名称	管脚号	管脚名称
AE15	DDR_DQ[23]	M2	L3DATOUT_P[5]	W17	VSS
AA17	DDR_DQ[24]	M1	L3DATOUT_N[5]	H18	VSS
AB18	DDR_DQ[25]	L2	L3DATOUT_P[6]	K18	VSS
AB17	DDR_DQ[26]	L1	L3DATOUT_N[6]	M18	VSS
AA16	DDR_DQ[27]	K2	L3DATOUT_P[7]	P18	VSS
AA15	DDR_DQ[28]	K1	L3DATOUT_N[7]	T18	VSS
AA14	DDR_DQ[29]	AF1	VREF1	V18	VSS
AB14	DDR_DQ[30]	AG17	VREF2	Y18	VSS
AA13	DDR_DQ[31]	F3	DVDD2.5	AC18	VSS
AC7	DDR_DQ[32]	K3	DVDD2.5	G19	VSS
AC6	DDR_DQ[33]	L3	DVDD2.5	J19	VSS
AA7	DDR_DQ[34]	R3	DVDD2.5	L19	VSS
AA6	DDR_DQ[35]	F4	DVDD2.5	N19	VSS
AA9	DDR_DQ[36]	E5	DVDD2.5	R19	VSS
AA8	DDR_DQ[37]	E9	DVDD2.5	U19	VSS
AB5	DDR_DQ[38]	F9	DVDD2.5	W19	VSS
AA5	DDR_DQ[39]	G12	DVDD2.5	AC19	VSS
AD5	DDR_DQ[40]	E13	DVDD2.5	H20	VSS
AE2	DDR_DQ[41]	F13	DVDD2.5	K20	VSS
AE6	DDR_DQ[42]	G13	DVDD2.5	M20	VSS
AF4	DDR_DQ[43]	G14	DVDD2.5	P20	VSS
AF3	DDR_DQ[44]	AC5	PVDDQ1.8	T20	VSS
AD6	DDR_DQ[45]	AE12	PVDDQ1.8	V20	VSS
AF2	DDR_DQ[46]	AE13	PVDDQ1.8	Y20	VSS
AE1	DDR_DQ[47]	AF14	PVDDQ1.8	G21	VSS
AD2	DDR_DQ[48]	AF15	PVDDQ1.8	J21	VSS
AD3	DDR_DQ[49]	AF17	PVDDQ1.8	L21	VSS
AD1	DDR_DQ[50]	AF18	PVDDQ1.8	N21	VSS
AD4	DDR_DQ[51]	AF19	PVDDQ1.8	R21	VSS
AC4	DDR_DQ[52]	AF20	PVDDQ1.8	U21	VSS
AB2	DDR_DQ[53]	AF21	PVDDQ1.8	W21	VSS
AB1	DDR_DQ[54]	AF22	PVDDQ1.8	AF24	VSS
AB3	DDR_DQ[55]	C1	VDD1.1	C25	VSS
AA1	DDR_DQ[56]	W1	VDD1.1	D25	VSS
Y6	DDR_DQ[57]	C2	VDD1.1	V25	VSS
Y7	DDR_DQ[58]	W3	VDD1.1	W25	VSS
Y5	DDR_DQ[59]	W5	VDD1.1	A26	VSS
Y4	DDR_DQ[60]	P7	VDD1.1	A27	VSS

引脚与各外设端口配置关系如图 13-4 所示。

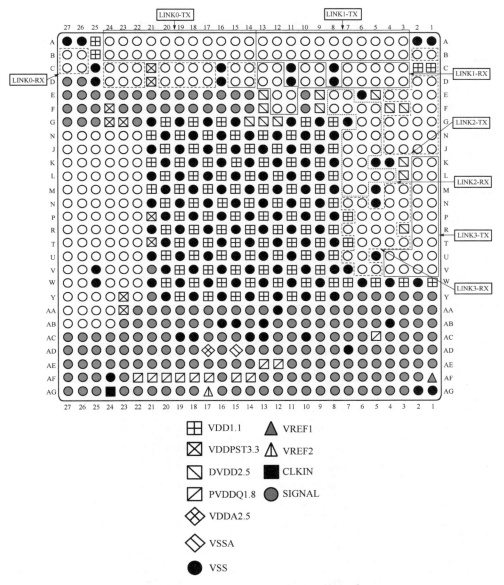

图 13-4　引脚与各外设端口配置关系图[①]

---

① 基于引脚排列底视图。

附录　英文缩写解释列表

缩写字母	英文全名	中文译名
ABFPR	ALU block floating point flag register	ALU 块浮点标志寄存器
ABI	application binary interface	应用程序二进制接口
AC	data accessing phase	数据访问级
ACC	accumulation register	累加寄存器
ACF	ALU compare flag register	ALU 比较标志寄存器
AFO	ALU floating point overflow	ALU 浮点上溢出标志
AFOA	ALU floating point overflow and	ALU 浮点上溢出标志按位与
AFOO	ALU floating point overflow or	ALU 浮点上溢出标志按位或
AFU	ALU floating point underflow	ALU 浮点下溢出标志
AFUA	ALU floating point underflow and	ALU 浮点下溢出标志按位与
AFUO	ALU floating point underflow or	ALU 浮点下溢出标志按位或
AI	ALU float operation invalid	ALU 浮点无效操作
AIA	ALU float operation invalid and	ALU 浮点无效操作按位与
AIO	ALU float operation invalid or	ALU 浮点无效操作按位或
AL	posted CAS additive latency	附加延迟
ALU	arithmetic logic unit	算术逻辑单元
ALUCR	ALU control register	ALU 控制寄存器
ALUFAR	ALU flag and register	ALU 标志按位与寄存器
ALUFOR	ALU flag or register	ALU 标志按位或寄存器
ALUFR	ALU flag register	ALU 标志寄存器
AMAP	address mapping	地址映射
AO	ALU fix point overflow flag	ALU 定点溢出标志
AOA	ALU fix point overflow flag and	ALU 定点溢出标志按位与
AOO	ALU fix point overflow flag or	ALU 定点溢出标志按位或
APQS	aged priority queue service	时间优先队列服务
ATC	analog test control	模拟测试控制
ATESTEN	analog test enable	模拟测试使能
AUTOCMDIDDQ	automatic command lane SSTL IDDQ enable	自动命令行 SSTL IDDQ 使能信号
AUTOCMDOE	automatic command lane output enable control	自动命令行输出使能控制信号
AUTODATAIDDQ	automatic data lane SSTL IDDQ enable	自动数据通道 SSTL IDDQ 使能信号
AUTODATAOE	automatic data lane output enable control	自动数据通道输出使能控制信号
BFPFEN	block floating-point flags update enable	块浮点标志更新使能

缩写字母	英文全名	中文译名
BL	burst length	突发长度
BOOT_SW	BOOT scan word	边界扫描模式
BPB	branch prediction buffer	分支预测缓冲
BPBEN	BPB change enable	分支预测表 BPB 修改控制位
BSD	boundary scan design	边界扫描设计
BT	burst type	突发方式
BTEN	boot-load enable	程序加载使能
CALEN	impedance calibration enable	阻抗匹配校准使能
CALPRD	impedance calibration period	阻抗匹配校准周期
CALTYPE	impedance calibration type	阻抗匹配校准类型
CAS	column address select	(DDR2 控制器输出到 SDRAM 的)列地址信号
CC	configure complete	(DDR2 端口)配置完成(的状态)
CE	chip enable	片选使能
CF	transfer complete flag	传输完成标志
CFGCE	configure CE register	(并口)CE 空间配置寄存器
CFGLPOEDIR	the direction of byte lane output enables	字节输出方向使能信号
CHEN	chaining enable	链式(飞越传输 DMA)使能
CHIP_ID	CHIP_identity	芯片标识号
CKE	clock level	时钟电平
CL	CAS latency	CAS 延迟
CLKIN	clock in	时钟输入
CLKINV	clock inverse	选择计数时钟反向
CLKSRC	clock source	选择计数时钟的来源
CMD	execute command	执行命令
CON	accumulator control register	累加控制寄存器
CS	chip select	(DDR2 控制器输出到 SDRAM 的)片选信号
DBGEN	debug enable	调试状态使能
DCB	DDR2 DMA control register bank	DDR2 DMA 控制寄存器
DCC	duty cycle corrector	时钟占空比修正
DC1	decode phase 1	译码一级
DC2	decode phase 2	译码二级
DD	DLL disable	旁路 DLL
DDR	DDR2 DMA interrupt	DMA 中断 9
DDR2	double data rate 2	第 2 代双倍数据率
DDR2TX0	flyby DMA0 interrupt (DDR2 to Tx link port0)	DMA 中断 10

缩写字母	英文全名	中文译名
DDR2TX1	flyby DMA1 interrupt（DDR2 to Tx link port1）	DMA 中断 11
DDR2TX2	flyby DMA2 interrupt（DDR2 to Tx link port2）	DMA 中断 12
DDR2TX3	flyby DMA3 interrupt（DDR2 to Tx link port3）	DMA 中断 13
DDRMD	DDR mode	DDR 模式
DDXR	DDR2 port on-chip X dimension register	DDR2 接口 DMA 片上传输 X 维长度寄存器
DDYR	DDR2 port on-chip Y dimension register	DDR2 接口 DMA 片上传输 Y 维长度寄存器
DE	DLL enable/disable	使能/关闭控制位
DFAR	DDR2 port off-chip address register	DDR2 接口 DMA 片外存储空间起始地址寄存器
DFT	design for test ability	可测性设计
DFTCMP	DQS drift compensation enable	DQS 偏移补偿使能信号
DFTERR	DQS drift error	输入/输出信号漂移校正
DFTLM	drift limit	移相限制
DIA	data input	数据输入
DIC	output driver impedance control	输出驱动强度控制
DIMM	dual inline memory modules	双列直插式存储模块
DIO	DRAM I/O width	DRAM 的输入/输出带宽
DIR[x]	direction of GPIO[x]	GPIO[x]方向控制
DLDARx	DDR2 port to link DMA address register	DDR2 接口至 Link 口飞越传输起始地址寄存器
DLDDRx	DDR2 port to link DMA depth register	DDR2 接口至 Link 口飞越传输长度寄存器
DLDPRx	DDR2 port to link DMA process register	DDR2 接口至 Link 口飞越传输 DDR2 过程寄存器
DLDSRx	DDR2 port to link DMA step register	DDR2 接口至 Link 口飞越传输地址步进寄存器
DLL	delay-locked loop	延迟锁相环
DLLMRx	DDR2 port to link link mode register	DDR2 接口至 Link 口飞越传输 Link 口模式寄存器
DLLPRx	DDR2 port to link link process register	DDR2 接口至 Link 口飞越传输 Link 口过程寄存器
DM	data mask	数据屏蔽
DMA	direct memory access	直接存储器存取
DMAIR	DMA interrupt register	中断向量寄存器
DMA_illegal	direct memory access illegal	直接内存访问异常
DMCR	DDR2 port mode control register	DDR2 接口 DMA 模式控制寄存器
DMRWCFR	data memory read-write crash flag register	数据存储器读写冲突标志寄存器
DOA	data output	数据输出
DOAR	DDR2 port on-chip address register	DDR2 接口 DMA 片上存储空间起始地址寄存器
DOSR	DDR2 port on-chip step control register	DDR2 接口 DMA 片上存储空间步进控制寄存器

缩写字母	英文全名	中文译名
DPR	DDR2 port DMA process register	DDR2 接口 DMA 过程寄存器
DQ	data input /output	DDR 双向数据信号
DQDLY	DQ delay	数据信号延迟
DQRTT	DQ dynamic RTT control	DQ 信号 RTT 的动态控制
DQS	DQ strobe	DDR 双向数据选通信号
DQSCFG	DQS gating configuration	选择 DQS 选通机制
DQSDLY	DQS delay	数据信号选择延迟
DQSRTT	DQS dynamic RTT control	DQS 信号 RTT 的动态控制
DQSSEL	DQS enable select	数据信号使能选择
DR	DLL reset	DLL 复位控制
DRCCR	controller configuration register	控制器配置寄存器
DRCSR	controller status register	控制器状态寄存器
DRDCR	SDRAM configuration register	SDRAM 配置寄存器
DRDLLCR	DLL control register	DLL 控制寄存器
DRDLLGCR	global DLL control register	DLL 全局控制寄存器
DRDQSBTR	DQS_b timing register	DQS_b 时序寄存器
DRDQSTR	DQS timing register	DQS 时序寄存器
DRDQTR	DQ timing register	DQ 时序寄存器
DRDRR	DRAM refresh register	DRAM 刷新寄存器
DREMR	mode register	模式寄存器
DRHPCR0	host port configuration register 0	主机端口配置寄存器 0
DRIFT	DQS drift	DQS 偏移标志
DRIOCR	DRAM I/O configuration register	DRAM 的 I/O 配置寄存器
DRMMGCR	memory manager general configuration register	端口管理寄存器
DRODTCR	ODT configuration register	ODT 配置寄存器
DRPQCR0	priority queue configuration register 0	权限配置寄存器 0
DRRDGR	rank DQS gating register	Rank 的 DQS 门控寄存器
DRRSLR	rank system latency register	Rank 系统延迟寄存器
DRSVD	DLL reserved control	DLL 保留位
DRTPR	timing parameters register	时序参数寄存器
DRZQCR	ZQ control register	ZQ 控制寄存器
DRZQSR	ZQ status register	ZQ 状态寄存器
DSIZE	SDRAM chip density	DDR2 SDRAM 颗粒的容量
DSP	digital signal processor	数字信号处理器
DTC	digital test control	数字测试控制

缩写字母	英文全名	中文译名
DTERR	data training error	数据训练错误
DTIERR	data training intermittent error	数据训练间歇错误
DTT	data training trigger	数据训练触发器
ECCN	error correction code enable	误差校正码使能
ECCERR	error correction code error	误差校正码的误差
ECCSEC	error correction code single bit error corrected	误差校正码信号的位误差校正
ECS	emulation compute service	仿真计算服务
EMR OCD	extended mode register off chip driver	扩展模式寄存器关闭电阻调整功能
EMRS	extended mode register set	扩展模式寄存器设置
EN	transfer enable	传输使能
EPROM	erasable programmable read-only memory	可擦写可编程只读存储器
ERF	error flag	传输校验错误标志
EX	executing phase	执行级
EXE	execute	执行
EXRST	external reset	外部复位
FDGCR	flyby DMA global control register	飞越传输 DMA 全局控制寄存器
FEN	flyby enable	飞越传输使能
FE1	fetch instruction phase 1	取指一级
FE2	fetch instruction phase 2	取指二级
FE3	fetch instruction phase 3	取指三级
FLASH	flash EPROM memory	闪存
FLUSH	flush	清空
FM	flyby mode	飞越传输方式
FPC	fetch program counter	取指程序计数器
GCSR	global control status register	全局控制寄存器
GIEN	global interrupt enable	全局中断使能
GPDMR	general input/output rising edge mask register	通用 I/O 上升沿屏蔽寄存器
GPDR	general purpose I/O direction register	通用 I/O 方向寄存器
GPIO	general purpose input output	通用目的输入输出
GPNMR	general purpose I/O neg-edge mask register	通用 I/O 下降沿屏蔽寄存器
GPNR	general purpose I/O neg-edge register	通用 I/O 下降沿寄存器
GPOTR	general purpose I/O output type register	GPIO 输出引脚类型寄存器
GPPMR	general purpose I/O posi-edge mask register	通用 I/O 上升沿屏蔽寄存器
GPPR	general purpose I/O posi-edge register	通用 I/O 上升沿寄存器
GPVR	general purpose I/O value register	通用 I/O 值寄存器

缩写字母	英文全名	中文译名
HINT	high priority external interrupt	高优先级外部中断
HINTR	high-priority external interrupt register	高优先级外部中断向量寄存器
HOLD	time of hold	保持时间
HOSTEN	host port enable	主机端口使能信号
HPBL	host port burst length	主机端口突发(处理)长度
IAB	instruction aligned buffer	指令缓冲器
IB	initialization bypass	不进行初始化
ICE	in-circuit emulator	硬件仿真器
ICH	index of channel	链路端口号
ICHW	internal channel width	内部通道宽度选择
ICR	interrupt clear register	中断清除寄存器
IDE	integrated development environment	DSP 集成开发环境
IDLE	idle	空闲的
IDLEST	condition of release the IDLE state	IDLE 状态解除条件
ILAT	interrupt latch	中断锁存
ILATR	interrupt latch register	中断锁存寄存器
IMASKR	interrupt mask register	中断屏蔽寄存器
INCH	index of next channel	链式飞越传输下一端口号
INEN	interrupt nesting enable	中断嵌套使能
INT	external interrupt	外部中断
INTR	interrupt register	外部中断向量寄存器
INTRPT	interrupt level	中断级别
IPUMP	charge pump current trim	内部电路控制位
ISR	interrupt set register	中断设置寄存器
IT	initialization trigger	初始化触发器
ITM	interface timing	接口时序转换
ITMRST	interface timing module reset	借口时序模块复位
IVT	interrupt vector table	中断向量表
JEDEC	Joint Electron Device Engineering Council	国际半导体器件标准机构
JTAG	joint test action group	联合测试工作组
LDDARx	link to DDR2 port DMA address register	Link 口至 DDR2 接口飞越传输起始地址寄存器
LDDDRx	link to DDR2 port DMA depth register	Link 口至 DDR2 接口飞越传输长度寄存器
LDDPRx	link to DDR2 port DMA process register	Link 口至 DDR2 接口飞越传输 DDR2 接口过程寄存器
LDDSRx	link to DDR2 port DMA step register	Link 口至 DDR2 接口飞越传输地址步进寄存器

缩写字母	英文全名	中文译名
LDLMRx	link to DDR2 port DMA mode register	Link 口至 DDR2 接口飞越传输 Link 口模式寄存器
LDLPRx	link to DDR2 port DMA process register	Link 口至 DDR2 接口飞越传输 Link 口过程寄存器
LEN	operand length	传输位宽
LOCKDET	master lock detector enable	DLL 相位锁定探测模块使能信号
LPQS	low priority queue service	低优先级队列服务
LRARx	link port receiver address register	Link 口 DMA 接收端起始地址寄存器
LRMRx	link port receiver mode register	Link 口 DMA 接收端模式寄存器
LRPRx	link port receiving process register	Link 口 DMA 接收端过程寄存器
LRSRx	link receiver step register	Link 口 DMA 接收端步进控制寄存器
LSB	least significant bit	最低有效位
LTARx	link port transmitter address register	Link 口 DMA 发端起始地址寄存器
LTCCXRx	link port transmitter X dimension count control register	Link 口发端 X 维计数控制寄存器
LTCCYRx	link port transmitter Y dimension count control register	Link 口发端 Y 维计数控制寄存器
LTMRx	link port transmitting mode register	Link 口 DMA 发端模式寄存器
LTPRx	link port transmitting process register	Link 口 DMA 发端过程寄存器
LTSRx	link port transmitting step value register	Link 口 DMA 发端步进值寄存器
LVDS	low voltage differential signal	低电压差分信号
LxCLKIN	link port clock in	链路口时钟输入
LxCLKOUT	link port clock out	链路口时钟输出
MACC	multiply accumulate register	乘累加寄存器
MBIAS	master bias trim	主偏置微调
MBIST	memory built-in self-test	存储器内建自测试
MDLL	master DLL	主延迟锁定环
MFBDLY	master feed-back delay trim	主反馈延迟调整
MFO	multiplier floating point overflow	乘法器浮点上溢出标志
MFOA	multiplier floating point overflow and	乘法器浮点上溢出标志按位与
MFOO	multiplier floating point overflow or	乘法器浮点上溢出标志按位或
MFU	multiplier floating point underflow	乘法器浮点下溢出标志
MFUA	multiplier floating point underflow and	乘法器浮点下溢出标志按位与
MFUO	multiplier floating point underflow or	乘法器浮点下溢出标志按位或
MFWDLY	master feed-forward delay trim	主前馈延迟调整
MI	multiplier floating point operation invalid	乘法器浮点无效操作
MIA	multiplier floating point operation invalid and	乘法器浮点无效操作按位与
MIO	multiplier floating point operation invalid or	乘法器浮点无效操作按位或

续表

缩写字母	英文全名	中文译名
MNCH	max number of chaining channels	最大链接的通道数
MO	multiplier fix point overflow flag	乘法器定点溢出标志
MOA	multiplier fix point overflow flag and	乘法器定点溢出标志按位与
MOO	multiplier fix point overflow flag or	乘法器定点溢出标志按位或
MPRDQ	multi-purpose register（MPR）DQ	多用途寄存器的数据
MSB	most significant	最高有效位
MSDLL	master-slave DLL	主从延迟锁定环
MULCR	MULT control register	乘法器控制寄存器
MULFAR	MULT flag and register	乘法器标志按位与寄存器
MULFOR	MULT flag or register	乘法器标志按位或寄存器
MULFR	MULT flag register	乘法器标志寄存器
NAN	not a number	不是有效数值
NEG[x]	neg-edge of GPIO[x]	GPIO[x] 下降沿寄存器
NEGM[x]	neg-edge mask of GPIO[x]	GPIO[x] 下降沿屏蔽寄存器
NOAPD	no automatic power down	无自动掉电
NOICAL	no calibration on initialization	初始化时阻抗校准控制
NOMRWR	no mode register write	模式寄存器不进行写操作
NOP	no operation	空操作指令
OCD	off chip driver impedance adjustment	离线驱动校准
ODT	on die termination	片上终结电阻信号
ODTPD	ODT pull-down calibration status	ODT 下拉校准状态
ODTPU	ODT pull-up calibration status	ODT 上拉校准状态
OINV	output inverse	定时器输出取反选择
OM	output mode of timer	定时器输出状态
OT[x]	output type of GPIO[x]	GPIO[x] 输出引脚类型寄存器
PAR	parallel port DMA interrupt	DMA 中断 8
PASR	partial array self refresh	部分阵列刷新信号
PC	program counter	程序计数器
PCB	parallel port DMA control register bank	通用并行口 DMA 控制寄存器组
PD	power-down mode（DDR2 only）	掉电模式
PDQ	primary DQ	初级数据
PDXR	parallel port on-chip X dimension register	并口 DMA 片上传输 X 维长度寄存器
PDYR	parallel port on-chip Y dimension register	并口 DMA 片上传输 Y 维长度寄存器
PE	parity enable	校验使能
PFAR	parallel port off-chip address register	并口 DMA 片外存储空间起始地址寄存器

缩写字母	英文全名	中文译名
PHASE	slave DLL phase trim	从 DLL 相位修正
PHY	physical layer	物理层
PI	parameter illegal	参数非法标志
PIO	ECC byte parity I/O enable	误差校正码字节形式输入输出使能信号
PLL	phase-locked loop	锁相环
PM	parity mode	校验模式
PMASKR	interrupt pointer mask register	中断指针屏蔽寄存器
PMCR	parallel port mode control register	并口 DMA 模式控制寄存器
POAR	parallel port on-chip address register	并口 DMA 片上存储空间起始地址寄存器
POS[x]	posi-edge of GPIO[x]	GPIO[x] 上升沿寄存器
POSM[x]	posi-edge mask of GPIO[x]	GPIO[x] 上升沿屏蔽寄存器
POSR	parallel port on-chip step control register	并口 DMA 片上存储空间步进控制寄存器
PPR	parallel port process register	并口 DMA 过程寄存器
PQBL	priority queue grant burst length	优先队列授权突发
QOFF	output enable/disable	输出使能/关闭位
RAM	random access memory	随机存储器
RANK	execute rank	执行排序
RANKS	DDR ranks	DDR2 SDRAM 存储系统包含的 rank 数量
RNKALL	all ranks	排序
RAS	row address select	DDR2 控制器输出到 SDRAM 的行地址信号
RD	refresh disable	刷新无效
RDODT	read ODT	读 ODT
RDQS	read data strobe	读数据选通
RET	return	子程序调用返回
RETI	return interrupt	中断调用返回
RFBURST	refresh burst	连续刷新
RL	read latency	读延迟
RRB	reorder buffer	重新排列缓存
RTT	resistor to terminate	端接电阻
RTTOE	RTT on early	读端接电阻(数值)预置时间
RTTOH	RTT output hold	RTT 输出保持时间
RTW	read time width	读时间间隔
RSLR	rank system latency registers	区域系统延迟寄存器
RST	timer reset	计数器重置
RXD	receive data	接收数据

续表

缩写字母	英文全名	中文译名
RXLINK0	Rx link port0 DMA interrupt	DMA 中断 0
RXLINK1	Rx link port1 DMA interrupt	DMA 中断 1
RXLINK2	Rx link port2 DMA interrupt	DMA 中断 2
RXLINK3	Rx link port3 DMA interrupt	DMA 中断 3
RX02DDR	Rx link port0 to DDR2	DMA 中断 14
RX12DDR	Rx link port1 to DDR2	DMA 中断 15
RX22DDR	Rx link port2 to DDR2	DMA 中断 16
RX32DDR	Rx link port3 to DDR2	DMA 中断 17
R/W	read or write	读写选择
SAFO	static ALU floating point overflow	静态 ALU 浮点上溢出标志
SAFOA	static ALU floating point overflow and	静态 ALU 浮点上溢出标志按位与
SAFOO	static ALU floating point overflow or	静态 ALU 浮点上溢出标志按位或
SAFU	static ALU floating point underflow	静态 ALU 浮点下溢出标志
SAFUA	static ALU floating point underflow and	静态 ALU 浮点下溢出标志按位与
SAFUO	static ALU floating point underflow or	静态 ALU 浮点下溢出标志按位或
SAI	static ALU floating point operation invalid	静态 ALU 浮点无效操作
SAIA	static ALU floating point operation invalid and	静态 ALU 浮点无效操作按位与
SAIO	static ALU floating point operation invalid or	静态 ALU 浮点无效操作按位或
SAO	static ALU fix point overflow	静态 ALU 定点溢出标志
SAOA	static ALU fix point overflow and	静态 ALU 定点溢出标志按位与
SAOO	static ALU fix point overflow or	静态 ALU 定点溢出标志按位或
SATEN	saturation enable	饱和控制
SBIAS	slave bias trim	从偏置微调
SCFGR	serial port configure register	串口配置寄存器
SDRAM	synchronous dynamic random access memory	同步动态随机存储器
SDX	step of dimension X	X 维步进
SDY	step of dimension Y	Y 维步进
SET	time of setup	建立时间
SFBDLY	slave feed-back delay trim	从反馈延迟调整
SFO	SPU floating point overflow	SPU 浮点上溢出标志
SFR	serial port flag register	串口标志寄存器
SFU	SPU floating point underflow	SPU 浮点下溢出标志
SFWDLY	slave feed-forward delay trim	从前馈延迟调整
SHFCR	shifter control register	移位器控制寄存器
SHFFAR	shifter flag and register	移位器标志按位与寄存器

缩写字母	英文全名	中文译名
SHFFOR	shifter flag or register	移位器标志按位或寄存器
SHFFR	shifter flag register	移位器标志寄存器
SHO	shifter overflow flag	移位器溢出标志
SHOA	shifter overflow flag and	移位器溢出标志按位与
SHOO	shifter overflow flag or	移位器溢出标志按位或
SI	SPU floating point operation invalid	SPU 浮点无效操作
SIMD	single instruction multiple data	单指令流,多数据流
SIO	system I/O width	SDRAM 输入/输出位宽
SL	system latency	系统延迟(时间)
SMFO	static multiplier floating point overflow	静态乘法器浮点上溢出标志
SMFOA	static multiplier floating point overflow and	静态乘法器浮点上溢出标志按位与
SMFOO	static multiplier floating point overflow or	静态乘法器浮点上溢出标志按位或
SMFU	static multiplier floating point underflow	静态乘法器浮点下溢出标志
SMFUA	static multiplier floating point underflow and	静态乘法器浮点下溢出标志按位与
SMFUO	static multiplier floating point underflow or	静态乘法器浮点下溢出标志按位或
SMI	static multiplier floating point operation invalid	静态乘法器浮点无效操作
SMIA	static multiplier floating point operation invalid and	静态乘法器浮点无效操作按位与
SMIO	static multiplier floating point operation invalid or	静态乘法器浮点无效操作按位或
SMO	static multiplier fix point overflow	静态乘法器定点溢出标志
SMOA	static multiplier fix point overflow and	静态乘法器定点溢出标志按位与
SMOO	static multiplier fix point overflow or	静态乘法器定点溢出标志按位或
SO	SPU fix point overflow flag	SPU 定点溢出标志
SOAP	simple object access protocol	简单对象访问协议
SOF	software interrupt	软件中断
SPD	transfer speed	传输速率
SPU	supercomputer unit	超算器单元
SPUCR	special processing unit control register	超算器控制寄存器
SPUFR	special processing unit flag register	超算器标志寄存器
SRAM	static random-access memory	静态随机存取存储器
SRCR	serial port baud rate control register	串口波特率配置寄存器
SRDR	serial port receive data register	串口接收数据寄存器
SRF	self refresh rate	自刷新速率
SRIR	serial port receive interrupt register	串口接收中断向量寄存器
SRX	serial Rx port DMA interrupt	串口接收中断
SSFO	static SPU floating point overflow	静态 SPU 浮点上溢出标志

续表

缩写字母	英文全名	中文译名
SSFU	static SPU floating point underflow	静态 SPU 浮点下溢出标志
SSHO	static shifter overflow flag	静态移位器溢出标志
SSHOA	static shifter overflow flag and	静态移位器溢出标志按位与
SSHOO	static shifter overflow flag or	静态移位器溢出标志按位或
SSI	static SPU floating point operation invalid	静态 SPU 浮点无效操作
SSO	static SPU fix point overflow	静态 SPU 定点溢出标志
SSTART	slave auto start-up	从自启动
SSTL	stub series terminated logic	残余连续终结逻辑电路
ST	status of transfer	串口状态标志
STDR	serial port transmit data register	串口发送数据寄存器
STIR	serial port transmit interrupt register	串口发送中断向量寄存器
STPB	stop bit	停止位
STPF	step of off-chip memory	地址步进
STRB	time of strobe	窗口时间
STX	serial Tx port DMA interrupt	串口发送中断
SWAIT	service wait	服务等待
SWIR	software interrupt register	软件中断向量寄存器
S/U	signed or unsigned	符号选择
TAP_SEL	TAP select	调试及诊断模式选择
TC	transfer count	飞越传输长度
TCB	transmit control register bank	Link 口发送端 DMA 控制寄存器组
TCK	test clock	测试时钟
TCK_RET	test clock return	测试时钟返回
TCMUL16	truncation control of 16 bit fixed-point multiplier	16 位定点乘法截位控制
TCMUL32	truncation control of 32 bit fixed-point multiplier	32 位定点乘法截位控制
TCNT	timer counter	定时器计数器
TCR	timer control register	定时器控制寄存器
TDI	test data input	测试数据输入
TDO	test data output	测试数据输出
TESTEN	SSTL test output enable	SSTL 测试输出引脚的使能信号
TESTSW	test switch	测试选择信号
TIHR	timer high-priority interrupt register	定时器高优先级中断向量寄存器
TILR	timer low-priority interrupt register	定时器低优先级中断向量寄存器
TIMER0HP	timer0 high priority interrupt	定时器 0 高优先级中断
TIMER1HP	timer1 high priority interrupt	定时器 1 高优先级中断

缩写字母	英文全名	中文译名
TIMER2HP	timer2 high priority interrupt	定时器 2 高优先级中断
TIMER3HP	timer3 high priority interrupt	定时器 3 高优先级中断
TIMER4HP	timer4 high priority interrupt	定时器 4 高优先级中断
TIMER0LP	timer0 low priority interrupt	定时器 0 低优先级中断
TIMER1LP	timer1 low priority interrupt	定时器 1 低优先级中断
TIMER2LP	timer2 low priority interrupt	定时器 2 低优先级中断
TIMER3LP	timer3 low priority interrupt	定时器 3 低优先级中断
TIMER4LP	timer4 low priority interrupt	定时器 4 低优先级中断
TM	operating mode	操作模式
TMS	test mode select	测试模式选择
TOUT	time out	等待时长
TOUTX	time out multiplier	等待时长倍数
TPR	timer period register	定时器周期寄存器
TRST_N	test reset	测试复位
TS	transfer start	传输起始
TTL	transistor-transistor logic	晶体管-晶体管逻辑
TXD	transmit data	发送数据
TXLINK0	Tx link port0 DMA interrupt	DMA 中断 4
TXLINK1	Tx link port1 DMA interrupt	DMA 中断 5
TXLINK2	Tx link port2 DMA interrupt	DMA 中断 6
TXLINK3	Tx link port3 DMA interrupt	DMA 中断 7
t_{AOND}/t_{AOFD}	ODT turn-on/turn-off delays	ODT 功能开启/关断延迟
t_{CCD}	read to read and write to write command delay	读到读、写到写命令有效的时间延迟
t_{clock}	time clock	时钟周期
t_{CKE}	CKE minimum pulse width	CKE 最小脉冲宽度
t_{DQSS}	(write) data to data strobe time	数据选通脉冲相对于写入命令的延迟时间
t_{FAW}	four-bank activate period	模式寄存器设置等待周期
t_{MOD}	load mode update time	模式加载更新时间
t_{MRD}	mode register delay time	模式寄存器延迟时间
t_{RAS}	activate to precharge command delay	预充电命令有效的时间延迟
t_{RC}	row cycle	行周期
t_{RCD}	activate to read or write delay	读、写命令有效的时间延迟
t_{REFI}	refresh interval	刷新间隔
t_{RFC}	row refresh cycle time	行刷新周期时间
t_{RFPRD}	refresh period	刷新命令的最大时间间隔

续表

缩写字母	英文全名	中文译名
t_{RNKRTR}	rank-to-rank read delay	不同 rank 之间读命令的最短时序间隔
t_{RNKWTW}	rank-to-rank write delay	不同 rank 之间写命令的最短时序间隔
t_{RP}	precharge command period	预充电命令周期
t_{RRD}	activate to activate command delay (different banks)	同一区域的不同组中两行命令有效的时间延迟
t_{RTODT}	read to ODT time	读片上终端电阻(数据)时间
t_{RTP}	internal read to precharge command delay	读命令到预充电命令的延迟
t_{RTW}	read to write command delay	读命令到写命令间的最短延迟
t_{WR}	write recover time	写恢复时间
t_{WTR}	internal write to read command delay	写命令到读命令之间的延迟
t_{XP}	power down exit delay	断电退出延迟
t_{XS}	self refresh exit delay	自刷新退出延迟
UART	universal asynchronous receiver transmitter	通用异步接收发送器
UHPP	ultra-high priority port	超高优先级端口
VAL[x]	value of GPIO[x]	GPIO[x] 通用输入输出值
WB	write back phase	写回级
WL	write latency	写延迟
WRODT	write ODT	写 ODT
XBISC	external bus interface (XBI) slow clock	外部总线系统时钟
XCL	extended CAS latency	扩展 CAS 延迟
XF	transfer exception flag	传输异常标志
XTP	extended timing parameters	扩展时间参数
XWR	extended write recovery	扩展写恢复时间
ZCTRL	impedance control	目前阻抗控制的值
ZPROG	impedance divide ratio	阻抗划分比例
ZQCAL	impedance calibration trigger	阻抗校准触发
ZQCLK	impedance clock divider select	阻抗匹配控制器的时钟分频控制
ZQCSB	SDRAM ZQ calibration short bypass	静态随机存储器阻抗匹配短路校准
ZQDATA	impedance over-ride data	阻抗匹配数据
ZQDEN	impedance over-ride enable	阻抗匹配使能
ZQDONE	impedance calibration done	阻抗校准完成标识位
ZQERR	impedance calibration error	阻抗校准错误标识位
ZQPD	output impedance pull-down calibration status	输出阻抗下拉校准状态
ZQPU	output impedance pull-up calibration status	输出阻抗上拉校准状态
2D	2-dimensional	二维传输使能